U0224028

国家出版基金项目
NATIONAL PUBLICATION FOUNDATION

 村镇环境综合整治与生态修复丛书

CUNZHEN YOUJI FEIWU DUIFEI
JI TURANG LIYONG

村镇有机废物堆肥及土壤利用

席北斗 何小松 檀文炳 赵昕宇 等著

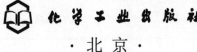
化学工业出版社
·北京·

本书以调查我国不同土壤类型的农田土壤中溶解性腐殖质的电子转移能力为基础，探讨了土壤有机质电子转移与有机质分子结构、土壤性质之间的关系。主要内容包括堆肥过程有机质演变规律、堆肥过程有机质电子转移能力、堆肥过程腐殖质还原菌演变特征、堆肥过程有机质电子转移能力的影响因素、堆肥有机质电子转移介导硝基苯降解特征、堆肥有机质电子转移介导五氯苯酚还原脱氯特征、堆肥有机质电子转移促进土壤五氯苯酚降解、堆肥有机质电子转移促进 Cr(Ⅵ) 转化特征、土壤有机质电子转移能力特征、土壤有机质电子转移对长期汞污染的响应、土壤腐殖质电子转移能力对异源污灌的差异性响应、堆肥有机质对水稻土壤中汞形态转化影响的研究、土壤污染物修复影响因素等。

本书具有较强的知识性和针对性，可供从事村镇环境整治和环保行业的技术人员、科研人员和管理人员阅读，也可供高等学校环境科学与工程及相关专业的师生参考。

图书在版编目（CIP）数据

村镇有机废物堆肥及土壤利用/席北斗等著. —北京：
化学工业出版社，2018.12
（村镇环境综合整治与生态修复丛书）
ISBN 978-7-122-32994-3

Ⅰ.①村… Ⅱ.①席… Ⅲ.①有机垃圾-堆肥-研究-
中国 Ⅳ.①S141.4

中国版本图书馆 CIP 数据核字（2018）第 207833 号

责任编辑：刘兴春 左晨燕 卢萌萌 　　　　文字编辑：汲永臻
责任校对：边 涛 　　　　　　　　　　　　装帧设计：王晓宇

出版发行：化学工业出版社（北京市东城区青年湖南街 13 号 邮政编码 100011）
印 　装：北京虎彩文化传播有限公司
787mm×1092mm 1/16 印张 14 字数 290 千字 2019 年 1 月北京第 1 版第 1 次印刷

购书咨询：010-64518888 　　售后服务：010-64518899
网 　址：http://www.cip.com.cn
凡购买本书，如有缺损质量问题，本社销售中心负责调换。

定 　价：68.00 元 　　　　　　　　　　　　版权所有 违者必究

《村镇环境综合整治与生态修复丛书》
编委会

《村镇有机废物堆肥及土壤利用》
著者名单

著　　者：席北斗　何小松　檀文炳　赵昕宇
　　　　　袁　英　杨　超　李　猛

前言
Preface

　　随着我国经济社会的快速发展，村镇有机固体废弃物的产生量逐年递增，2015年我国有机固体废弃物产生量达18564万吨，预计2020将达到32300万吨。堆肥是有机固体废弃物资源化的重要手段，通过堆肥，有机固体废物中的有机质可转化为腐殖质类物质，可用于补充土壤碳源，提高氮、磷、钾等无机肥肥效。由于农药、化肥的施用，矿山开采污染以及大气污染物的干湿沉降，导致土壤受到了重金属和农药污染，堆肥腐殖质除了能增补土壤有机质和提高营养成分的肥效外，是否还具有其他环境修复功能，如降低重金属的毒性、促进农药的降解矿化等目前还不得而知。

　　近年来研究显示，土壤、泥炭地和沉积物来源的腐殖质具有氧化还原特性，可作为微生物胞外呼吸的电子受体参与电子传递过程。当微生物进行胞外呼吸时，腐殖质可接受电子自身被转化为还原态，随后还原态的腐殖质再将电子传递给其他物质，如高价态重金属、卤代及硝代有机物，促进后者的还原或降解，进而改变这些污染物在环境中的存在状态、毒性和环境归宿。腐殖质的这种电子传递特性对于土壤污染物的修复具有非常重要的作用。堆肥是一个腐殖质的形成过程，堆肥产品中含有大量的腐殖质物质，然而相对于土壤等来源的腐殖质，堆肥腐殖质的形成时间短、结构简单、脂族性强，其电子转移能力及促进污染物还原降解特征可能有自己的独特之处，目前尚不清楚，急需要探讨。

　　本书在国家杰出青年基金"城镇固体废弃物处置与资源化（51325804）"资助下，开展了堆肥有机质电子转移及土壤利用原理研究，阐明了堆肥腐殖质合成机制及腐殖化规律，提出了生产高品质腐植酸肥调控方案，确定了堆肥腐殖质电子转移规律、影响因素及与土壤腐殖质电子转移的差异，揭示了堆肥腐殖质促进污染物降解转化规律及作用途径。

　　本书分为3篇，共13章。第一篇为堆肥有机质电子转移特征及影响因素，共4章，内容分别为堆肥过程有机质演变规律、堆肥过程有机质电子转移能力、堆肥过程腐殖质还原菌演变特征及堆肥过程有机质电子转移能力的影响因素，主要由席北斗、何小松和赵昕宇完成。第二篇为堆肥有机质电子转移介导污染物降解转化，包括4章，内容分别为堆肥有机质电子转移介导硝基苯降解特征、堆肥有机质电子转移介导五氯苯酚还原脱氯特征、堆肥有机质电子转移促进土壤五氯苯酚降解及堆肥有机质电子转移促进Cr(Ⅵ)转化特征，主要由何小松、袁英和杨超完成。第三篇为基于土壤有机质电子转移的堆肥土壤利用机制，包括5章，内容分别为土壤有机质电子转移能力特征、土壤有机质电子转移对长期汞污染的响应、土壤腐殖质电子转移能力对异源污灌的差异性响应、堆肥有机质对水稻土壤中汞形态转化影响的研究及土壤污染物修复影响因素，主要由席北斗、檀文炳和李猛完成。

　　限于著者时间及水平，书中不足和疏漏之处在所难免，敬请各位读者批评指正。

著者

2018 年 5 月

目录
Contents

第3章

堆肥过程腐殖质还原菌演变特征

045————

第4章

堆肥过程有机质电子转移能力的影响因素

061————

第二篇　堆肥有机质电子转移介导污染物降解转化

第 5 章
堆肥有机质电子转移介导硝基苯降解特征
085

第 6 章
堆肥有机质电子转移介导五氯苯酚还原脱氯特征
103

第7章

堆肥有机质电子转移促进土壤五氯苯酚降解

118

第8章

堆肥有机质电子转移促进Cr(Ⅵ)转化特征

137

第三篇　基于土壤有机质电子转移的堆肥土壤利用机制

第一篇
堆肥有机质电子转移特征及影响因素

第 **1** 章　堆肥过程有机质演变规律

腐植酸（humic acids）是土壤中的有机物经过一系列的腐殖化过程生成的一种次生产物，是有机物经过堆肥处理后生成的最具代表性的副产物。通常人们对腐植酸所代表的物质持有不同的看法：一种是将腐植酸与腐殖质混淆，腐殖质是含有胡敏素、胡敏酸以及富里酸的混合物；另一种认为腐植酸即胡敏酸（只溶于碱而不溶于酸）。而在本研究中认为腐植酸是一种结构复杂的复合型物质，可以通过碱浸提从堆肥中提取出来，包括富里酸和胡敏酸两种组分，在研究中可以通过酸沉淀分离这两种物质。

与土壤腐殖化相比堆肥物料的腐殖化过程与其相近，但二者之间又不是完全相同，土壤腐殖化是一个慢过程，土壤中的腐植酸结构复杂，芳香化程度高，较为"成熟"，而堆肥中的腐植酸形成快速，则相对"稚嫩"。与经过了长期腐殖化的土壤相比，堆肥物料的腐殖化水平明显偏低，堆肥中的腐植酸氧化程度以及功能性基团的酸势值低，但堆肥腐植酸的结构中含有较高的脂肪族化合物和含氮化合物等。目前堆肥腐植酸的相关结构尚未明确，但经检测可知，堆肥腐植酸中含甲氧基、醇羟基、羰基、羧基、酚羟基和醌基等含氧基团。通过近几十年国内外学者研究总结出来很多腐植酸模型，其中Stevenson的腐植酸模型最为典型。

1.1　堆肥过程有机组分及官能团变化特征

1.1.1　堆肥过程多酚化合物变化特征

不同物料中多酚化合物浓度如图 1-1 所示。由图 1-1 可知，不同物料中多酚化合物在堆肥升温期存在明显差异：杂草含量最高，为 0.256mg/g；秸秆含量最低，为 0.12mg/g。这主要是由于杂草含有丰富的纤维素和半纤维素，而秸秆主要成分为木质素。酚主要以结合态形式存在，游离态酚含量较低。然而，从整体看，鸡粪、果蔬、杂草、秸秆、枯枝及污泥中酚浓度的变化规律基本一致。高温期多酚化合物的含量达到最高值，但随堆肥进行逐渐降低。在整个堆肥过程中，果蔬下降幅度最高，为 87.4%；

其次为鸡粪和杂草，分别下降了 66.9% 和 65.8%，这是由于相对鸡粪、果蔬、杂草中纤维素含量较高。而秸秆、枯枝与其他物料相比下降幅度最小，分别为 34.5% 和 55.3%。纤维素在堆肥过程中可被微生物降解生成酚基，酚基作为腐植酸的前体物质会在堆肥后期与氨基化合物缩合形成腐植酸[1]。而木质素在降解过程中一部分降解单元苯丙烷基团转化成酚再由酚形成醌，一部分直接形成醌作为腐植酸合成的聚合组分，还有一部分微生物难降解网状结构成为腐植酸的核心基团与其他小分子基团通过化学交联作用形成腐植酸分子[2]。因此，在腐熟期，纤维素（杂草、果蔬）、蛋白类物料（鸡粪）中多酚化合物的降解量大于木质素类（秸秆、枯枝）。

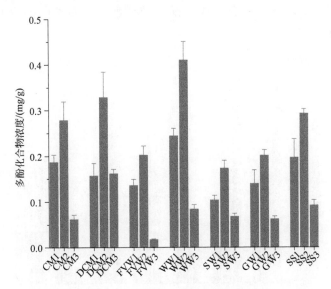

图 1-1　不同物料中多酚化合物浓度

CM—鸡粪；DCM—牛粪；FVW—果蔬；WW—杂草；

SW—秸秆；GW—枯枝；SS—污泥；

1—升温期；2—高温期；3—腐熟期

1.1.2　堆肥过程氨基酸变化特征

蛋白质是微生物进行胞外呼吸过程中电子向胞外传递必不可少的载体物质[3]。在土壤中测得总有机质的含量中，微生物的活体蛋白含量仅占总含量的 1%～2%[4]，然而，微生物的新陈代谢是一个快速且不断重复的过程，会在整个堆肥过程中积累大量的代谢产物及微生物残体，可达总量的 50%～80%[5]。因此，氨基酸可作为腐植酸形成的重要因素[6]，可能对堆肥腐殖质还原菌及腐植酸电子转移能力具有一定的影响。

尽管不同堆肥物料结构组成不同，但氨基酸的分解普遍存在于任何堆肥过程中。不同物料中游离氨基酸浓度如图 1-2 所示。由图 1-2 可知，升温期鸡粪与牛粪中氨基酸浓度最高，均大于 1500μmol/g；其次为污泥，含量为 825.59μmol/g；秸秆与枯枝含量最低，分别为 1.03μmol/g 和 1.14μmol/g。这主要是由于鸡粪、牛粪及污泥在升温期有机质易被微生物利用产生较高含量的氨基酸，但随堆肥进行氨基酸含量逐渐降低；秸秆与枯枝的主要成分为木质素，易降解有机质含量较少。微生物在堆肥初期新陈代谢缓慢，数量较低，仅产生较少的氨基酸，然而到达高温期，可利用纤维素、半纤维素及木质素的微生物数量逐渐增多，代谢加快，其代谢产物可能导致氨基酸的含量上升[7]。果蔬与杂草中氨基酸明显高于秸秆与枯枝，这是由于富含纤维素与半纤维素的物料相对木质素较容易被微生物利用，微生物代谢加速，其总体含量相对较高。而在腐熟期，部分氨基酸作为合成腐植酸的前体物质与腐植酸的中心基团结合，因此含量均有所降低[8]。

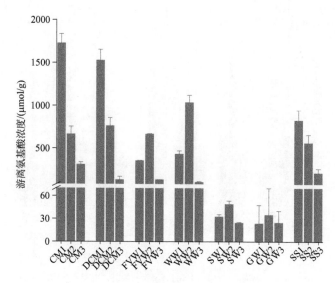

图 1-2　不同物料中游离氨基酸浓度

CM—鸡粪；DCM—牛粪；FVW—果蔬；WW—杂草；

SW—秸秆；GW—枯枝；SS—污泥；

1—升温期；2—高温期；3—腐熟期

1.1.3　堆肥过程多糖与还原糖变化特征

不同物料中多糖、还原糖浓度如图 1-3 所示。由图 1-3(a) 可知，果蔬与杂草中多糖含量显著高于其他物料，这两种物料中含有大量的纤维素类物质，这类物质结构简单，主要是由多糖链接而成的高级结构，堆肥升温期微生物逐渐增多，易释放出大量的多糖，而随着堆肥进行多糖又会被进一步分解为还原糖等更小的分子[2]。因此，到达堆肥腐熟期，多糖含量有明显降低。而鸡粪、牛粪中含有大量的蛋白类物质，微生物的分解产物以多肽、氨基酸等物质为主，所以多糖整体含量较低。然而不同物料相比可知，堆肥过程多糖含量整体上的变化并不稳定。这主要是由于多糖作为有机质分解的中间产物，其浓度的变化处于动态平衡的状态：微生物不断地分解有机质生成多糖，而多糖又作为碳源以及能源被微生物利用或作为前体物质合成腐植酸。

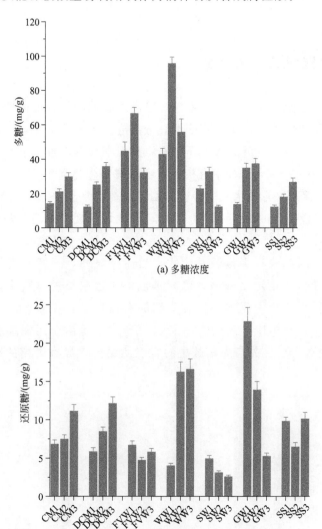

图 1-3　不同物料中多糖、还原糖浓度

CM—鸡粪；DCM—牛粪；FVW—果蔬；WW—杂草；

SW—秸秆；GW—枯枝；SS—污泥；

1—升温期；2—高温期；3—腐熟期

如图 1-3(b) 所示，鸡粪、牛粪及杂草中还原糖呈逐渐升高的趋势，堆肥腐熟期还原糖浓度分别增加了 4.3%、6.3% 和 12.6%。而秸秆与枯枝的变化则相反，分别降低了 2.35%、17.6%。堆肥中的还原糖主要是以葡萄糖和果糖为主的一些单糖，在升温期，微生物将一些淀粉、纤维素等物质快速分解成小分子糖类物质进而被利用[9]。易被微生物利用降解的纤维素类和蛋白质类物质的还原糖呈现上升的趋势，这主要是由于物质的快速分解能够满足微生物的消耗和腐植酸的合成，因此在堆体中仍存在没有被利用的还原糖。而在木质素类物料（秸秆、枯枝）中，由于物料中易降解成分含量较低，因此在堆肥过程中降解所产生的还原糖直接为微生物活动提供能源或参与到腐植酸的合成途径中。

1.1.4 堆肥过程羧基变化特征

羧基对腐植酸的形成具有重要意义[8]，连接到腐植酸结构上的羧基基团对降解及吸附污染物具有重要作用[10]。有研究表明，羧基在一定程度上影响了有机质的电子转移能力[11]。如图 1-4 所示，鸡粪与牛粪在堆肥高温期羧基浓度有明显降低，分别下降了 55.5% 和 61.2%。鸡粪与牛粪中有机质较容易被微生物利用，其中蛋白类物质在堆肥的初期被微生物降解并形成大量的羧基基团，羧基作为合成腐植酸的大分子物质可与腐植酸核心基团结合[10]。果蔬、杂草、秸秆、枯枝均呈现先升高后降低的趋势，至堆肥腐熟期分别降低了 63.6%、35.7%、15.8% 及 25.1%。在升温期，微生物较难利用纤维素与木质素，因此仅有少量羧基生成，然而高温期后，纤维素与木质素被微生物逐渐降解，羧基含量也随之升高。也就是说，在蛋白类的物料中，羧基含量升高速度较快，而在纤维素、木质素类较难降解的有机质中，相对升高速度较慢。污泥中的羧基在腐熟期含量相比升温期增加了 32.3%，这是由于污泥堆肥中重金属含量较高[12,13]，金属离子可优先与腐植酸中的官能团结合，导致游离的羧基含量随堆肥进行逐渐升高。

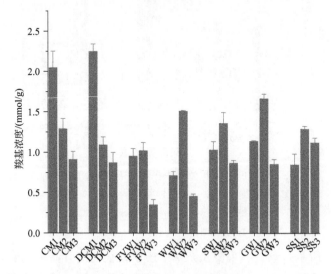

图 1-4 不同物料中羧基浓度

CM—鸡粪；DCM—牛粪；FVW—果蔬；WW—杂草；

SW—秸秆；GW—枯枝；SS—污泥；

1—升温期；2—高温期；3—腐熟期

1.2 堆肥过程胡敏酸与富里酸结构演变规律

1.2.1 堆肥过程胡敏酸与富里酸含量变化

腐植酸可作为电子受体接受微生物进行腐殖质呼吸时产生的电子，并促进微生物的生长[14]，因此，腐植酸含量及组成对腐殖质还原菌种群结构必然产生影响。由图1-5(a)可见，堆肥过程中腐植酸的含量总体呈上升趋势，然而不同物料变化规律不完全相同。堆肥过程鸡粪、牛粪及污泥中腐植酸含量上升速率较快，到高温期分别增加了27.5%、32.2%和33.1%；而果蔬、杂草和秸秆分别增加了3.5%、16.9%和15.2%；枯枝变化趋势与其他物料呈相反趋势，其腐植酸含量降低了32.7%。由此可以推测，在升温期，纤维素及木质素类物料不利于腐植酸的合成，而蛋白质含量较丰富的物料在堆肥的初期阶段更易形成腐植酸，腐殖质还原菌数量有可能会随之升高。在高温期，不同物料腐植酸含量均呈明显上升趋势，说明堆肥后期是形成腐植酸的主要阶段。

作为腐植酸的重要组成部分，胡敏酸的变化趋势与腐植酸基本相同，其浓度随堆肥过程呈增加趋势，见图1-5(b)。富里酸与之不同，在果蔬、杂草、秸秆及枯枝中总体上其含量呈降低趋势，见图1-5(c)。但在鸡粪、牛粪及污泥中，富里酸呈先升高后降低的趋势，这说明在蛋白类物料的升温期，富里酸较易形成，但随堆肥腐殖化进行，含量随之降低[15]。

1.2.2 堆肥过程胡敏酸与富里酸结构演变规律

1.2.2.1 堆肥胡敏酸与富里酸的紫外光谱特征

（1）$SUVA_{254}$

有机物在254nm下的紫外吸收代表具有不饱和碳碳键的芳香族化合物，记为$SUVA_{254}$[16]。在相同的碳浓度下，该波长下吸光度的增加，意味着非腐植酸向腐植酸的转化，$SUVA_{254}$可用于表征有机质的芳构化程度，其值越高，芳构化程度越高。如图1-6(a)、图1-7(a)所示，胡敏酸与富里酸中$SUVA_{254}$随堆肥的进行而升高，表明堆肥过程中腐植酸的芳香化程度不断增加。与堆肥初期相比，鸡粪、牛粪、果蔬、杂草、枯枝、秸秆及污泥中胡敏酸浓度在堆肥过程中分别增加了8.2%、17.3%、20.4%、30.3%、39.3%、23.8%及18.6%；富里酸浓度在堆肥过程中分别增加了12.5%、13.8%、12.8%、8.6%、7.2%、9.5%及12.3%。表明堆肥过程中，非腐植酸类物质不断转化为腐植酸类物质，堆肥的稳定度也有一定程度的增加。堆肥过程中有机质变化过程包括降解与腐殖化，随着堆肥中有机质的逐渐降解，形成富里酸，然而到高温期，

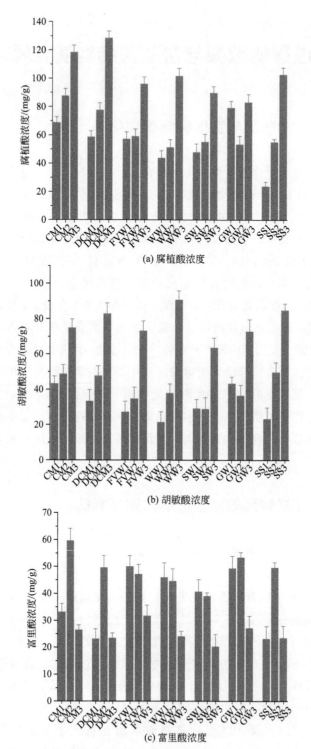

(a) 腐植酸浓度

(b) 胡敏酸浓度

(c) 富里酸浓度

图 1-5　不同物料堆肥过程中腐植酸及其组分浓度

CM—鸡粪；DCM—牛粪；FVW—果蔬；WW—杂草；SW—秸秆；GW—枯枝；SS—污泥；

1—升温期；2—高温期；3—腐熟期

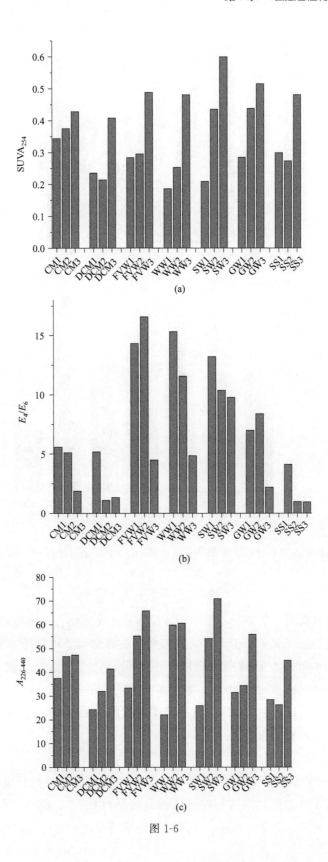

图 1-6

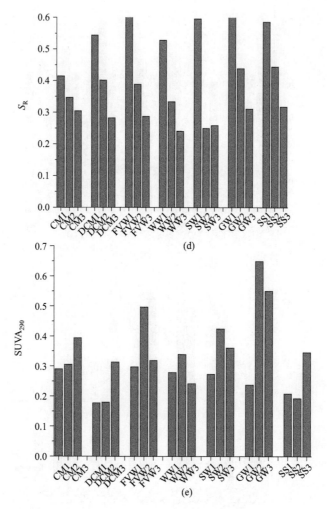

图 1-6　堆肥过程中胡敏酸的 $SUVA_{254}$、E_4/E_6、$A_{226-440}$、S_R、$SUVA_{290}$ 的变化

CM—鸡粪；DCM—牛粪；FVW—果蔬；WW—杂草；SW—秸秆；GW—枯枝；SS—污泥；

1—升温期；2—高温期；3—腐熟期

部分功能基团与有机组分如多酚、羧基、富里酸被逐渐降解，从而堆肥的腐植酸逐渐增加。胡敏酸 $SUVA_{254}$ 在果蔬、杂草、枯枝及秸秆的增加量要略高于鸡粪、牛粪及污泥，说明纤维素类、木质素类物料在堆肥过程中的腐殖化程度要高于蛋白类物料。Zhao等[17]认为堆肥腐植酸主要由纤维素、木质素类物质的不完全降解产物及氨基酸结合而成，因此，随着堆肥过程中木质素及纤维素类物质的不断降解缩合，堆肥腐殖化程度逐渐增加，致使其吸光度逐渐增大。

（2）E_4/E_6

E_4/E_6 是一个用来表征苯环碳骨架缩合度、芳香化合物的聚合度、分子量大小以及腐殖化程度的传统参数，该值与有机质缩合度呈反比[18]。由图 1-6（b）可知，该值在鸡粪、牛粪、果蔬、杂草、枯枝、秸秆及污泥堆肥过程中呈降低趋势，说明胡敏酸的

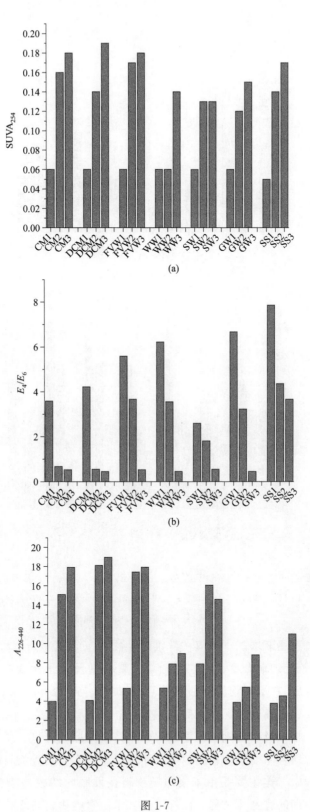

图 1-7

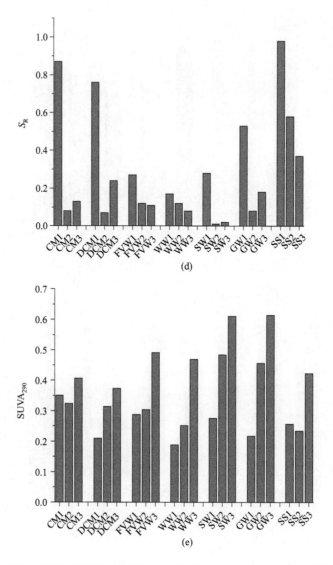

图 1-7　堆肥过程中富里酸的 $SUVA_{254}$、E_4/E_6、$A_{226\text{-}440}$、S_R 及 $SUVA_{290}$ 变化

CM—鸡粪；DCM—牛粪；FVW—果蔬；WW—杂草；SW—秸秆；GW—枯枝；SS—污泥；

1—升温期；2—高温期；3—腐熟期

缩合程度随堆肥过程逐渐增加。该值在纤维素类物料（果蔬和杂草）中降低了 9.83 和 10.47，说明苯环碳骨加缩合度、芳香化合物的聚合度及分子量最高。如图 1-7(b) 所示，富里酸中 E_4/E_6 在不同物料分别降低了 3.06、3.77、5.06、5.77、2.05、6.22 及 7.19，其中，鸡粪、牛粪和污泥在堆肥高温期 E_4/E_6 降低明显，在腐熟期变化较为平缓；果蔬、杂草、枯枝及秸秆则在堆肥过程中呈持续降低的趋势。说明蛋白质类物料堆肥过程中官能团的缩合主要发生在高温期，而纤维素、木质素类物料的腐殖化过程则发生在整个堆肥过程中。这主要是由于蛋白类物料在堆肥前期较易降解，微生物活动较强，加速了堆肥前期的腐殖化过程，而纤维素、木质素类物料与之相反，微生物活动较弱，随着堆肥温度上升，适应堆肥环境较为缓慢，物质分解与转化速率相对较弱[19]。

（3）$A_{226-400}$

在有机质的紫外吸收光谱中，226～400nm下的吸收带是由具有多个共轭体系的苯环结构引起的，这一范围基本反映了有机质的吸收光谱特性，可从整体上研究堆肥胡敏酸、富里酸的苯环类化合物及芳构化程度的变化[20]。本研究分别对胡敏酸与富里酸在226～400nm范围内的吸光度进行积分，结果如图1-6（c）所示，该值在鸡粪、牛粪、果蔬、杂草、枯枝、秸秆及污泥中分别增长了 9.8%、17.1%、32.4%、38.5%、45.0%、24.4%和16.5%，说明随着堆肥的进行，胡敏酸中苯环类化合物不断增多。纤维素、木质素类物料（果蔬、杂草、枯枝及秸秆）的增加量明显高于蛋白类（鸡粪、牛粪）与污泥，说明纤维素、木质素类物料的腐殖化的速率要高于蛋白类物料。$A_{226-400}$在富里酸中呈现出相同趋势 ［图1-7（c）］。与堆肥初期相比，鸡粪、牛粪及果蔬的增加量最高，分别增加了 14.0%、14.6%及12.6%，明显高于杂草（3.6%）、秸秆（6.7%）、枯枝（4.9%）及污泥（7.2%）。这是由于在鸡粪、牛粪、果蔬中微生物繁殖迅速，降解速率快，进而促进堆肥过程的芳香化及腐殖化程度[8]。

（4）S_R

S_R 是一类表征有机质分子量的重要参数，并与分子量呈反比。堆肥过程中 S_R 呈降低趋势，说明随着堆肥进行，腐植酸的分子量逐渐增大[21]。如图1-6（d）所示，该值在鸡粪、牛粪、果蔬、杂草、枯枝、秸秆及污泥的堆肥过程呈阶段性降低，分别降低了 0.11%、0.26%、0.40%、0.29%、0.34%、0.32% 及 0.26%，说明堆肥过程中胡敏酸分子量呈逐渐升高的趋势。其中，杂草在高温阶段出现显著降低，说明该物料的分子量在堆肥的高温期变化剧烈。不同物料中富里酸在堆肥升温期差异较为显著 ［图1-7（d）］，在鸡粪、牛粪和污泥中，其值随堆肥过程呈显著降低（0.74、0.52 和 0.61），明显高于果蔬（0.16）、杂草（0.09）、枯枝（0.35）及秸秆（0.26），说明蛋白类物料在堆肥过程中富里酸分子量的增加量明显高于纤维素及木质素类物料。

（5）$SUVA_{290}$

紫外光谱参数 $SUVA_{290}$ 能够表示堆肥过程中醌基的含量[22]。如图1-6（e）所示，鸡粪、牛粪和污泥中醌基含量在堆肥过程中持续上升，说明蛋白类物料中胡敏酸中醌基含量逐渐增多；而醌基含量在果蔬、杂草、枯枝及秸秆中则呈先升高后降低的趋势，这是由于在堆肥后期，纤维素、木质素类物料中游离的醌基之间或与活性自由基发生缩合，形成胡敏酸从而减少了醌基的含量[1,8]。

图1-7（e）为不同物料堆肥过程中富里酸中醌基含量的变化趋势，与胡敏酸不同，堆肥过程明显增加了富里酸中醌基的含量，不同物料增加量从大到小依次为：枯枝（0.06）＞秸秆（0.16）＞杂草（0.20）＞果蔬（0.28）＞污泥（0.34）＞牛粪（0.40）＞鸡粪（0.17）。由此可见，木质素堆肥过程中醌基的增加量最高，其次为纤维素类，蛋白类物料最低。研究表明，堆肥过程中木质素降解产生芳香碳，芳香碳能进一步氧化成醌基，这些醌基与氨基酸等缩合形成胡敏酸与富里酸[8]，因此，物料差异对

堆肥过程腐植酸中醌基含量影响较为显著。

1.2.2.2 堆肥胡敏酸与富里酸的荧光光谱特征

为研究堆肥过程中腐植酸的组成结构与变化规律，采用平行因子分析方法对胡敏酸及富里酸的荧光光谱进行解析。堆肥腐植酸由 4 个荧光成分组成，如图 1-8 所示，根据已有文献表明，C1 $[(E_m/E_x)/nm, 410/326]$ 为类富里酸物质[23]；C2 $[(E_m/E_x)/nm, 350/(215, 280)]$ 与 C4 $[(E_m/E_x)/nm, 300/(225, 275)]$ 为类蛋白类物质，其中 C2 为类酪氨酸类物质[24]，该峰不仅与酪氨酸类物质相关，还与可溶性微生物代谢副产物和苯环类物质有关[25]，C4 为色氨酸类物质[26]，它们既可以以游离态存在，也可以与蛋白质结合；C3 $[(E_m/E_x)/nm, 465/(275, 365)]$ 为类胡敏酸物质[27]。

基于荧光光谱-平行因子分析，根据荧光组分得分值 F_{max} 变化，得到胡敏酸、富里酸在堆肥过程中结构及组分的变化（表 1-1）。根据 EEM-PACAFAC 结果可知，在堆肥的升温期，类色氨酸组分（C4）含量最高，随着堆肥的进行该荧光组分所占比例有所降低（鸡粪与牛粪中胡敏酸除外），而类富里酸物质（C1）与类胡敏酸的荧光组分所占比例呈增加趋势。这是由于色氨酸类的微生物可利用性较强，随着堆肥进行，胡敏酸与

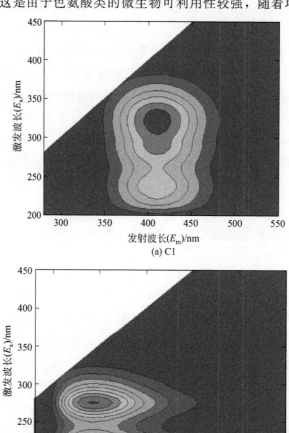

(a) C1

(b) C2

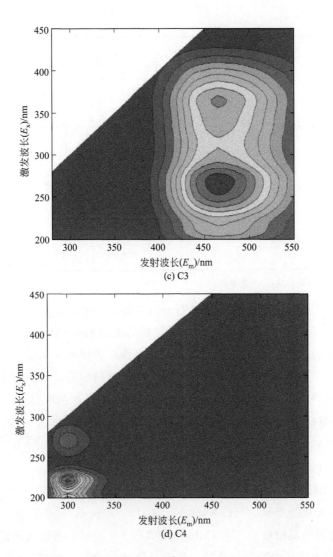

(c) C3

(d) C4

图 1-8 堆肥过程中腐植酸的 4 个荧光组分图谱

表 1-1 堆肥过程中胡敏酸与富里酸不同荧光组分含量（无量纲单位）

项目	胡敏酸				富里酸			
	C1	C2	C3	C4	C1	C2	C3	C4
鸡粪 1	0.26	0.30	0.38	0.06	0.20	0.46	0.02	0.32
鸡粪 2	0.31	0.28	0.38	0.03	0.40	0.34	0.03	0.23
鸡粪 3	0.26	0.29	0.37	0.08	0.37	0.32	0.17	0.14
牛粪 1	0.26	0.30	0.38	0.06	0.26	0.30	0.07	0.37
牛粪 2	0.26	0.31	0.35	0.08	0.34	0.36	0.05	0.25
牛粪 3	0.36	0.29	0.37	0.08	0.32	0.32	0.19	0.17
果蔬 1	0.28	0.36	0.26	0.10	0.07	0.17	0.04	0.71
果蔬 2	0.30	0.34	0.28	0.09	0.28	0.32	0.14	0.27
果蔬 3	0.33	0.31	0.34	0.03	0.37	0.29	0.16	0.18

项目	胡敏酸				富里酸			
	C1	C2	C3	C4	C1	C2	C3	C4
杂草1	0.25	0.35	0.23	0.18	0.36	0.28	0.15	0.20
杂草2	0.25	0.32	0.30	0.13	0.13	0.34	0.08	0.45
杂草3	0.26	0.30	0.38	0.06	0.40	0.27	0.15	0.18
枯枝1	0.30	0.34	0.24	0.12	0.18	0.36	0.09	0.37
枯枝2	0.38	0.30	0.29	0.03	0.30	0.35	0.14	0.22
枯枝3	0.38	0.30	0.29	0.03	0.34	0.31	0.15	0.20
秸秆1	0.16	0.42	0.21	0.21	0.10	0.19	0.04	0.67
秸秆2	0.21	0.35	0.33	0.11	0.33	0.24	0.13	0.30
秸秆3	0.22	0.34	0.33	0.10	0.37	0.21	0.14	0.29
污泥1	0.21	0.45	0.25	0.09	0.04	0.17	0.12	0.67
污泥2	0.23	0.37	0.34	0.06	0.23	0.26	0.17	0.34
污泥3	0.15	0.43	0.37	0.05	0.43	0.18	0.14	0.25

注：1—升温期；2—高温期；3—腐熟期。

富里酸中类蛋白类组分随微生物降解其百分含量逐渐降低，逐渐转化为类富里酸和类胡敏酸类物质[28]。鸡粪与牛粪在堆肥腐熟期形成的胡敏酸中仍含有类蛋白类组分，并且类胡敏酸与类富里酸的含量无明显增加，说明此蛋白类物料中胡敏酸的腐殖化程度相对其他物料较低。类富里酸与类胡敏酸是结构较为稳定的组分，这源于堆肥过程微生物对木质素与纤维素类物质的降解[29]。类酪氨酸类物质（C2）在堆肥过程中无明显变化。

1.2.2.3　堆肥腐植酸的核磁共振波谱特征

（1）^{13}C-NMR（[13]C-核磁共振）波谱

为比较胡敏酸不同碳核分布，将扫描光谱分为以下4区：$0 \sim 50$ppm（1ppm＝10^{-6}，下同）为脂肪碳（^{13}C-NMR1）；$50 \sim 110$ppm为多羟基碳（^{13}C-NMR2）；$110 \sim 160$ppm为芳香碳及酚类碳（^{13}C-NMR3）；$160 \sim 220$ppm为羧基碳（^{13}C-NMR4）[30]。7种物料堆肥过程中胡敏酸的[13]C-NMR波谱如图1-9所示，根据其图谱出峰位置与形状可将7种堆肥胡敏酸分为两类：鸡粪、牛粪、果蔬、杂草、枯枝、秸秆与污泥。7种堆肥在$0 \sim 50$ppm范围内均呈现一系列的共振信号，如在18ppm、22ppm、29ppm、40ppm、45ppm均有清晰可见的吸收峰，这可能是由于—CH_3、—CH_2等基团片断的吸收引起的[31]。在$50 \sim 110$ppm范围内为多羟基碳、连氧碳和连氮碳的特征吸收[32]，从图中可以看出，堆肥过程中存在大量的羟基碳与氨基酸，它们也是腐植酸形成的重要功能基团。$110 \sim 160$ppm范围内的共振信号是7种堆肥过程中共有的特征吸收峰，表明这7种堆肥胡敏酸都含有芳香碳及酚类碳。在$170 \sim 185$ppm之间的共振吸收是酯、羧酸、醌、酮中羰基碳的贡献[33]，普遍存在于7种堆肥过程中。研究表明，虽然受NOE（欧沃豪斯）效应饱和作用的影响，谱峰面积与其所代表的含碳数不完全成正比，但在相同条件下，记录的质子噪声去偶碳谱可定性地比较不同堆肥过程中胡敏酸中碳的相对百分含量[34]。

如表1-2所列，7种物料胡敏酸中的脂肪族碳含量随堆肥过程呈递减趋势，而芳香碳与酚类碳含量则呈升高趋势。这说明堆肥过程中，脂肪族基团逐渐被微生物降解，而

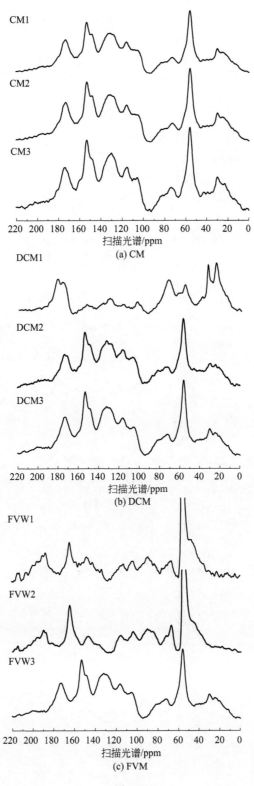

图 1-9

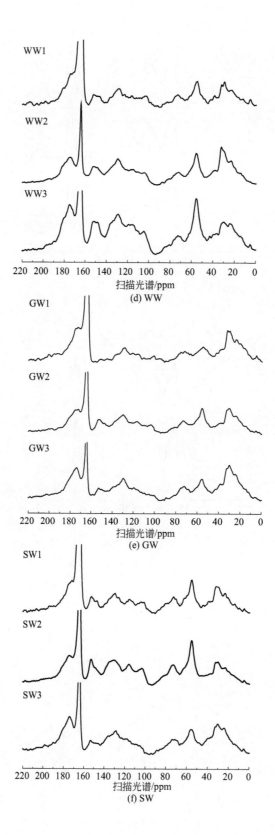

(d) WW

(e) GW

(f) SW

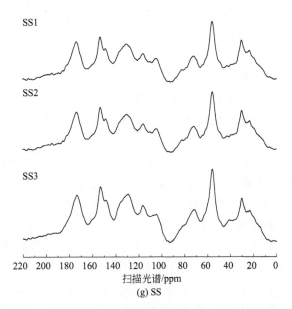

图 1-9　7 种物料堆肥过程中胡敏酸的^{13}C-NMR 波谱

CM—鸡粪；DCM—牛粪；FVW—果蔬；WW—杂草；GW—枯枝；SW—秸秆；SS—污泥；

1—升温期；2—高温期；3—腐熟期

表 1-2　堆肥过程中胡敏酸与富里酸中各类碳、氢的质量分数　　　　单位：%

项目	胡敏酸				富里酸		
	^{13}C-NMR1	^{13}C-NMR2	^{13}C-NMR3	^{13}C-NMR4	^{1}H-NMR1	^{1}H-NMR2	^{1}H-NMR3
鸡粪 1	28.66	21.93	18.33	31.08	61.50	20.38	18.13
鸡粪 2	17.80	20.29	20.23	41.68	31.72	40.66	27.62
鸡粪 3	10.15	14.60	34.91	40.34	10.84	9.70	79.46
牛粪 1	31.68	29.57	15.46	23.29	50.72	45.20	4.09
牛粪 2	15.72	28.39	40.80	15.09	14.04	74.81	11.14
牛粪 3	14.24	26.15	42.53	17.08	13.12	11.28	75.60
果蔬 1	22.20	13.98	18.89	44.93	24.93	57.55	17.51
果蔬 2	15.18	22.82	22.46	39.53	12.43	60.47	27.10
果蔬 3	13.07	29.34	31.09	26.49	3.51	2.38	94.11
杂草 1	16.41	16.14	15.09	52.35	28.04	53.10	18.87
杂草 2	25.11	11.18	36.80	26.90	21.83	62.50	15.67
杂草 3	10.07	21.39	36.86	31.69	24.99	20.37	54.65
枯枝 1	18.48	20.58	18.44	42.49	10.42	80.27	9.31
枯枝 2	17.03	24.76	25.01	33.20	13.64	63.03	23.34
枯枝 3	18.38	21.72	23.47	36.43	11.55	28.76	59.68
秸秆 1	24.54	15.57	11.34	48.56	25.25	73.79	0.97
秸秆 2	21.36	21.74	22.97	33.93	29.42	43.27	27.32
秸秆 3	19.12	22.08	26.95	31.86	16.25	12.04	71.71
污泥 1	32.28	22.09	29.37	16.26	46.43	45.15	8.43
污泥 2	21.80	26.31	33.26	18.63	16.10	71.67	12.23
污泥 3	18.83	27.50	34.36	19.30	24.55	19.17	56.28

注：1—升温期；2—高温期；3—腐熟期。

胡敏酸结构单元逐渐形成。其中，胡敏酸中脂肪族含量按照鸡粪、牛粪、污泥、果蔬、杂草、秸秆及枯枝的次序递减，分别降低了18.5个百分点、17.4个百分点、13.45个百分点、9.13个百分点、6.34个百分点、5.42个百分点和0.10个百分点，说明蛋白质类物料中的脂肪碳的降低量最多，其次为纤维素类物料，这是由堆肥中脂肪族碳初始含量的差异引起的。多羟基碳在不同物料堆肥过程中变化趋势并不一致，其中鸡粪、牛粪在堆肥过程中多羟基碳呈降低趋势，分别降低了7.33个百分点、3.42个百分点，而果蔬、杂草、枯枝、秸秆、污泥堆肥中则分别增加了15.36个百分点、5.25个百分点、1.14个百分点、6.51个百分点、5.41个百分点。这说明蛋白类物料中胡敏酸的芳香碳与酚基碳主要源于脂肪族碳与羟基碳的降解，而纤维素与木质素类中芳香碳主要源于脂肪族碳的降解。不同物料芳香碳含量均有不同程度的升高，鸡粪、牛粪、果蔬、杂草、秸秆、枯枝、污泥分别升高了16.6个百分点、17.1个百分点、12.2个百分点、21.8个百分点、15.6个百分点、5.0个百分点、5.0个百分点。不同物料中羧基碳含量变化趋势不同，其中，鸡粪、牛粪、污泥的胡敏酸中羧基碳分别增加了9.3个百分点、3.8个百分点、3.0个百分点，而果蔬、杂草、枯枝、秸秆分别降低了18.4个百分点、20.7个百分点、6.1个百分点、16.70个百分点。表明纤维素与木质素类物料更易发生芳基化，而羧基化普遍存在于蛋白类物料的胡敏酸形成过程中。

（2）^{1}H-NMR 波谱

7种堆肥过程中富里酸的^{1}H-NMR 波谱如图1-10所示。^{1}H-NMR 的化学位移主要分为3个区[35]。

① 0.5~3.1ppm 范围内的吸收主要是脂肪链上氢的贡献，图中可明显看到此范围内的吸收峰，其中$\delta=0.80$ppm、0.86ppm、0.87ppm 的吸收峰为脂肪键上甲基的吸收峰；$\delta=1.21$ppm、1.22ppm、1.24ppm 的吸收峰为亚甲基、距离芳香环两个碳以上的CH 或极性官能团的吸收峰。

② 3.1~5.5ppm 区，该区为连氧（或氮）碳上的 H（主要为多糖、有机胺、含甲氧基类物质）以及脂环芳族 H 的吸收，富里酸在堆肥过程中均呈现出宽而强的共振信号，并且在 4.50~4.75ppm 处有尖锐强峰，该范围内的吸收可能是样品中—OH、—COOH、NH 等活泼氢及溶剂中微量水造成的[36]。

③ 富里酸在 6.0~10.0ppm 范围内可观察到形状各异的共振信号，该范围为芳香族化合物中 H 的信号，包括醌、苯酚、含氧或含氮或含氮杂环芳香化合物、甲酸盐及其他具有空间位阻的芳香氢的贡献[37]。

本研究中各组分在 3 个化学位移区均存在不同程度的吸收，根据图1-10各吸收区域的峰的面积，计算了各类氢的相对含量，结果列于表1-2。化学位移在 0.5~3.1ppm 范围内的含量呈现出明显降低趋势，鸡粪、牛粪、果蔬及污泥分别降低了50.7个百分点、37.6个百分点、21.4个百分点及21.9个百分点，而枯枝、杂草、秸秆在堆肥过程中的变化量小于 10 个百分点。部分物料在 3.1~5.5ppm 区间的百分含量呈现出先上升后下降的趋势。在高温期，鸡粪、牛粪、污泥含量分别升高了20.3个百分点、29.6个百分点、26.5个百分点，其次为果蔬（2.9个百分点）与杂草（9.4个百分点），而枯枝与秸秆与之相反。由此可以推测，在鸡粪、牛粪与污泥中升高的这一部分碳水化合

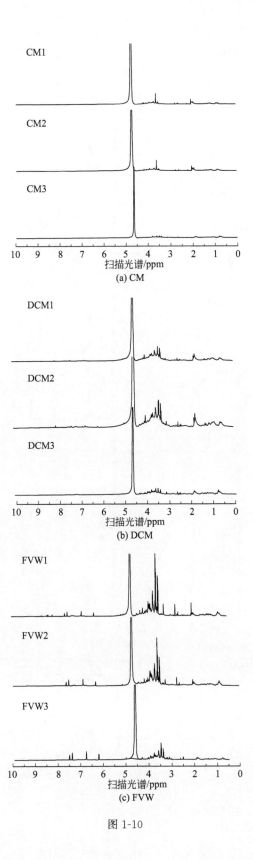

图 1-10

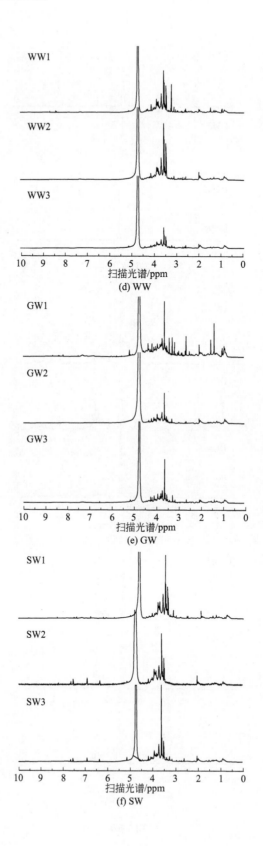

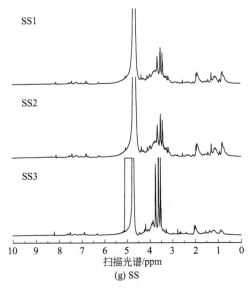

图 1-10 7 种堆肥过程中富里酸的^{1}H-NMR 波谱

CM—鸡粪；DCM—牛粪；FVW—果蔬；WW—杂草；GW—枯枝；SW—秸秆；SS—污泥；

1—升温期；2—高温期；3—腐熟期

物、含氧甲基类物质的含量是脂肪族链上氢的断链而形成的[38]；而枯枝、秸秆、果蔬、杂草中脂肪族氢含量在升温期含量较少，转化量低，到达腐熟期才呈现出明显的降低趋势。7 种物料中富里酸在 6.0～10.0ppm 范围内的含量均有明显升高，分别升高了 61.3 个百分点（鸡粪）、71.5 个百分点（牛粪）、76.6 个百分点（果蔬）、35.8 个百分点（杂草）、50.4 个百分点（枯枝）、70.7 个百分点（秸秆）及 47.9 个百分点（污泥），说明堆肥过程中随着脂肪结构及聚亚甲基链结构的破坏，一部分生成了醌基，苯酚及含氧、含氮等杂环芳香化合物[39]。

1.3 堆肥过程腐植酸形成影响因素

1.3.1 特定有机组分对腐植酸及其组分形成的影响

研究表明，多酚化合物、羧基、氨基酸、还原糖及多糖作为腐植酸的前体物质，在胡敏酸与富里酸形成过程中发挥重要作用[8]。如表 1-3 所列，多酚与腐植酸、胡敏酸及富里酸含量呈显著负相关（$P<0.05$），说明多酚化合物对腐植酸的形成起到了至关重要的作用。多酚化合物是形成酚羟基的重要前体物质[40]，因此，酚基是胡敏酸与富里酸的重要功能基团。Amir 等[41]的研究结果也可证实这一推论，在堆肥过程中胡敏酸与富里酸中酚羟基含量的增加伴随着多酚化合物的减少，充分说明在胡敏酸与富里酸形成的过程中，酚基作为逐渐形成腐植酸的基本单元聚合到其结构中，从而增加了堆肥中腐植酸的芳香性。

表1-3　堆肥过程中胡敏酸化学结构对电子转移能力的影响

编号	1	2	3	4	5	6	7	8	9	10	11	12	13	14	15	16	17	18	19	20	21	22	23
1	1																						
2	0.0	1																					
3	-0.4	0.2	1																				
4	-0.2	-0.7②	-0.7②	1																			
5	-0.7②	0.4	0.3	0.0	1																		
6	-0.2	0.1	0.1	0.0	0.2	1																	
7	-0.5①	0.2	0.5①	-0.2	0.5①	-0.2	1																
8	0.7②	-0.4①	-0.4①	0.1	-0.9②	-0.5①	-0.5①	1															
9	-0.4①	0.2	0.2	-0.1	0.5①	-0.1	0.5①	-0.5①	1														
10	0.0	-0.5	-0.4	0.6②	-0.3	0.1	-0.2	0.2	-0.3	1													
11	-0.5①	-0.5	0.4	-0.1	0.4	0.1	0.3	-0.4	0.7②	0.0	1												
12	0.6②	-0.3	-0.6②	0.3	-0.7②	-0.4	-0.5	0.8②	-0.7②	0.4	-0.8②	1											
13	-0.3	-0.1	0.1	0.2	0.3	-0.1	0.3	-0.3	0.5①	0.2	0.5①	-0.4①	1										
14	0.3	-0.2	-0.5①	0.2	-0.3	0.3	-0.7②	0.2	-0.6②	0.5①	-0.3	0.1	-0.1	1									
15	0.7②	0.1	-0.3	-0.2	-0.2	0.3	-0.5①	0.2	-0.3	0.0	-0.4	0.2	-0.1	0.4	1								
16	0.6②	0.1	-0.1	-0.3	-0.3	0.5①	-0.5①	0.2	-0.5	0.0	-0.3	0.2	-0.4	0.5①	0.7②	1							
17	-0.5①	-0.3	0.3	0.2	0.2	-0.2	0.2	-0.1	0.1	0.3	0.3	-0.2	0.2	-0.1	-0.4	-0.3	1						
18	0.1	-0.4	0.1	-0.1	-0.2	-0.3	-0.2	-0.3	0.0	-0.2	0.0	-0.1	-0.1	0.1	0.0	-0.1	0.2	1					
19	-0.6②	0.3	0.5①	-0.2	0.6②	-0.1	0.5①	-0.5①	0.7②	-0.6	0.5①	-0.7②	0.2	-0.5①	-0.4①	-0.4①	0.2	0.2	1				
20	0.0	-0.3	-0.2	0.3	-0.2	0.1	-0.3	0.6②	-0.5①	0.4	-0.3	0.4	0.0	0.6②	0.2	0.0	0.0	0.1	-0.5①	1			
21	-0.6②	0.3	0.3	-0.1	0.6②	0.5①	0.3	-0.6②	0.6②	-0.5	0.5①	-0.6②	0.1	-0.5①	-0.3	-0.3	0.1	0.2	0.9②	-0.4①	1		
22	0.1	0.3	0.0	-0.2	0.3	0.0	-0.3	0.1	0.1	-0.2	0.0	-0.3	0.2	0.5①	0.5①	0.4	-0.4	-0.1	0.1	0.0	0.3	1	
23	-0.2	0.3	0.5①	-0.1	0.3	0.0	0.3	-0.3	0.4	0.2	0.6②	-0.5①	0.8②	0.1	0.1	-0.3	0.1	0.0	0.0	0.2	0.0	0.1	1

① 相关性在0.05水平上显著相关。

② 相关性在0.01水平上极显著相关。

注：1—^{13}C-NMR1；2—^{13}C-NMR2；3—^{13}C-NMR3；4—^{13}C-NMR4；5—Cl；6—C2；7—C3；8—C4；9—SUVA$_{254}$；10—E_4/E_6；11—A$_{224\sim400}$；12—S_R；13—SUVA$_{290}$；14—多酚化合物；15—羧基；16—氨基糖；17—多糖；18—还原糖；19—胡敏酸；20—富里酸；21—腐植酸；22—电子供给能力；23—电子接受能力（其中1~4为核磁碳谱；5~8为荧光组分；9~13为紫外参数；14~18为特定有机组分；19~21为腐植酸组分；22~23为电子转移能力）。

由表 1-3 可知，羧基与腐植酸含量没有显著相关性，然而与胡敏酸呈显著的负相关（$P<0.01$），说明在堆肥过程中羧基对胡敏酸的形成起到重要作用。羧基在堆肥过程中可被还原为羟基结合到腐植酸结构中[42]。而羧基与富里酸呈显著的正相关（$P<0.05$），富里酸中含氧官能团较多，酸性较强，因此随着堆肥的进行，富里酸中羧基含量也随之增多。

氨基酸与腐植酸呈显著的负相关（$P<0.05$），但与胡敏酸无显著相关性（表 1-3）。研究表明，在堆肥过程中形成的醌基、酚基及羧基之间会发生缩合，生成分子量更高、结构更为复杂的芳香性化合物，而这个缩合过程在存在氨基化合物时表现更为明显[43]。而胡敏酸结构中主要以芳香性化合物为主，氨基酸对胡敏酸的形成存在一定的促进作用，但并不是形成其芳香化结构的重要基团。根据 Kononova[39] 提出的生物化学聚合假说，氨基酸可以与醌基反应引起氨基乙酸的降解及芳基胺的形成，因此氨基酸中的 N 就被整合到腐植酸聚合体中，这对腐植酸的稳定性起到明显作用。

还原糖、多糖与堆肥中的腐植酸与胡敏酸均无显著的相关性，但与富里酸呈显著负相关（$P<0.05$），说明还原糖、多糖与富里酸的形成关系密切。还原糖中含有游离的醛基或酮基，均具有一定的还原性[43,44]。多糖的作用与还原糖类似，在堆肥升温期，多糖与还原糖作为主要碳源被微生物降解利用，尤其在纤维素物料中[45]，单糖是多酚形成的重要前体物质，对腐植酸碳骨架的形成起重要作用。这一结果与前文一致，充分说明富里酸的结构较胡敏酸相对简单。

从以上数据可以看出，不同有机组分对胡敏酸与富里酸的形成作用各不相同，多酚化合物、羧基、氨基酸、还原糖及多糖的不同作用会引起胡敏酸与富里酸中的化学结构变化，从而改变其电子转移能力。

1.3.2 有机组分与官能团对胡敏酸和富里酸结构形成的影响

堆肥过程中不同有机组分对胡敏酸、富里酸及腐植酸的形成存在不同的影响，致使胡敏酸与富里酸化学结构不同，为进一步研究胡敏酸与富里酸中化学结构形成规律，分别对堆肥中特定有机组分与胡敏酸、富里酸化学结构表征指标进行了相关性分析，结果见表 1-3 与表 1-4。

从表 1-3 中可以看出，多酚化合物与类胡敏酸物质（C3）、13 C-NMR3、SUVA$_{254}$ 呈显著负相关（$P=0.006$；$P=0.02$；$P=0.003$），与 E_4/E_6 呈显著正相关（$P=0.03$），说明多酚化合物参与了胡敏酸中芳香碳、酚类碳及芳香性结构的合成，证实多酚化合物是胡敏酸芳构化过程中的重要组分[46]。多酚化合物与富里酸结构中的 1 H-NMR2 显著相关（$P=0.002$）（表 1-4）。说明多糖、有机氮等化合物与多酚化合物在堆肥过程中的变化规律相同[30]。多酚化合物与 SUVA$_{290}$、1 H-HMR3 呈显著负相关（$P=0.002$），与 E_4/E_6 呈正相关（$P=0.003$），说明多酚化合物参与了富里酸结构中醌基、苯酚及含氧、含氮杂环芳香化合物的形成，因此，对富里酸芳香化也同样起到重

表1-4　堆肥过程中富里酸化学结构对电子转移能力的影响

编号	1	2	3	4	5	6	7	8	9	10	11	12	13	14	15	16	17	18	19	20	21	22	23
1	1																						
2	0.0	1																					
3	-0.4	0.2	1																				
4	-0.2	-0.7②	-0.7②	1																			
5	-0.7②	0.4	0.3	0.0	1																		
6	-0.2	0.1	0.1	0.0	0.2	1																	
7	-0.5①	0.2	0.5①	-0.2	0.5①	-0.2	1																
8	0.7②	-0.4①	-0.4①	0.1	-0.9①	-0.5①	-0.5①	1															
9	-0.4①	0.2	0.2	-0.1	0.5①	-0.1	0.5①	-0.5①	1														
10	0.0	-0.5	-0.4	0.6②	-0.3	0.1	-0.2	0.2	-0.3	1													
11	-0.5①	0.0	0.4	-0.1	0.4	0.1	0.3	-0.4	0.7①	0.0	1												
12	0.6②	-0.3	-0.6②	0.3	-0.7①	-0.4	-0.5	0.8②	-0.7②	0.4	-0.8②	1											
13	-0.3	-0.1	0.1	0.3	-0.1	0.3	-0.3	0.2	-0.7②	0.2	-0.4①	-0.4①	1										
14	0.3	-0.2	-0.5①	-0.2	-0.3	0.1	-0.7②	0.2	-0.6②	0.5①	0.5①	0.1	-0.5①	1									
15	0.7②	-0.3	-0.3	-0.2	-0.2	0.3	-0.5①	0.2	-0.3	0.0	-0.3	0.1	-0.1	0.4	1								
16	0.6②	0.1	-0.1	-0.3	-0.3	0.5①	-0.5①	0.2	-0.5	0.0	-0.3	0.2	-0.4	0.5①	0.7②	1							
17	-0.5①	-0.4	0.3	0.2	0.2	-0.2	0.2	-0.1	0.1	0.3	0.3	-0.2	0.2	-0.1	-0.4①	-0.3	1						
18	0.1	0.3	0.1	0.1	-0.2	-0.3	-0.2	0.3	0.0	-0.2	0.0	0.1	-0.1	0.1	0.0	-0.1	0.2	1					
19	-0.6②	-0.3	0.5①	-0.2	0.6②	-0.1	0.5①	-0.5①	0.7①	-0.6	0.5①	-0.7②	0.2	-0.5①	-0.4①	-0.4①	0.2	0.2	1				
20	0.0	-0.3	-0.2	0.3	0.3	0.1	-0.5	0.2	-0.5①	-0.3	-0.3	0.4	0.0	0.6②	0.2	0.3	0.0	0.1	-0.5①	1			
21	-0.6②	0.2	0.3	0.0	0.6②	0.1	0.3	-0.6②	0.6②	0.5①	0.5①	-0.6②	0.1	-0.5①	0.5①	0.4	0.1	0.2	0.9②	-0.4①	1		
22	0.1	0.3	0.0	-0.2	0.3	0.5①	-0.3	-0.3	0.1	-0.4①	0.0	-0.3	0.1	0.2	0.1	-0.3	-0.4	-0.1	0.1	0.0	0.3	1	
23	-0.2	-0.3	0.5①	-0.1	0.3	0.1	0.3	-0.3	0.4①	0.2	0.6②	-0.5①	0.8②	0.1	0.1	-0.3	0.1	-0.1	0.0	0.2	0.0	0.1	1

① 相关性在0.05水平上显著相关。

② 相关性在0.01水平上极显著相关。

注：1—^{1}H-NMR1；2—^{1}H-NMR2；3—^{1}H-NMR3；4—C1；5—C2；6—C3；7—C4；8—SUVA$_{254}$；9—E_4/E_6；10—$A_{224\sim400}$；11—S_R；12—SUVA$_{290}$；13—多酚化合物；14—羧基；15—氨基糖；16—多糖；17—还原酸；18—胡敏酸；19—富里酸；20—腐植酸；21—电子供给能力；22—电子接受能力；23—电子转移能力（其中，1~3为核磁氢谱；4~7为荧光组分；8~12为紫外参数；13~17为特定有机组分；18~20为腐植酸组分；21~23为电子转移能力）。

要作用[47]。

羧基在胡敏酸中仅与类胡敏酸物质（C3）呈负相关（$P=0.017$）（表1-3），说明羧基可能是形成类胡敏酸物质（C3）组分的前体物质，然而对芳香化结构的形成无明显作用。然而羧基与富里酸中多种化学结构指标呈显著相关，包括[1]H-NMR1（$P=0.001$）、^{1}H-NMR3（$P=0.009$）、类胡敏酸物质（C3）（$P=0.017$）、E_4/E_6（$P=0.04$）及S_R（$P=0.012$）（表1-4），更加充分地说明了羧基在富里酸芳香化结构形成中起到重要作用。研究表明，羧基、羰基等含氧类基团是富里酸中的重要功能基团。表1-4显示羧基与脂肪族碳呈显著正相关，而与芳香碳、酚类碳及类蛋白物质呈负相关。这是由于微生物在堆肥初期降解蛋白质类物质形成羧基与脂肪碳类物质，随堆肥进行羧基逐渐被缩合，形成富里酸中芳香碳等更为复杂的结构[48-50]。

氨基酸与胡敏酸中[13]C-NMR1、类酪氨酸类物质（C2）呈显著正相关（$P=0.003$；$P=0.046$）（表1-3），这说明胡敏酸中氨基酸的变化规律与脂肪碳、类酪氨酸的一致，均可作为形成腐植酸结构的重要基团。氨基酸还与类胡敏酸物质（C3）、SUVA$_{254}$呈显著负相关（$P=0.016$、$P=0.025$），与酚基、羧基也呈显著正相关（$P=0.023$、$P=0.01$），这更能充分地说明堆肥过程中氨基酸在胡敏酸的芳香化与腐殖化过程中起到重要作用[51]。氨基酸与富里酸中[1]H-NMR1、S_R呈显著正相关（$P=0.023$、$P=0.01$），而与[1]H-NMR3、类胡敏酸物质（C3）及E_4/E_6呈显著负相关（$P=0.023$、$P=0.016$、$P=0.046$）（表1-4），这与胡敏酸的相关性结果类似，说明氨基酸在堆肥过程中对胡敏酸与富里酸的腐殖化存在明显的促进作用[52]。

从表1-3可以看出，多糖与胡敏酸结构中的[13]C-NMR1呈显著负相关（$P=0.026$），说明在胡敏酸结构中，脂肪碳的形成主要来自多糖的降解合成；而多糖与胡敏酸芳香化指标无显著影响。在富里酸结构中，多糖仅与S_R呈显著负相关（$P=0.046$）（表1-4），说明多糖在富里酸芳香化过程中起到了重要作用；虽然还原糖与胡敏酸、富里酸化学结构均无显著相关性（表1-3、表1-4），但这不能说明糖类物质对胡敏酸与富里酸化学结构没有影响，糖是微生物的重要营养源，也是羧基与醛基等基团合成的重要底物，并可在堆肥过程中通过转化合成多酚类物质参与腐殖质形成[53,54]。因此，尽管多糖、还原糖与腐植酸化学结构关系并不显著，但由于其参与了腐植酸形成诸多前体物的合成，对腐植酸形成数量及其芳香化程度具有重要影响[15]。

参 考 文 献

[1] Stevenson F J. Humus chemistry: genesis, composition, reactions. Soil Science, 1982, 135, 129-130.

[2] Ait B, Cegarra J, Merlina G, Revel J, Hafidi M. Qualitative and quantitative evolution of polyphenolic compounds during composting of an olive-mill waste-wheat straw mixture. Journal of Hazardous Materials 2009, 165, 1119.

[3] Xi B, Zhao X, He X, Huang C, Tan W, Gao R, Hui Z, Dan L. Successions and diversity of hu-

mic-reducing microorganisms and their association with physical-chemical parameters during composting. Bioresource Technology, 2016, 219, 204-211.

[4] Liang C, Balser T C. Microbial production of recalcitrant organic matter in global soils: implications for productivity and climate policy. Nature Reviews Microbiology, 2011, 9, 75; author reply 75.

[5] Simpson A J, Simpson M J, Smith E, Kelleher B P. Microbially derived inputs to soil organic matter: are current estimates too low? Environmental Science & Technology, 2007, 41, 8070.

[6] Parsons J W. Chemistry and distribution of amino sugars in soils and soil organisms. Soil Biochemistry, 1981.

[7] 鲁如坤. 土壤农业化学分析方法. 北京: 中国农业科技出版社, 2000.

[8] Wu J, Zhao Y, Zhao W, Yang T, Zhang X, Xie X, Cui H, Wei Z. Effect of precursors combined with bacteria communities on the formation of humic substances during different materials composting. Bioresource Technology, 2017, 226, 191.

[9] Tan K H, Tan K H. Humic matter in soil and the environment: principles and controversies, CRC Press, 2003.

[10] G HARDIE A, J DYNES J, M KOZAK L, M HUANG P. The role of glucose in abiotic humification pathways as catalyzed by birnessite. Journal of Molecular Catalysis A Chemical, 2009, 308, 114-126.

[11] Smilek J, Sedláček P, Kalina M, Klučáková M. On the role of humic acids' carboxyl groups in the binding of charged organic compounds. Chemosphere, 2015, 138, 503-510.

[12] Su J Q, Wei B, Ou-Yang W Y, Huang F Y, Zhao Y, Xu H J, Zhu Y G. Antibiotic resistome and its association with bacterial communities during sewage sludge composting. Environmental Science & Technology, 2015, 49, 7356-7363.

[13] 张增强, 唐新保. 污泥堆肥化处理对重金属形态的影响. 农业环境科学学报, 1996, 188-190.

[14] Lovley D, Nevin K P. Lack of Production of Electron-Shuttling Compounds or Solubilization of Fe (Ⅲ) During Reduction of Insoluble Fe(Ⅲ) Oxide of Geobacter Metallireducens, 2000.

[15] Wu C, Zhuang L, Zhou S, Yuan Y, Yuan T, Li F. Humic substance-mediated reduction of iron (Ⅲ) oxides and degradation of 2, 4-D by an alkaliphilic bacterium, Corynebacterium humireducens MFC-5. Microbial Biotechnology, 2013, 6, 141-149.

[16] Pifer A D, Fairey J L. Improving on SUVA 254 using fluorescence-PARAFAC analysis and asymmetric flow-field flow fractionation for assessing disinfection byproduct formation and control. Water Research, 2012, 46, 2927.

[17] Zhao Y, Wei Y, Zhang Y, Wen X, Xi B, Zhao X, Zhang X, Wei Z. Roles of composts in soil based on the assessment of humification degree of fulvic acids. Ecological Indicators, 2017, 72, 473-480.

[18] Chen Y, Senesi N, Schnitzer M. Information Provided on Humic Substances by E_4/E_6 Ratios. Soil Science Society of America Journal, 1977, 41, 352-358.

[19] 李鸣晓, 何小松, 刘骏, 席北斗, 赵越, 魏自民, 姜永海, 苏婧, 胡春明. 鸡粪堆肥水溶性有机物特征紫外吸收光谱研究. 光谱学与光谱分析. 2010, 30, 3081-3085.

[20] Zhao Y, Wei Y Q, Li Y, Xi B D, Wei Z M, Wang X L, Zhao Z N, Ding J. Using UV-Vis Absorbance for Characterization of Maturity in Composting Process with Different Materials. Guang pu xue yu guang pu fen xi, 2015, 35, 961.

[21] Helms J R, Stubbins A, Ritchie J D, Minor E C, Kieber D J, Mopper K. Absorption spectral slopes and slope ratios as indicators of molecular weight, source, and photobleaching of chromophoric dissolved organic matter. Limnology & Oceanography, 2008, 53, 955-969.

[22] Ratasuk N, Nanny M A. Characterization and quantification of reversible redox sites in humic substances. Environmental Science & Technology, 2007, 41, 7844.

[23] Boehme J R, Coble P G. Characterization of Colored Dissolved Organic Matter Using High-Energy Laser Fragmentation. Environmental Science & Technology, 2000, 34, 3283-3290.

[24] Leenheer J A, Croué J P. Characterizing aquatic dissolved organic matter. Environmental Science & Technology, 2003, 37, 18A.

[25] Yamashita Y, Jaffé R. Characterizing the interactions between trace metals and dissolved organic matter using excitation-emission matrix and parallel factor analysis. Environmental Science & Technology, 2008, 42, 7374.

[26] Hudson N, Baker A, Ward D, Reynolds D M, Brunsdon C, Carliell-Marquet C, Browning S. Can fluorescence spectrometry be used as a surrogate for the Biochemical Oxygen Demand (BOD) test in water quality assessment? An example from South West England. Science of the Total Environment, 2008, 391, 149.

[27] Yang C, Xiao-Song H E, Bei-Dou X I, Huang C H, Cui D Y, Gao R T, Tan W B, Zhang H. Characteristic Study of Dissolved Organic Matter for Electron Transfer Capacity During Initial Landfill Stage. Chinese Journal of Analytical Chemistry, 2016, 44, 1568-1574.

[28] 赵越, 何小松, 席北斗, 于会彬, 魏自民, 李鸣晓, 王威. 鸡粪堆肥有机质转化的荧光定量化表征. 光谱学与光谱分析. 2010, 30, 1555-1560.

[29] He X, Xi B, Wei Z, Guo X, Li M, An D, Liu H. Spectroscopic characterization of water extractable organic matter during composting of municipal solid waste. Chemosphere, 2011, 82, 541-548.

[30] Thakur K A M, Kean R T, Hall E S, Kolstad J J S, Munson E. J. High-Resolution 13C and 1H Solution NMR Study of Poly (lactide). Macromolecules, 1997, 30, 2422-2428.

[31] Tamao K, Akita M, Maeda K, Kumada M. Silafunctional compounds in organic synthesis. 32. Stereoselective halogenolysis of alkenylsilanes: stereochemical dependence on the coordination state of the leaving silyl groups. Cheminform, 1987, 52, 543-551.

[32] Li Y, Wang S, Zhang L. Composition, source characteristic and indication of eutrophication of dissolved organic matter in the sediments of Erhai Lake. Environmental Earth Sciences, 2015, 74, 3739-3751.

[33] Lobartini J C, Tan K H, 夏荣基. 用~ (13) 核磁共振、扫描电镜以及红外光谱分析测定的胡敏酸特性的差异. 腐植酸, 1992, 50-54.

[34] Fujit, Kawah. 暗色土不同粒度腐植酸组分的碳-13 核磁共振光谱 (^{13}C-NMR) 及元素组成. 腐植酸, 2000, 41-44.

[35] Wilson M A, Collin P J, Tate K R. [1]H-nuclear magnetic resonance study of a soil humic acid. European Journal of Soil Science, 2010, 34, 297-304.

[36] Chefetz B, Hader Y, Chen Y. Dissolved Organic Carbon Fractions Formed during Composting of Municipal Solid Waste: Properties and Significance. CLEAN - Soil, Air, Water, 2010, 26, 172-179.

[37] 余守志，陈荣峰，蔡名方，刘运爱. 八种腐植酸的～1H 和～（13）C 核磁共振波谱. 燃料化学学报，1986，92-97.

[38] Christensen J B, Jensen D L, Grøn C, Filip Z, Christensen T H. Characterization of the dissolved organic carbon in landfill leachate-polluted ground-water. Water Research, 1998, 32, 125-135.

[39] Kononova M M. Soil organic matter, its nature, its role in soil formation and in soil fertility. 1966.

[40] Hättenschwiler S, Hagerman A E, Vitousek P. M. Polyphenols in litter from tropical montane forests across a wide range in soil fertility. Biogeochemistry, 2003, 64, 129-148.

[41] Amir S, Jouraiphy A, Meddich A, Gharous M. E, Winterton P, Hafidi M. Structural study of humic acids during composting of activated sludge-green waste: Elemental analysis, FTIR and ^{13}C NMR. Journal of Hazardous Materials, 2010, 177, 524-529.

[42] Ying Z, Selvam A, Wong J W C. Evaluation of humic substances during co-composting of food waste, sawdust and Chinese medicinal herbal residues. Bioresource Technology, 2014, 168, 229.

[43] Lhadi E K, Tazi H, Aylaj M, Genevini P L, Adani F. Organic matter evolution during co-composting of the organic fraction of municipal waste and poultry manure. Bioresource Technology, 2006, 97, 2117-2123.

[44] Cao Y, Chang Z, Wang J, Ma Y, Fu G. The fate of antagonistic microorganisms and antimicrobial substances during anaerobic digestion of pig and dairy manure. Bioresource Technology, 2013, 136, 664.

[45] Said-Pullicino D, Erriquens F G, Gigliotti G. Changes in the chemical characteristics of water-extractable organic matter during composting and their influence on compost stability and maturity. Bioresource Technology, 2007, 98, 1822-1831.

[46] Brenes A, Viveros A, Goñi I, Centeno C, Sauracalixto F, Arija I. Effect of grape seed extract on growth performance, protein and polyphenol digestibilities, and antioxidant activity in chickens. Spanish Journal of Agricultural Research, 2010, 8, 326-335.

[47] Hachicha R, Rekik O, Hachicha S, Ferchichi M, Woodward S, Moncef N, Cegarra J, Mechichi T. Co-composting of spent coffee ground with olive mill wastewater sludge and poultry manure and effect of Trametes versicolor inoculation on the compost maturity. Chemosphere, 2012, 88, 677-682.

[48] Wei Y, Wei Z, Cao Z, Zhao Y, Zhao X, Lu Q, Wang X, Zhang X. A regulating method for the distribution of phosphorus fractions based on environmental parameters related to the key phosphate-solubilizing bacteria during composting. Bioresource Technology, 2016, 211, 610.

[49] Xi B, He X, Dang Q, Yang T, Li M, Wang X, Li D, Tang J. Effect of multi-stage inoculation on the bacterial and fungal community structure during organic municipal solid wastes

composting. Bioresource Technology，2015，196，399.

[50] Zhang J，Zeng G，Chen Y，Yu M，Yu Z，Li H，Yu Y，Huang H. Effects of physico-chemical parameters on the bacterial and fungal communities during agricultural waste composting. Bioresource Technology，2011，102，2950.

[51] Porras J，Fernández J. J，Torrespalma R. A，Richard C. Humic Substances Enhance Chlorothalonil Phototransformation via Photoreduction and Energy Transfer. Environmental Science & Technology，2014，48，2218-2225.

[52] 魏自民，吴俊秋，赵越，杨天学，席北斗，时俭红，文欣，李东阳. 堆肥过程中氨基酸的产生及其对腐植酸形成的影响. 环境工程技术学报，2016，6，377-383.

[53] 曾清如. 化学改性腐植酸和沉积物对有机农药吸附特征研究. 北京：中国科学院生态环境研究中心，2005.

[54] 席北斗，刘鸿亮，白庆中，黄国和，曾光明，李英军. 堆肥中纤维素和木质素的生物降解研究现状. 环境工程学报，2002，3，19-23.

第2章 堆肥过程有机质电子转移能力

2.1 堆肥过程胡敏酸的电子转移能力

2.1.1 基于微生物法的胡敏酸电子转移能力特征

与对照组 1（CK1）相比，添加不同物料的胡敏酸作电子穿梭体中 Fe(Ⅲ)-柠檬酸盐均可被还原（见图 2-1）。如图 2-1 所示，分别以 7 种物料堆肥三个阶段的胡敏酸作电子穿梭体，以希瓦氏菌（$S. oneidensis$ MR-1）作为电子驱动力，随着反应时间的进行，Fe(Ⅲ) 逐渐被还原成 Fe(Ⅱ)，288h 后达到平衡。与 CK1 相比，并非所有堆肥过程中胡敏酸都促进 Fe(Ⅲ) 的还原。在鸡粪中，添加胡敏酸对 Fe(Ⅲ)-柠檬酸盐的还原量与对照组 2（CK2）相差不大，且略低于 CK1，说明鸡粪中胡敏酸对 Fe(Ⅲ)-柠檬酸盐的还原存在抑制作用。相比 CK2，升温期与腐熟期牛粪中胡敏酸对 Fe(Ⅲ)-柠檬酸盐的还原存在明显的抑制作用。这是由于蛋白类物料形成的胡敏酸结构较不稳定，易被微生物利用降解[1]，并且与电子转移相关的功能基团含量较低，导致电子转移能力较弱。高温期牛粪中胡敏酸对 Fe(Ⅲ)-柠檬酸盐还原与鸡粪不同，高温期胡敏酸对其还原起到一定的促进作用，这是由于牛粪在高温阶段形成氧化还原基团含量较高[2]，这与第 1 章光谱数据得出的结论一致。升温期牛粪中胡敏酸结构较不稳定，其中的 N 源或 C 源易被微生物降解利用，产物与 Fe(Ⅲ)-柠檬酸盐形成了竞争作用，抑制了 Fe(Ⅲ)-柠檬酸盐的还原。

在果蔬堆肥中，高温期与腐熟期中胡敏酸对 Fe(Ⅲ)-柠檬酸盐的还原具有较强的促进作用，是 CK2 的 1～1.5 倍，且高温期＞腐熟期，但升温期中胡敏酸对其存在抑制作用。杂草中，堆肥三个阶段的胡敏酸对 Fe(Ⅲ)-柠檬酸盐的还原均有明显促进作用，其顺序为高温期＞腐熟期＞升温期。木质素类物料（枯枝、秸秆）与纤维素类的变化趋势较为一致，添加胡敏酸对 Fe(Ⅲ)-柠檬酸盐的还原量是 CK1 的 1/2，明显低于果蔬与杂草，说明木质素类物料胡敏酸中关键功能基团的含量相比纤维素类较低。从污泥中可以看出，高温期、腐熟期中胡敏酸对 Fe(Ⅲ)-柠檬酸盐的还原也具有明显的促进作用，

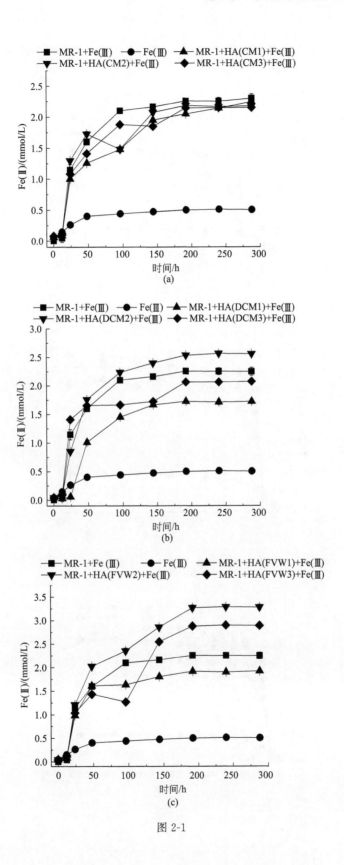

图 2-1

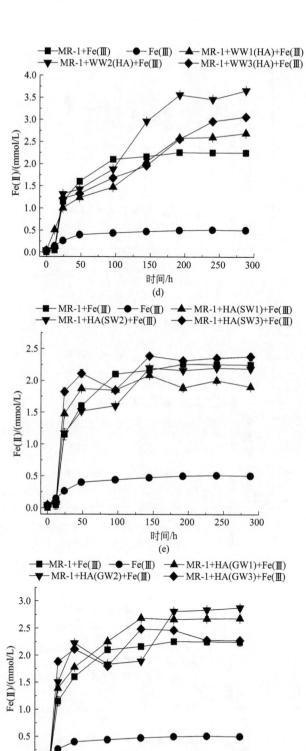

(d)

(e)

(f)

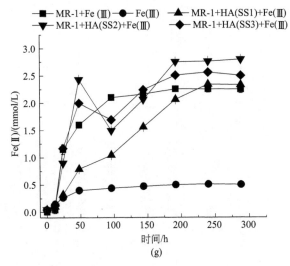

图 2-1 堆肥过程中胡敏酸介导希瓦氏菌 MR-1 还原 Fe(Ⅲ)-柠檬酸盐

[对照组 1：C＋M＋Fe(Ⅲ)；对照组 2：Fe(Ⅲ)]

CM—鸡粪；DCM—牛粪；FVW—果蔬；WW—杂草；SW—秸秆；GW—枯枝；SS—污泥；

1—升温期；2—高温期；3—腐熟期；MR-1—胞外呼吸菌

且高温期＞腐熟期，说明污泥中高温期产生的胡敏酸具有一定的电子转移能力。

2.1.2 基于电化学法的胡敏酸电子转移能力特征

图 2-2 表示 7 种物料在堆肥的升温期、高温期及腐熟期的胡敏酸与富里酸的电子转移能力（ETC）变化。从整体上看，胡敏酸电子供给能力（EDC）的变化范围是 $423\sim1168\mu mole^-/gC$，见图 2-2(a)，略低于富里酸（$409\sim1314\mu mole^-/gC$）。然而，在整个堆肥过程中，胡敏酸中电子接受能力（EAC）（$801\sim2878\mu mole^-/gC$）显著高于富里酸（$610\sim1441\mu mole^-/gC$），见图 2-2(b)，这说明胡敏酸接受电子的能力要显著高于富里酸。另外，从图 2-2 中还可以发现，胡敏酸中电子接受能力在整体分布上显著高于电子供给能力（$P<0.05$），而富里酸中电子供给能力与电子接受能力差异并不显著。有研究表明，这是由于从样品中提取出的腐植酸长时间与空气中氧气接触，一部分电子被氧化，导致胡敏酸的电子供给能力低于电子接受能力[3]。有研究表明，电子接受能力主要来源于芳香族化合物，由于胡敏酸中芳香化程度高于富里酸，导致其具有较高的电子接受能力。与胡敏酸相比，富里酸分子量较低，结构上碳氧比较高，其供电子基团如羧基、酚基的含量高于胡敏酸[4,5]，因此其电子供给能力值相对较高。

另外，不同物料电子转移能力在堆肥过程中变化趋势并不一致。胡敏酸电子供给能力的平均值从大到小依次为：牛粪、鸡粪＞枯枝、秸秆、污泥、杂草、果蔬。鸡粪与牛粪中胡敏酸的电子供给能力平均分布显著高于其他物料（$P<0.05$），然而其余物料的差异并不显著，这是物料成分差异引起的。在堆肥的升温期，电子供给能力的值分别为

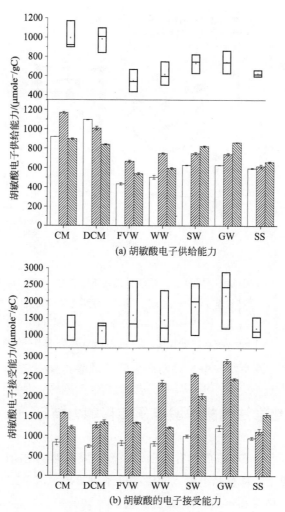

图 2-2　7 种物料堆肥过程中胡敏酸的电子转移能力

□—升温期；▨—高温期；▧—腐熟期；

CM—鸡粪；DCM—牛粪；FVW—果蔬；WW—杂草；SW—秸秆；GW—枯枝；SS—污泥

$921\mu mole^-/gC$ 和 $1098\mu mole^-/gC$，分别是果蔬、杂草、枯枝、秸秆及污泥的 $1.5\sim$ 2.5 倍。这是由于蛋白类物料中含有大量的羧基、酚基及氨基酸，此类基团均为含氧官能团，具有较强的供电子能力，因此其电子供给能力显著高于纤维素与木质素类物料[6]。

不同物料中胡敏酸的电子接受能力的平均值从大到小依次是：枯枝＞秸秆＞果蔬＞杂草＞鸡粪＞污泥＞牛粪。结合紫外光谱参数 $SUVA_{290}$ 分析表明，相对蛋白质类物料，木质素、纤维素类物料在堆肥过程更易产生芳香碳，并能够进一步氧化成醌基[7]，致使其所形成胡敏酸的化学结构更易接受电子。

果蔬、杂草、枯枝及秸秆中胡敏酸的电子接受能力在升温期的含量较低［见图 2-2 (b)］，随堆肥进行，物料中胡敏酸在高温期电子转移能力明显增加，这也与前文电子转移能力及醌基在高温期达到峰值这一结果一致；而到达堆肥腐熟期，胡敏酸的氧化还原功能随着腐植酸形成数量的降低而逐渐减少，导致电子接受能力有所降低。这与已有研究结论一致，纤维素与木质素在堆肥初期较难被微生物利用，芳香碳形成数量较少[8]。因此，在堆肥升温期，胡敏酸的电子接受能力相对较低；在高温期，木质素、纤维素被降解形成醌基、酚基、氨基酸等芳香族的氧化基团，其电子转移能力逐渐升高；到达腐熟期后此类功能基团能够继续缩合，形成结构更为复杂的芳香性化合物[9]，导致其氧化还原功能基团的数量减少，电子接受能力也相应降低。鸡粪、牛粪与污泥中胡敏酸的电子接受能力相差不大，相比堆肥升温期，电子接受能力在腐熟期均有所增加，但其阶段变化的规律并不一致。

2.2　堆肥过程富里酸的电子转移能力

2.2.1　基于微生物法的富里酸电子转移能力特征

堆肥过程中富里酸介导 $S.oneidensis$ MR-1 还原 Fe(Ⅲ)-柠檬酸盐如图 2-3 所示。由图 2-3 可知，不同样品中富里酸对 Fe(Ⅲ)-柠檬酸盐还原作用各不相同，鸡粪堆肥仅腐熟期的富里酸促进了 Fe(Ⅲ)-柠檬酸盐的还原，升温期与高温期的鸡粪中富里酸对 Fe(Ⅲ)-柠檬酸盐的还原作用并不明显，说明在鸡粪中，随着堆肥的进行，富里酸的电子转移能力呈增加趋势。牛粪中富里酸的电子转移能力与污泥较为类似，均未起到明显的电子转移作用，这是由不同物料堆肥过程中形成的富里酸中与电子转移能力相关的功能基团的含量差异而导致的[10]。从图 2-3 中还可以看出，升温期与腐熟期的富里酸对 Fe(Ⅲ)-柠檬酸盐的还原存在抑制作用，这可能是由于微生物降解有机质形成中间产物与 Fe(Ⅲ) 竞争电子，导致其还原量相比对照组有所降低。

果蔬、杂草、枯枝及秸秆三个阶段中富里酸对 Fe(Ⅲ)-柠檬酸盐的还原均有促进作用，说明纤维素与木质素降解过程中产生的富里酸具有一定的电子转移能力[11]，果蔬、杂草中 Fe(Ⅲ)-柠檬酸盐还原量为 (2.5～3.5mmol/L)，是 CK1 的 0.5～2.0 倍，要明显高于枯枝与秸秆，说明纤维素类样品中产生的富里酸电子转移能力强于木质素，这与其化学结构有直接关联。光谱结果表明，果蔬与杂草中富里酸的羧基、酚基及芳香基团含量要明显高于枯枝与秸秆中富里酸。对于果蔬，堆肥过程中富里酸介导 Fe(Ⅲ)-柠檬酸盐还原量的顺序依次是：高温期＞腐熟期＞升温期；而在杂草中，其还原量的顺序大小依次为：腐熟期＞高温期＞升温期。在枯枝与秸秆中，不同阶段富里酸的电子转移能力无明显差异。

由此可以看出，在微生物作电子驱动力条件下，并非所有堆肥过程中产生的腐植酸（胡敏酸与富里酸）都具有明显的电子转移功能。蛋白类含量较高的物料（鸡粪、牛

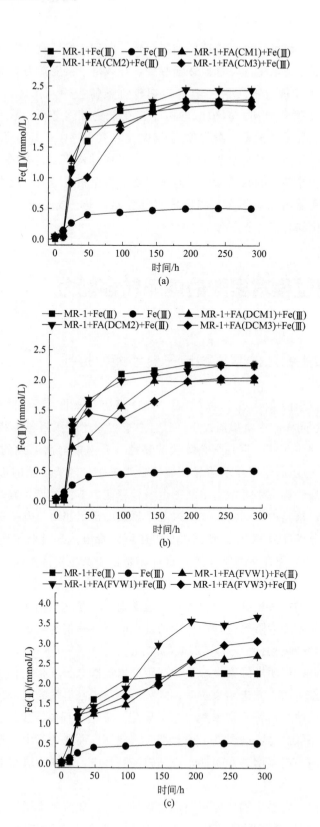

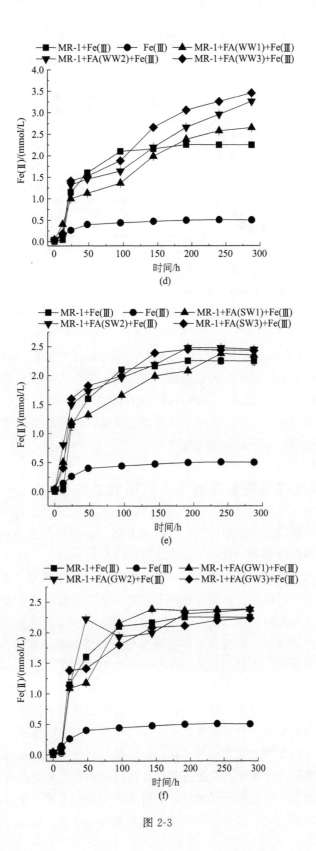

图 2-3

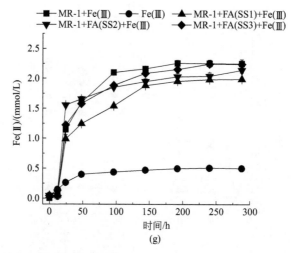

图 2-3　堆肥过程中富里酸介导 *S.oneidensis* MR-1 还原 Fe(Ⅲ)-柠檬酸盐

CM—鸡粪；DCM—牛粪；FVW—果蔬；WW—杂草；SW—秸秆；GW—枯枝；SS—污泥；
1—升温期；2—高温期；3—腐熟期；MR-1—胞外呼吸菌

粪），无论是胡敏酸还是富里酸，其电子转移能力均未对 Fe(Ⅲ)-柠檬酸盐的还原起到明显的促进作用，反而对其产生抑制作用，这是由于蛋白类物质形成的腐植酸结构相对简单[12]，堆肥周期较短，尚未形成具有稳定结构的功能基团；纤维素类物料在堆肥过程中的腐植酸（胡敏酸与富里酸）电子转移能力最强，说明此类物料中更易形成具电子转移能力的功能基团，且不易被微生物降解。

2.2.2　基于电化学法的富里酸电子转移能力特征

富里酸中电子供给能力在堆肥三个阶段的变化及分布如图 2-4(a) 所示，平均值从大到小依次是：鸡粪＞牛粪＞污泥＞杂草＞果蔬＞枯枝＞秸秆，这与胡敏酸中电子供给能力的变化趋势较为类似，蛋白类物料形成的富里酸结构中供电子基团（酚基、羧基）较多，对富里酸电子供给能力影响显著。不同物料富里酸电子供给能力在堆肥过程中均呈现先升高后降低的趋势，这与前文结果一致，即供电基团（羧基、酚基）在堆肥的高温期含量最高。由于羧基、酚基及游离氨基酸是腐植酸形成的重要前体物质[13]，在腐植酸大量形成的腐熟期，此类功能基团含量较少。图 2-4(b) 为不同物料堆肥过程中富里酸电子接受能力变化，从图中可以看出，不同物料电子接受能力相差不大，并且堆肥不同阶段电子接受能力值也无明显的变化规律。这可能是由于富里酸中含有大量的酸性基团，且芳香性相对较弱，并且酸性基团组成具有更多的随机性[14]。

胡敏酸的电子接受能力在高温期最高，这可能与胡敏酸的结构和功能基团有关。由于堆肥是有机质降解与腐殖化共存的过程，在该过程中糖类和蛋白质能够优先被微生物降解利用，形成简单的有机小分子物质，而后小分子物质再进一步合成酚基、氨基酸及醌基等功能基团，致使电子接受能力增强。高温期后，醌基、酚基、羧基及氨基酸等基

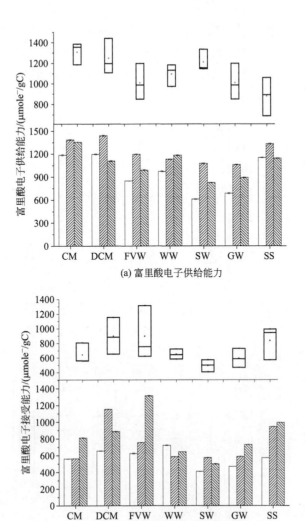

图 2-4 7 种物料堆肥过程中富里酸的电子转移能力

□—升温期；▨—高温期；▧—腐熟期；

CM—鸡粪；DCM—牛粪；FVW—果蔬；WW—杂草；SW—秸秆；GW—枯枝；SS—污泥

团可以自我缩合转化为结构更为复杂的大分子物质，导致氧化还原功能基团数量减少[15-17]，电子接受能力随之降低。并且堆肥腐熟期胡敏酸结构更为复杂，其中接受外源电子的氧化还原基团对外源电子供体的敏感程度不一致，导致腐熟期胡敏酸电子转移能力有所降低。这结论也进一步证实了胡敏酸电子转移能力与酚羟基、羧基及醌基等芳香化基团含量呈正相关，而与芳香性呈负相关[18]。与胡敏酸不同，富里酸中电子供给能力与电子接受能力均呈逐渐上升的趋势。这与富里酸的紫外光谱 $SUVA_{290}$ 变化一致，即醌基含量在堆肥腐熟期达到最高值，因此其电子转移能力随堆肥过程进行而增强。

通过对腐植酸组分电子转移能力比较可以发现（图 2-5），在堆肥的任何阶段，胡敏酸电子接受能力平均分布均显著高于富里酸，而电子供给能力与之相反，这与 Yang

等[6]研究结论一致，电子接受能力主要源于酚、醌等芳香族化合物[19,20]。与胡敏酸相比，富里酸的分子结构简单，酸性较强，具有更多的随机性，并且富里酸中有丰富的含氧基团，如羰基、羧基、脂醚等，此类官能团的供电子能力较强，更易被还原[21,22]，因此电子供给能力相对较高。

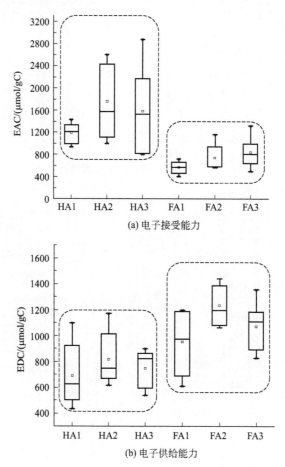

图 2-5　堆肥不同阶段胡敏酸与富里酸的电子转移能力

HA—胡敏酸；FA—富里酸；1—升温期；2—高温期；3—腐熟期

从图 2-5 还可以看出，胡敏酸与富里酸的电子接受能力与电子供给能力并非均随堆肥时间延长呈增加趋势，这与 He 等[10]认为堆肥过程增加了腐植酸的芳香性从而提升了相应的电子转移能力这一结论有所不同。这主要是由于多种具有氧化还原功能的关键基团并非随堆肥过程呈增加趋势，因此，腐植酸的芳香性不能够表征有机质的电子转移能力。腐植酸结构中氧化还原功能基团所占比例才是腐植酸还原特性的关键决定因子[23]。

参 考 文 献

[1]　Zhao X，He X，Xi B，Gao R，Tan W，Zhang H，et al. The evolution of water extractable organic

matter and its association with microbial community dynamics during municipal solid waste composting. Waste Management，2016，56：79-87.

［2］ Nakasaki K，Le T H T，Idemoto Y，Abe M，Rollon A P. Comparison of organic matter degradation and microbial community during thermophilic composting of two different types of anaerobic sludge. Bioresource Technology，2009，100：676.

［3］ Yuan Y，Tan W，He X，Xi B，Gao R，Zhang H，et al. Heterogeneity of the electron exchange capacity of kitchen waste compost-derived humic acids based on fluorescence components. Analytical & Bioanalytical Chemistry，2016，408：1-9.

［4］ He X，Xi B，Wei Z，Guo X，Li M，An D，et al. Spectroscopic characterization of water extractable organic matter during composting of municipal solid waste. Chemosphere，2011，82：541-548.

［5］ Saidpullicino D，Gigliotti G. Oxidative biodegradation of dissolved organic matter during composting. Chemosphere，2007，68：1030-1040.

［6］ Yang C，He X，Xi B，Huang C，et al. Characteristic Study of Dissolved Organic Matter for Electron Transfer Capacity During Initial Landfill Stage. Chinese Journal of Analytical Chemistry，2016，44：1568-1574.

［7］ Maurer F，Christl I，Kretzschmar R. Reduction and reoxidation of humic acid：influence on spectroscopic properties and proton binding. Environmental Science & Technology，2010，44：5787-5792.

［8］ Jokic A，Wang M C，Liu C，Frenkel A I，Huang P M. Integration of the polyphenol and Maillard reactions into a unified abiotic pathway for humification in nature. Organic Geochemistry，2004，35：747-762.

［9］ Aeschbacher M，Vergari D，Schwarzenbach R P，Sander M. Electrochemical analysis of proton and electron transfer equilibria of the reducible moieties in humic acids. Environmental Science & Technology，2011，45：8385-8394.

［10］ He X，Xi B，Cui D，Liu Y，Tan W，et al. Influence of chemical and structural evolution of dissolved organic matter on electron transfer capacity during composting. Journal of Hazardous Materials，2014，268：256.

［11］ Uchimiya M，Stone A T. Reversible redox chemistry of quinones：impact on biogeochemical cycles. Chemosphere，2009，77：451.

［12］ 须湘成，张继宏. 不同有机物料的腐解残留率及其对土壤腐殖质组成和光学性质的影响. 土壤通报，1993：53-56.

［13］ Wu J，Zhao Y，Zhao W，Yang T，et al. Effect of precursors combined with bacteria communities on the formation of humic substances during different materials composting. Bioresource Technology，2017，226：191.

［14］ Mcbeath A V，Smernik R J，Schneider M P W，Schmidt M W I，et al. Determination of the aromaticity and the degree of aromatic condensation of a thermosequence of wood charcoal using NMR. Organic Geochemistry，2011，42：1194-1202.

［15］ Gao W，Zheng G D，Gao D，Chen T B，et al. Transformation of organic matter during thermophilic composting of pig manure. Environmental Science，2006，27：986.

[16] Zhang Y, Yue D, Ma H. Darkening mechanism and kinetics of humification process in catechol-Maillard system. Chemosphere, 2015, 130: 40-45.

[17] Yun Z, Yue Z, Chen Y, Qian L, Li M, et al. A regulating method for reducing nitrogen loss based on enriched ammonia-oxidizing bacteria during composting. Bioresource Technology 2016, 221: 276-283.

[18] Chen J, Gu B, Royer R A, Burgos W D. The roles of natural organic matter in chemical and microbial reduction of ferric iron. Science of the Total Environment 2003, 307: 167-78.

[19] Ratasuk N, Nanny M A. Characterization and quantification of reversible redox sites in humic substances. Environmental Science & Technology. 2007, 41: 7844.

[20] Said-Pullicino D, Erriquens F G, Gigliotti G. Changes in the chemical characteristics of water-extractable organic matter during composting and their influence on compost stability and maturity. Bioresource Technology, 2007, 98: 1822-1831.

[21] Silva M E, de Lemos L T, Nunes O C, Cunha-Queda A C. Influence of the composition of the initial mixtures on the chemical composition, physicochemical properties and humic-like substances content of composts. Waste Management, 2014, 34: 21.

[22] 张甲, 陶澍, 曹军. 土壤水溶性有机物与富里酸分子量分布的空间结构特征. 地理研究, 2001, 20: 76-82.

[23] Smilek J, Sedláček P, Kalina M, Klučáková M. On the role of humic acids' carboxyl groups in the binding of charged organic compounds. Chemosphere, 2015, 138: 503-510.

第3章 堆肥过程腐殖质还原菌演变特征

腐殖质还原菌是胞外呼吸菌的一类，它是以环境中有机底物作为电子供体，以腐植酸作电子受体，进行腐殖质呼吸从而获得自身的生长[1]。堆肥过程中会产生大量的腐植酸，由此可以推测，腐植酸的形成可能诱导堆肥物料中腐殖质还原菌的生长，并且堆肥过程中物料微环境因子与有机组分的变化也将会影响腐殖质还原菌的群落组成。然而，到目前为止，对不同物料堆肥体系中腐殖质还原菌组成、电子转移能力及影响因素等方面的研究鲜有报道。

3.1 堆肥过程腐殖质还原菌演替规律

对堆肥过程中腐殖质还原菌采用 16S rDNA 测序，结果表明 21 个扩增库中共检测到 170 个属，包含 250133 个高质量的腐殖质还原菌序列，其中有超过 99% 的序列已达到属的水平，说明腐殖质还原菌普遍存在于堆肥过程中。如图 3-1 所示，堆肥过程腐殖质还原菌的序列数量、多样性及丰富度均呈增加趋势，证实堆肥过程增加了腐殖质还原菌的数量与多样性。在不同堆肥物料中，污泥腐殖质还原菌数量和多样性都明显高于其他物料（$P < 0.05$），这是由于污泥中含有大量的重金属[2]，在堆肥过程中，腐殖质还原菌不仅能够以腐植酸作为电子受体，污泥中大量的重金属也可作为电子受体促进其生长。木质素类物料（秸秆、枯枝）中腐殖质还原菌数量最低（图 3-1），这是由于腐殖质还原菌以堆肥中易降解有机质作为电子供体进行腐殖质呼吸，木质素不易被微生物降解，微生物中酶活性受到抑制，致使木质素类物料中的腐殖质呼吸相对其他物料较弱。果蔬、杂草中以纤维素为主，由于纤维素不易降解，导致其腐殖质还原菌在升温期与高温期含量较低 [图 3-1(a)]；然而，在高温期后，随着纤维素逐渐降解，腐殖质还原菌数量逐渐增多。而对于鸡粪与牛粪，腐殖质还原菌数量在堆肥不同阶段无显著差异，这是由于鸡粪、牛粪中存在大量易被降解的有机质，为腐殖质还原菌提供了足够的碳源，并且，由前章节结果可知，鸡粪和牛粪中的腐植酸与胡敏酸形成速率较快，因此在升温期腐殖质还原菌数量明显高于富纤维素、木质素类物料。

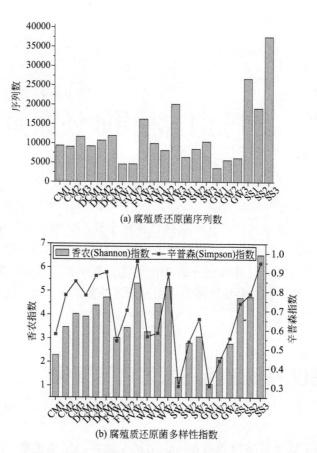

(a) 腐殖质还原菌序列数

(b) 腐殖质还原菌多样性指数

图 3-1　不同堆肥过程中腐殖质还原菌序列数及腐殖质还原菌多样性指数

CM—鸡粪；DCM—牛粪；FVW—果蔬；WW—杂草；SW—秸秆；GW—枯枝；SS—污泥；

1—升温期；2—高温期；3—腐熟期

Beta 多样性分析表明，堆肥物料种类是腐殖质还原菌群落差异的重要因素（$P=0.045$），而堆肥阶段对腐殖质还原菌的群落差异影响并不显著（$P=0.824$），表明腐殖质还原菌的群落组成差异主要归因于堆肥原料组成成分不同。PCoA（主坐标分析）结果也证实了这一结论，堆肥物料组成相似的腐殖质还原菌具有较高的相似性。不同物料中腐殖质还原菌的主坐标分析如图 3-2 所示。由图 3-2 可知，7 种堆肥根据腐殖质还原菌群落结构的相似性共分为四类：第一类为蛋白类物料（鸡粪和牛粪）；第二类为纤维素类物料（果蔬和杂草）；第三类为木质素类物料（秸秆和枯枝）；第四类为污泥。这一结果与微环境因子的聚类结果较为一致，也进一步验证相似类型堆肥过程中理化性质与腐殖质还原菌的群落演替规律及多样性变化具有一致性。然而，从图中还可以发现，在不同类型物料堆肥过程中，腐熟期相对升温期与高温期的位置相距较远，说明腐殖质还原菌的群落结构组成在堆肥腐熟期发生了明显的变化，因此，堆肥过程尤其是堆肥腐熟期对腐殖质还原菌的群落组成产生影响。

不同物料中腐殖质还原菌在属水平的群落组成如图 3-3 所示。由图 3-3 可知，7 种

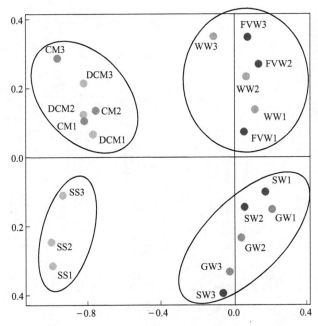

图 3-2 不同物料中腐殖质还原菌的主坐标分析

CM—鸡粪；DCM—牛粪；FVW—果蔬；WW—杂草；

SW—秸秆；GW—枯枝；SS—污泥；

1—升温期；2—高温期；3—腐熟期

物料不同阶段的腐殖质还原菌在门水平存在明显差异。变形菌门（Proteobacteria）是鸡粪、牛粪、秸秆、枯枝及污泥在堆肥过程中最主要的门，占总序列数的 26%～99%。在果蔬和杂草中，厚壁菌门（Firmicutes）中序列数量最多，以梭菌属（Clostridia）为主，在堆肥腐熟期其百分含量由 37% 上升至 50%，变形菌门（Proteobacteria）也是其主要分类，占总数的 46%～94%。拟杆菌门（Bacteroidetes）与放线菌门（Actinobacteria）在堆肥过程中的序列总数不足 20%。

在属水平，不同样品的群落组成及演替规律各不相同（图 3-3）。其中，共有 34 个属占总序列的 90%。变形杆菌中包括 14 个属（表 3-1），较丰富的菌属有假单胞菌属、不动杆菌属、泛生菌属和假黄色单胞菌属。这几种属常见于底泥及土壤中，均属于 γ-变形菌纲。如图 3-3 所示，假单胞菌存在于整个堆肥过程中，泛生菌属主要存在于鸡粪、牛粪、果蔬和杂草中，在秸秆、枯枝及污泥中的含量较少。上述菌属中，泛生菌、聚团泛生菌与铜绿假单胞菌属杆菌可还原腐植酸及腐植酸模板物，并维持自身的生长[3]。α-变形菌纲中含量较高的属包括德沃斯氏菌属和短波单胞菌属[4]。醌作为氧化还原中间体，可被鞘氨醇单胞菌还原，被还原的醌可继续将电子传递到偶氮燃料，加速其还原过程。δ-变形菌纲中主要包括 *Desulfobacca*，在牛粪、鸡粪堆肥过程中均被检测到，该属具有还原 Fe(Ⅲ) 的能力[5]。β-变形菌中数量最多的属为丛毛单胞菌属，可以腐植酸作电子受体加速对 2,4-二氯苯氧基乙酸的还原[6]。厚壁菌门主要存在于果蔬、

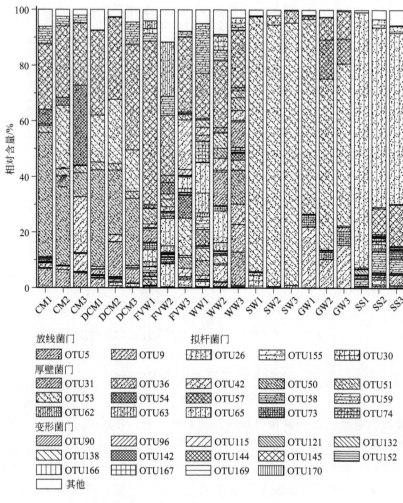

图 3-3　不同物料中腐殖质还原菌在属水平的群落组成

（其中 34 个属占整个序列库的 90%）

CM—鸡粪；DCM—牛粪；FVW—果蔬；WW—杂草；

SW—秸秆；GW—枯枝；SS—污泥；

1—升温期；2—高温期；3—腐熟期

杂草、枯枝及污泥中，以芽孢杆菌纲和梭状芽孢杆菌纲为主。芽孢杆菌纲在堆肥的高温期成为厚壁菌门的主要菌群，这主要是由于芽孢杆菌纲具有一定的耐高温的能力[6]。拟杆菌在牛粪中百分比不足 6%，其中含量最多的是鞘氨醇杆菌属，鞘氨醇杆菌属具有降解 2,4-二氯苯氧基乙酸的能力[7]。放线菌仅在鸡粪、牛粪及污泥中被检测到，含量较少，仅为 7.94%～13.6%。其中包括 20 个菌属，棒状杆菌属、迪茨氏菌属、白色杆菌属及节细菌属为主。棒状杆菌属是鸡粪中数量最多的腐殖质还原菌，有研究报道，腐殖杆菌曾在废水中被分离，目前为止，它是棒状杆菌属中唯一被发现具有还原醌及腐植酸能力的种属[8]。

表 3-1 堆肥中占最主要含量的腐殖质还原菌的分类及百分含量

分类	门	纲	目	科	属	占总数的百分比/%
OTU5	放线菌门	放线菌纲	放线菌目	棒杆菌科	棒状杆菌属	2.20
OTU6	放线菌门	放线菌纲	放线菌目	迪茨氏菌科	迪茨氏菌属	0.08
OTU9	放线菌门	放线菌纲	放线菌目	微杆菌科	白色杆菌属	0.51
OTU13	放线菌门	放线菌纲	放线菌目	微球菌科	节细菌属	0.12
OTU30	拟杆菌门	鞘脂杆菌纲	鞘脂杆菌目	鞘氨醇杆菌科	鞘氨醇杆菌属	0.67
OTU34	厚壁菌门	芽孢杆菌纲	芽孢杆菌目	类芽孢杆菌科	类芽孢杆菌属	0.24
OTU35	厚壁菌门	芽孢杆菌纲	芽孢杆菌目	动球菌科	杆菌属	1.25
OTU36	厚壁菌门	芽孢杆菌纲	芽孢杆菌目	动球菌科	芽孢杆菌属	0.26
OTU38	厚壁菌门	芽孢杆菌纲	芽孢杆菌目	动球菌科	Sprorosarcina	1.30
OTU43	厚壁菌门	芽孢杆菌纲	芽孢杆菌目	动球菌科	解脲芽孢杆菌属	0.08
OTU45	厚壁菌门	芽孢杆菌纲	乳杆菌目	气球菌科	费克蓝姆菌属	0.12
OTU62	厚壁菌门	梭状芽孢杆菌纲	梭菌目	梭菌科	Sedimentibacter	0.10
OTU63	厚壁菌门	梭状芽孢杆菌纲	梭菌目	梭菌科	泰氏菌属	0.06
OTU65	厚壁菌门	梭状芽孢杆菌纲	梭菌目	梭菌科	Proteiniborus	0.16
OTU73	厚壁菌门	梭状芽孢杆菌纲	梭菌目	毛螺菌科	Ⅻa梭状芽孢杆菌属	0.10
OTU74	厚壁菌门	梭状芽孢杆菌纲	梭菌目	毛螺菌科	粪球菌属	0.08
OTU90	变形菌门	α-变形菌纲	柄杆菌目	柄杆菌科	短波单胞菌属	2.69
OTU96	变形菌门	α-变形菌纲	根瘤菌目	生丝微菌科	Devosia	0.10
OTU101	变形菌门	α-变形菌纲	根瘤菌目	叶杆菌科	叶杆菌属	0.08
OTU108	变形菌门	α-变形菌纲	红细菌目	红细菌科	红细菌属	0.41
OTU115	变形菌门	β-变形菌纲	伯克氏菌目	产碱杆菌科	Pusillimonas	6.87
OTU121	变形菌门	β-变形菌纲	伯克氏菌目	丛毛单胞菌科	丛毛单胞菌属	25.86
OTU126	变形菌门	β-变形菌纲	伯克氏菌目	丛毛单胞菌科	红长命菌属	0.25
OTU128	变形菌门	β-变形菌纲	伯克氏菌目	草酸杆菌科	詹森菌属	1.10
OTU132	变形菌门	δ-变形菌纲	互营杆菌目	互营菌科	Desulfobacca	0.76
OTU138	变形菌门	γ-变形菌纲	假单胞菌目	莫拉氏菌科	不动杆菌属	50.11
OTU142	变形菌门	γ-变形菌纲	假单胞菌目	莫拉氏菌科	嗜冷杆菌属	4.90
OTU145	变形菌门	γ-变形菌纲	假单胞菌目	假单胞菌科	假单胞菌属	18.06
OTU151	变形菌门	γ-变形菌纲	黄色单胞菌目	黄单胞菌科	假黄色单胞菌属	0.08
OTU152	变形菌门	γ-变形菌纲	肠杆菌目	肠杆菌科	泛生菌属	2.14

3.2 堆肥过程中腐殖质还原菌的影响因素分析

3.2.1 有机组分与官能团对腐殖质还原菌群的影响

运用 Canoco for Windows 5.0 对 34 种腐殖质还原菌与堆肥过程中腐植酸及其前体物质进行分析,首先,利用除趋势对应分析(detrended correspondence analysis,DCA),

第一排最大梯度为 3.388。因此，本研究采用双峰模型 CCA（典型关联分析）研究 34 个腐殖质还原菌种属与堆肥过程中的特定有机组分及腐植酸的相关性。

根据堆肥过程中腐殖质还原菌群落的 CCA 的统计信息，第一排序轴与第二排序轴的特征值分别为 0.518 和 0.433，种类与环境因子的相关系数为 0.924 和 0.876。充分说明本研究利用 CCA 可较好地反映腐殖质还原菌与堆肥过程中腐植酸及其前体物的响应关系。其中第一排序轴解释了 28.5% 的物种变化量，第二排序轴解释了 32.2% 的物种变化量，四个排序轴共解释物种 60.4% 的变化量。

堆肥过程中腐植酸形成会直接影响腐殖质还原菌的变化，有研究表明，羧基、多酚、氨基酸、多糖及还原糖是腐植酸形成的重要前体物质[9]。其中，羧基、多酚及氨基酸不仅可作为腐植酸的前体物质，也是堆肥过程中起电子转移功能的重要的官能团[10]，因此，堆肥过程中特定有机组分的变化会对腐殖质还原菌的演替规律产生重要影响。为进一步明确影响腐殖质还原菌的菌群结构的关键有机组分，我们采用偏相关分析筛选显著影响指标。结果表明，腐植酸、羧基、氨基酸及酚对腐殖质还原菌的菌群分布呈现显著的相关性（$P<0.05$），说明堆肥过程中此类有机组分变化显著影响腐殖质还原菌菌群演替规律。而由于堆肥过程中有机质的腐殖化过程主要是由于微生物引起的，也可说明腐殖质还原菌在不同有机组分及腐植酸形成过程中也起到至关重要的作用。

利用非度量多维尺度分析了单个指标解释腐殖质还原菌变化的百分含量。其中，腐植酸单独解释变量为 31.5%（$F=2.047$，$P=0.002$），羧基单独解释变量为 15.1%（$F=2.043$，$P=0.014$），氨基酸单独解释变量为 14.2%（$F=1.619$，$P=0.022$），多酚单独解释变量为 11.4%（$F=1.541$，$P=0.046$）。通过各指标解释变量比较表明，腐植酸单独解释变量最高，说明腐植酸对腐殖质还原菌的菌群分布影响最为显著。但由于多糖与还原糖对腐殖质还原菌分布影响较小，单独解释变量分别为 7.6%（$F=0.753$，$P=0.069$）和 5.8%（$F=1.541$，$P=0.046$）。多糖与还原糖可作为腐殖质还原菌的电子供体，并且对腐植酸形成也具有重要作用[9]，因此，多糖与还原糖对腐殖质还原菌菌群结构变化存在直接或间接的影响。

根据排序图可以看出不同物质之间的相互关系以及与腐殖质还原菌的相关性，其中酚、羧基位于第一象限，氨基酸与腐植酸位于第二象限，多糖、还原糖位于第四象限，说明多糖、还原糖与羧基、酚呈负相关关系，羧基、酚与腐植酸呈负相关关系，而氨基酸与腐植酸、羧基、酚等相关性并不明显，进一步说明还原糖与多糖类物质促进了羧基及多酚的形成，而多酚、羧基对腐植酸的形成也起到重要的作用。这一过程的变化影响了腐殖质还原菌的菌群分布，如图 3-4 所示，第一象限中，类别Ⅰ（OTU5、OTU63、OTU54、OTU65、OTU58、OTU73、OTU170、OTU152 及 OTU74）与羧基、酚呈显著正相关，与多糖、还原糖呈负相关，说明类别Ⅰ中腐殖质还原菌可以多糖及还原糖作为碳源，并且随着羧基与多酚的逐渐形成，其数量也逐渐增多。类别Ⅰ与腐植酸呈负相关，说明这类腐殖质还原菌可利用的电子受体为羧基、多酚，而腐植酸中部分与电子转移能力相关的功能基团（如酚、醌等）会随着堆肥的进行逐渐降低。类别Ⅱ（OTU53、OTU138、OTU59、OTU169、OTU167、OTU144、OTU30 及 OTU145）与氨基酸呈正相关，氨基酸与微生物的胞外电子转移紧密相关，说明氨基酸在此类腐殖质还原菌的生长过程中起到重要作用。类别Ⅲ（OTU9、OTU26、OTU121、OTU74、OTU170、OTU132、OTU138 及 OTU166）与腐植酸呈正相关，在腐植酸形成过程中，有多种与电子转移能力相关的功能基团也随之变化，说明此类腐殖质还原菌可以此类功能基团为电子受体，进行腐殖质呼吸以供自身生长。类别Ⅳ（OTU2、OTU57、OTU51、OTU50、OTU42、OTU36、OTU31、OTU155 及 OTU90）靠近轴心位置，与其他几种物质相关性较弱，说明此类腐殖质还原菌的群落演替是与多种有机组分变化的共同作用相关联的，并不与某单一组分显著相关。

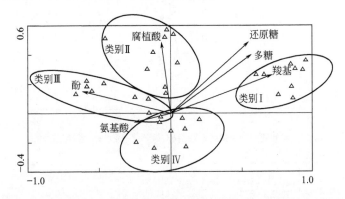

图 3-4　堆肥过程中腐殖质还原菌与特定有机组分的 CCA 排序图

3.2.2　微环境对腐殖质还原菌群的影响

对腐殖质还原菌的相对丰度采用除趋势对应分析，即 DCA 分析，第一排序轴最大梯度为 4.505，因此，选择双峰模型 CCA 分析堆肥过程中微环境因子对腐殖质还原菌菌群结构变化的影响。其中，种类与环境因子的相关系数分别为 0.964 和 0.886。充分说明 CCA 分析可较好地反应腐殖质还原菌菌群结构与微环境因子之间的响应关系。其中，第一排序轴与第二排序轴分别解释了 22.2% 和 39.5% 的物种变化量。四个排序轴共解释 73% 的物种变量。

为筛选不同物料中堆肥微环境对腐殖质还原菌群落演替的关系，分区变化分析表明，可溶性有机氮、$NO_3^- $-N、发芽率、有机质、pH 值、可溶性有机碳、C/N 及 $NH_4^+ $-N 分别单独解释了总变量的 48.7%、41.7%、34.9%、43.7%、29.2%、28.5%、27.5% 及 25.5%，明显高于温度（7.4%）与含水率（6.6%）的单独解释变量。说明温度与含水率对腐殖质还原菌的菌群分布影响较小。采用偏相关分析进一步表明，发芽率、可溶性有机氮、可溶性有机碳显著影响腐殖质还原菌菌群结构的变化（$P < 0.05$）。其他微环境因子对腐殖质还原菌的菌群分布影响程度相对较小。

CCA 排序图可更为清晰地展现腐殖质还原菌与微环境因子的相关性，见图 3-5(a)。类别 1（OTU31、OTU36、OTU26、OTU9、OTU115 及 OTU142）与 $NO_3^- -N$ 呈正相关，而与 $NH_4^+ -N$ 呈负相关，说明类别 1 中腐殖质还原菌菌群与氮的转化紧密相关，也证明堆肥过程中腐殖质还原菌菌群功能的多样性[10,11]。类别 2（OTU42、OTU138）

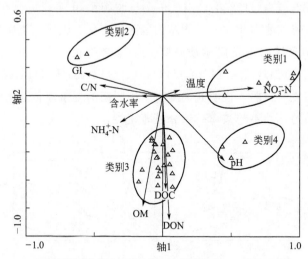

(a) 堆肥过程中腐殖质还原菌与微环境因子的CCA排序图分析

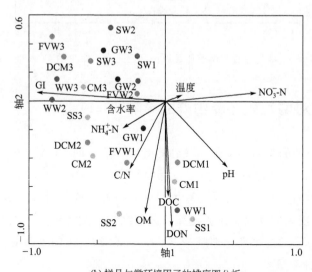

(b) 样品与微环境因子的排序图分析

图 3-5 堆肥过程中腐殖质还原菌与微环境因子的 CCA 排序图分析及
样品与微环境因子的排序图分析

CM—鸡粪；DCM—牛粪；FVW—果蔬；WW—杂草；

SW—秸秆；GW—枯枝；SS—污泥；

1—升温期；2—高温期；3—腐熟期；DOC—可溶性有机碳；

DON—可溶性有机氮；$NO_3^- -N$—硝态氮；

$NH_4^+ -N$—氨态氮；OM—有机质；GI—发芽率

与发芽率、秸秆腐熟期、枯枝腐熟期、牛粪腐熟期、杂草腐熟期、鸡粪腐熟期、果蔬腐熟期、秸秆升温期及秸秆高温期呈正相关，而与 pH 值呈负相关。类别 3 中含有的腐殖质还原菌种类最多，与有机质、可溶性有机碳、可溶性有机氮、鸡粪升温期、杂草升温期、污泥升温期、污泥高温期及升温期牛粪呈正相关，此类微生物主要存在于堆肥升温期及富含蛋白类的物料中［图 3-5（b）］，这是由于大部分微生物在堆肥升温期需要丰富的营养源作为电子供体，以供自身生长[12]。类别 4（OTU9、OTU169 及 OTU65）与 pH 值呈正相关，堆肥过程中 pH 值的变化范围为 6.23～8.89，说明弱碱条件能够促进类别 4 增长。这一结果也为在弱碱条件下筛选腐殖质还原菌提供了可能性。

　　由于腐殖质还原菌可在污染环境中降解有机污染物[13]，因此通过一定的过程调控技术手段，增加腐殖质还原菌的数量，理论上可以提升堆肥或土壤中污染物的生物修复效率。基于上述理论，通过腐殖质还原菌与微环境的响应关系分析，本研究构建了一种促进腐殖质还原菌生长的堆肥过程微环境调控方法。如图 3-5 所示，可溶性有机氮、可溶性有机碳和发芽率是影响堆肥腐殖质还原菌菌群分布的显著指标，那么，在秸秆、枯枝中适当添加易利用碳源、氮源可以促进类别 3 中腐殖质还原菌的生长。发芽率是一个重要的生物学指标，它的升高代表堆肥毒性的降低，并且与醌呈显著的相关性[14]。也就是说，堆肥腐熟度及稳定性是促进腐殖质还原菌生长的另一个重要指标。另外，堆肥过程中腐殖质还原菌的生长对降低堆肥过程中的毒性也有重要作用。在合适的范围内降低 pH 值可促进类别 2 中腐殖质还原菌的生长，抑制了类别 4 中腐殖质还原菌的生长。类别 1 中腐殖质还原菌与氮转化过程密切相关，当 NH_4^+-N 浓度升高时，类别 1 中腐殖质还原菌数量会被抑制，反之，类别 2 中腐殖质还原菌受到抑制。基于微环境与腐殖质还原菌的相关性，提出一种控制堆肥过程中腐殖质还原菌菌群结构的调控方法。然而，还有更多的研究工作需要继续开展，为进一步通过调控微环境促进腐殖质还原菌生长提供技术支持。

3.3　堆肥过程腐殖质还原菌电子转移能力分析

3.3.1　腐殖质还原菌群对 Fe(Ⅲ)还原能力的稳定性

　　将不同物料三代腐殖质还原菌群接种于 Fe(Ⅲ)-柠檬酸盐液体培养基中，培养 15d 得到 Fe(Ⅲ) 的还原率见表 3-2。通过三代菌体的 Fe(Ⅲ) 的还原率可以反映腐殖质还原菌的稳定性。由表 3-2 可知，增加代时，对 21 种不同来源腐殖质还原菌的还原能力均存在影响，呈略微下降趋势，然而其 Fe(Ⅲ) 的还原率仍能保持在 70%～90%，说明腐殖质还原菌群还原能力较为稳定，传代对其影响不大。

表 3-2　不同物料中腐殖质还原菌群 Fe(Ⅲ)-柠檬酸盐的还原率

菌群	第一代菌群 Fe(Ⅲ)还原率/%	第二代菌群 Fe(Ⅲ)还原率/%	第三代菌群 Fe(Ⅲ)还原率/%
鸡粪 1	85±0.46	81±0.32	79±0.34
鸡粪 2	89±0.32	86±0.25	76±0.35
鸡粪 3	92±0.34	89±0.23	86±0.35
牛粪 1	89±0.21	87±0.34	81±0.67
牛粪 2	91±0.24	87±0.54	79±0.87
牛粪 3	92±0.35	86±0.45	79±0.02
果蔬 1	85±0.34	79±0.03	72±0.05
果蔬 2	89±0.21	86±0.54	80±0.36
果蔬 3	90±0.67	88±0.87	85±0.35
杂草 1	85±0.79	80±0.32	75±0.24
杂草 2	89±0.21	86±0.44	80±0.56
杂草 3	92±0.23	89±0.52	82±0.67
枯枝 1	86±0.35	80±0.34	74±0.32
枯枝 2	91±0.54	89±0.43	82±0.45
枯枝 3	93±0.87	90±0.56	85±0.45
秸秆 1	87±0.45	82±0.24	75±0.43
秸秆 2	89±0.65	81±0.34	79±0.34
秸秆 3	91±0.35	89±0.35	85±0.56
污泥 1	93±0.76	90±0.43	87±0.54
污泥 2	96±0.25	93±0.34	87±0.45
污泥 3	98±0.31	95±0.23	89±0.53

注：1—升温期；2—高温期；3—腐熟期。

3.3.2　腐殖质还原菌对 Fe(Ⅲ)还原的动力学特征

　　绝大部分腐殖质还原菌具有还原 Fe(Ⅲ) 的功能[13]。如图 3-6 所示，不同物料类型堆肥过程中腐殖质还原菌的还原能力呈现不同的变化趋势。利用一级动力学方程[15]进行拟合，求得不同堆肥中腐植酸还原菌还原 Fe(Ⅲ)-柠檬酸盐的常数，结果见表 3-3。方程的表达式：

$$Fe_t = Fe_0[1 - \exp(-kt)]$$

式中　Fe_t——t 时刻 Fe(Ⅱ) 的生成量，mmol/L；

　　　Fe_0——Fe(Ⅱ) 的潜在生成量，mmol/L；

　　　　t——培养时间，h；

　　　　k——反应速率常数，h^{-1}。

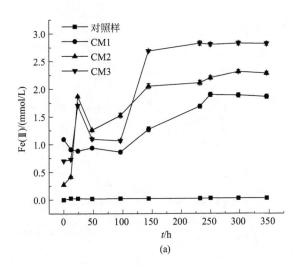

(a)

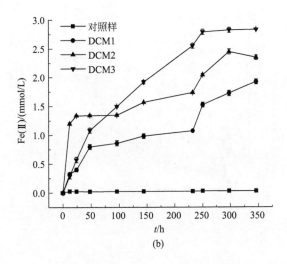

(b)

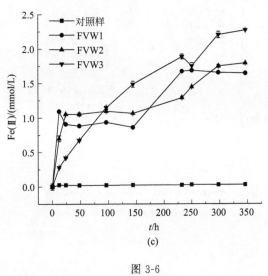

(c)

图 3-6

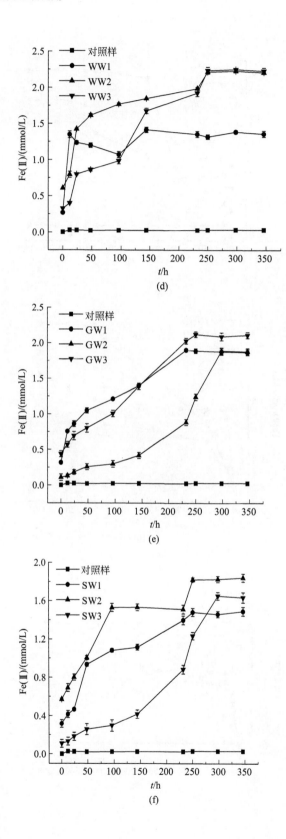

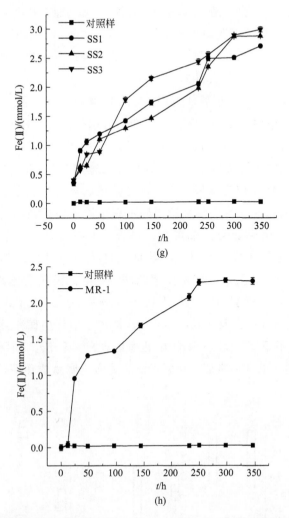

图 3-6　不同物料腐殖质还原菌及 *S. oneidensis* MR-1 对 Fe(Ⅲ)-柠檬酸盐还原的影响

CM—鸡粪；DCM—牛粪；FVW—果蔬；WW—杂草；SW—秸秆；GW—枯枝；SS—污泥；

1—升温期；2—高温期；3—腐熟期；MR-1—胞外呼吸菌

表 3-3　Fe(Ⅲ)-柠檬酸盐还原能力的一级动力学方程拟合结果

类型	反应速率 k/h^{-1}			相关系数 R		
	1	2	3	1	2	3
鸡粪	0.0226	0.0477	0.0442	0.7675	0.8910	0.7746
牛粪	0.0105	0.0438	0.0216	0.9223	0.7820	0.9807
果蔬	0.0767	0.0075	0.0054	0.7950	0.7802	0.9804
杂草	0.0643	0.0365	0.0035	0.7886	0.8938	0.9116
枯枝	0.0183	0.0050	0.0110	0.9071	0.9484	0.9123
秸秆	0.0132	0.0192	0.0119	0.9608	0.9117	0.9399
污泥	0.0122	0.0051	0.0090	0.9031	0.9444	0.9761

注：1—升温期；2—高温期；3—腐熟期。

与对照组比较，不同来源堆肥过程中的腐殖质还原菌均能明显还原 Fe(Ⅲ)-柠檬酸盐（图 3-6）。一级动力学方程可以较好地描述 Fe（Ⅲ）-柠檬酸盐还原动态变化（表 3-3），方程拟合的相关系数均达到显著水平（$P < 0.1$）。不同堆肥物料在堆肥三个阶段的 k 值变化不显著，而在堆肥的升温期，果蔬与杂草中腐殖质还原菌氧化还原反应速率显著高于其他物料（$P < 0.05$）。

与 *S. oneidensis* MR-1 的还原能力相比，堆肥腐熟期（鸡粪、牛粪、果蔬、杂草、枯枝、秸秆和污泥）中腐殖质还原菌的还原能力分别是模式菌株 *S. oneidensis* MR-1 还原能力的 1.22 倍、1.23 倍、99%、97%、92%、71% 和 1.3 倍，由此可以说明，部分堆肥中腐殖质还原菌电子转移能力更强。根据堆肥过程中 Fe（Ⅱ）的累积量可知（图 3-7），不同物料的变化趋势较为类似，三个堆肥阶段的还原能力从大到小依次是：腐熟期＞高温期＞升温期，这一结果与堆肥过程中腐殖质还原菌数量变化一致。对不同物料堆肥腐殖质还原菌还原能力比较表明，鸡粪、牛粪、果蔬、杂草及污泥中腐殖质还原菌的还原能力变化趋势较为类似，随堆肥过程呈明显增加趋势，这是由于堆肥过程使与电子转移能力相关的功能基团逐渐增加，导致腐殖质还原菌逐渐被驯化，其电子转移能力至堆肥腐熟期达到最高值，分别为 2.81mmol/L、2.82mmol/L、2.27mmol/L、2.23mmol/L 及 2.99mmol/L。枯枝与秸秆中腐殖质还原菌的还原能力随堆肥过程中变化不显著，且还原能力相对其他物料较低，分别为 2.11mmol/L 和 1.63mmol/L，上述结果进一步证实物料组成显著影响腐殖质还原菌数量，致使其还原能力发生相应改变。

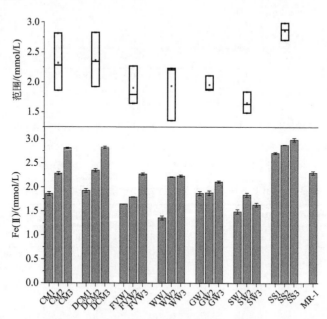

图 3-7　不同堆肥腐殖质还原菌与 *S. oneidensis* MR-1 还原 Fe（Ⅲ）-柠檬酸盐的能力

CM—鸡粪；DCM—牛粪；FVW—果蔬；WW—杂草；SW—秸秆；GW—枯枝；SS—污泥；

1—升温期；2—高温期；3—腐熟期；MR-1—胞外呼吸菌

图 3-7 为不同堆肥三阶段还原 Fe（Ⅲ）-柠檬酸盐变化的箱图，从总体看，鸡粪、牛

粪、果蔬、杂草在不同阶段的腐殖质还原菌还原能力差异较大，枯枝、杂草、污泥的腐殖还原菌的还原能力差异较小，这主要与堆肥自身的环境特征（温度、微生物数量、有机组分、C/N、pH值）有关[16]，进而影响堆肥中腐殖质还原菌的还原能力。不同来源的腐殖质还原菌平均还原能力从大到小依次为污泥＞牛粪＞鸡粪＞枯枝＞杂草＞果蔬＞秸秆。

为探明哪一种微生物对 Fe(Ⅲ)-柠檬酸盐还原起主要作用，分别对不同物料不同阶段的腐殖质还原菌百分含量与其还原能力做相关性分析，结果表明，34 个种属的腐殖质还原菌与其还原能力均无显著相关性，无单独某一种腐殖质还原菌与其还原能力显著相关，由此可以说明，对 Fe(Ⅲ)-柠檬酸盐的还原是 34 个种属的腐殖质还原菌的综合作用。

参　考　文　献

[1]　Xi B，Zhao X，He X，Huang C，Tan W，Gao R，et al. Successions and diversity of humic-reducing microorganisms and their association with physical-chemical parameters during composting. Bioresource Technology，2016，219：204-211.

[2]　刘强，陈玲，邱家洲，赵建夫. 污泥堆肥对园林植物生长及重金属积累的影响. 同济大学学报（自然科学版），2010，38：870-875.

[3]　Gannes V D，Eudoxie G，Hickey W J. Prokaryotic successions and diversity in composts as revealed by 454-pyrosequencing. Bioresource Technology，2013，133：573.

[4]　Rivas R，Velázquez E，Willems A，Vizcaíno N，Subbarao N S，Mateos P F，et al. A New Species of Devosia That Forms a Unique Nitrogen-Fixing Root-Nodule Symbiosis with the Aquatic Legume Neptunia natans (L. f.) Druce. Applied & Environmental Microbiology，2002，68：5217-5222.

[5]　Rau J，Hansjoachim Knackmuss A，Stolz A. Effects of Different Quinoid Redox Mediators on the Anaerobic Reduction of Azo Dyes by Bacteria. Environmental Science & Technology，2002，36：1497-1504.

[6]　Wang Y，Wu C，Wang X，Zhou S. The role of humic substances in the anaerobic reductive dechlorination of 2,4-dichlorophenoxyacetic acid by Comamonas koreensis strain CY01. Journal of Hazardous Materials，2009,：164：941-947.

[7]　Ka J O，Holben W E，Tiedje J M. Genetic and phenotypic diversity of 2,4-dichlorophenoxyacetic acid (2,4-D)-degrading bacteria isolated from 2,4-D-treated field soils. Applied & Environmental Microbiology，1994，60：1106-1115.

[8]　Wu C，Zhuang L，Zhou S，Yuan Y，Yuan T，Li F. Humic substance-mediated reduction of iron (Ⅲ) oxides and degradation of 2,4-D by an alkaliphilic bacterium，Corynebacterium humireducens MFC-5. Microbial Biotechnology，2013，6：141-149.

[9]　Wu J，Zhao Y，Zhao W，Yang T，Zhang X，Xie X，et al. Effect of precursors combined with bacteria communities on the formation of humic substances during different materials composting. Bioresource Technology，2017，226：191.

[10]　Piepenbrock A，Kappler A. Humic substances and extracellular electron transfer. [DOI]

10. 1007/978-3-642-32867-1. 5，2013.

[11] Chen Y，Zhou W，Li Y，Zhang J，Zeng G，Huang A，et al. Nitrite reductase genes as functional markers to investigate diversity of denitrifying bacteria during agricultural waste composting. Applied Microbiology & Biotechnology，2014，98：4233-4243.

[12] Lovley D R，Woodward J C. Mechanisms for chelator stimulation of microbial Fe(Ⅲ)-oxide reduction. Chemical Geology，1996，132：19-24.

[13] Martinez C M，Alvarez L H，Celis L B，Cervantes F J. Humus-reducing microorganisms and their valuable contribution in environmental processes. Applied Microbiology & Biotechnology，2013，97：10293-10308.

[14] Tang J，Maie N，Tada Y，Katayama A. Characterization of the maturing process of cattle manure compost. Process Biochemistry，2006，41：380-389.

[15] Roelcke M，Han Y，Cai Z，Richter J. Nitrogen mineralization in paddy soils of the Chinese Taihu Region under aerobic conditions. Nutrient Cycling in Agroecosystems，2002，63：255-266.

[16] Zhang J，Zeng G，Chen Y，Yu M，Yu Z，Li H，et al. Effects of physico-chemical parameters on the bacterial and fungal communities during agricultural waste composting. Bioresource Technology，2011，102：2950.

第4章 堆肥过程有机质电子转移能力的影响因素

4.1 堆肥过程有机质结构对腐植酸电子转移能力的影响

4.1.1 有机质结构对电子转移能力的影响

堆肥腐植酸电子转移能力主要受其氧化还原功能基团的影响，而在讨论腐植酸氧化还原特性时，首先涉及醌基，它是腐植酸在环境氧化还原过程中既可以作为电子供体，也能作为电子受体及电子传递体的主要作用基团[1]。但在近些年的研究中，越来越多的证据表明，能够使腐植酸发挥氧化还原特性功能的基团远远不止醌基一种基团[2,3]。Ratasuk[4]利用氧化-还原循环法测定胡敏酸与富里酸中的氧化还原功能基团，结果发现醌基并不是唯一的氧化还原功能基团，还包括非醌基团，如羧基、氨基等。因此，本节通过相关性分析，优选堆肥中对胡敏酸、富里酸电子转移能力产生显著影响的氧化还原功能基团。

堆肥胡敏酸中电子供给能力主要与 ^{13}C-NMR4（$P=0.014$）、类酪氨酸类物质（C2）（$P=0.018$）及羧基（$P=0.012$）呈显著相关（表 1-1），说明电子供给能力主要受羧基与芳香碳的影响，这与前面章节研究结论一致，含氧官能团提供电子能力更为显著。而电子接受能力则与 ^{13}C-NMR3、SUVA$_{254}$、A$_{224-400}$ 及 SUVA$_{290}$ 呈显著正相关（$P=0.032$、$P=0.047$、$P=0.008$、$P=0.000$），与 S_R 呈显著负相关（$P=0.021$）。再次证明电子接受能力主要与胡敏酸芳香化结构相关，包括酚类碳、醌基及其他大分子物质，其中醌为极显著影响指标，说明醌是胡敏酸中重要的接受电子基团[5]。

堆肥过程富里酸化学结构对电子转移能力的影响如表 1-2 所列。由表 1-2 可知，富里酸中电子供给能力与多酚化合物、羧基、氨基酸显著相关（$P=0.038$、$P=0.027$、$P=0.008$），这一结果与胡敏酸类似，供电基团多为含氧官能团。而富里酸中电子接受能力与多种化学结构的波谱学表征指标呈显著相关性，其中与 ^{1}H-NMR1 呈显著负相关（$P=0.036$），与 ^{1}H-NMR3、类富里酸物质（C1）、SUVA$_{254}$、E_4/E_6 及 A$_{224-400}$ 呈显著正相关（$P=0.027$、$P=0.041$、$P=0.004$、$P=0.006$、$P=0.025$）。说明富里酸的电子接受能力来自芳香碳、酚类碳及类富里酸等物质，这与前面章节研究结果一致，即有机质的聚合程度越高，其电子转移能力越强。

4.1.2 微环境对有机质氧化还原功能基团的影响

堆肥过程中微环境的变化对有机质转化存在至关重要的影响[6]，因此，明确核心氧化还原功能基团的关键微环境因子，可对实现提升堆肥产品电子转移能力的微环境调控具有重要作用[7-9]。

运用 Canoco for windows 5.0，对堆肥过程中微环境与胡敏酸、富里酸中氧化还原功能基团进行典型对应分析，包括胡敏酸结构中[13]C-NMR4、类酪氨酸类物质（C2）、羧基、^{13}C-NMR3、SUVA$_{254}$、$A_{224-400}$ 及 SUVA$_{290}$ 与富里酸结构中多酚化合物、羧基、氨基酸、^{1}H-NMR1、^{1}H-NMR3、类富里酸物质（C1）、SUVA$_{254}$、E_4/E_6 及 $A_{224-400}$。首先对其采用 DCA 分析，结果表明，胡敏酸与富里酸的第一排序轴的最大梯度分别为0.289 和 0.704，均小于 2，因此选择单峰模型冗余分析（redundancy analysis，RDA）研究堆肥过程中微环境对腐植酸关键氧化还原功能基团的影响。

RDA 分析表明，第一排序轴与第二排序轴特征值分别为 0.466 和 0.259，种类与环境因子排序轴的相关系数为 0.957 和 0.895，充分说明本研究利用 RDA 分析可较好地反映环境因子与胡敏酸中关键氧化还原功能基团的响应关系。其中第一排序轴可解释46.6%的变化量，第二排序轴解释了 72.4%的变化量，四个排序轴共解释了胡敏酸关键功能基团81.9%的变化量。堆肥过程微环境因子与富里酸中氧化还原功能基团的RDA 分析结果显示，第一排序轴与第二排序轴的特征值分别为 0.516 和 0.279，种类与环境因子排序轴的相关系数为 0.962 和 0.942。同样说明本研究利用 RDA 分析可较好地反映环境因子与富里酸中关键氧化还原功能基团的响应关系。其中第一排序轴可解释 51.6%的变化量，第二排序轴解释了 79.5%的变化量，四个排序轴共解释了胡敏酸关键功能基团84.1%的变化量。

为确定胡敏酸、富里酸中关键氧化还原基团变化受哪些微环境因子显著影响，我们采用偏相关分析分别筛选这两种有机质的显著影响指标（表 4-1）。偏相关分析表明，pH 值、有机质、C/N、含水率及发芽率与胡敏酸中氧化还原基团呈显著相关（$P<0.05$）（表 4-1），说明这几种微环境因子均能影响胡敏酸的电子转移能力。

非度量多维尺度分析了单个环境因子解释胡敏酸与富里酸的关键氧化还原功能基团的百分含量，结果见表 4-2。对比胡敏酸与富里酸中显著性相关指标可知，含水率、有机质、C/N、发芽率是显著影响腐植酸中氧化还原功能基团的共同指标。这说明堆肥过程中腐植酸结构变化与堆肥中有机质组成成分、堆肥稳定性有密切关系。这与传统研究观点一致，首先，含水率是决定堆肥能否正常进行的必要条件，并且含水率对水溶性有机营养组分及微生物活性也产生极大的影响[10]；C/N 也是微生物活性及产品质量的重

表 4-1 微环境与胡敏酸中的氧化还原基团的偏相关分析

项目	单个解释变量/%	F 值	P 值
显著指标			
pH 值	32.5	9.154	0.002
有机质	22.8	5.621	0.002
C/N	22.0	5.352	0.004
含水率	19.1	4.485	0.046
发芽率	17.0	3.903	0.032
非显著指标			
NO_3^--N	12.6	2.738	0.052
NH_4^+-N	8.10	1.665	0.268
温度	7.50	1.541	0.228
可溶性有机碳	4.70	0.935	0.450
可溶性有机氮	3.10	0.607	0.630

表 4-2 微环境因子与富里酸中的氧化还原基团的偏相关分析

项目	单个解释变量/%	F 值	P 值
显著指标			
含水率	25.8	6.602	0.004
NO_3^--N	23.5	5.852	0.004
C/N	22.9	5.638	0.008
发芽率	22.8	5.596	0.014
有机质	14.6	3.258	0.032
NH_4^+-N	14.3	3.171	0.046
非显著指标			
pH 值	10.9	2.232	0.082
可溶性有机氮	10.8	2.293	0.094
可溶性有机碳	4.8	1.058	0.358
温度	4.5	1.002	0.468

要影响因素,碳源和氮素是堆肥中腐植酸结构形成的重要因素[11];发芽率代表堆肥的稳定性与无害化,与腐植酸的电子转移存在密切关系[12]。pH 值显著影响胡敏酸中氧化还原功能基团的变化,但对富里酸无显著影响,这可能是由于二者的结构差异造成的。有研究表明,不同的 pH 值条件会改变醌的赋存形态,从而改变有机质的氧化还原能力[13]。pH 值不同可直接影响胡敏酸中酸性功能基团及碱性功能基团数量及种类变化[14]。由于富里酸 pH 值较低,并且主要以酸性基团为主,因此 pH 值变化对其中氧化还原功能基团的影响相对较弱。堆肥过程中氮素循环作用与蛋白质紧密相关,也直接影响了富里酸中氨基酸、羧基及酚基的变化[13,15]。通过富里酸的相关分析可以看出(表 4-2),NO_3^--N(硝态氮)、NH_4^+-N(氨态氮)是其显著性指标,说明 NO_3^--N 与 NH_4^+-N 的变化可以影响富里酸中氧化还原功能基团的生成。

从图 4-1 可以进一步分析不同微环境因子与胡敏酸中氧化还原功能基团的相互关系,其中羧基位于第一象限,与 NH_4^+-N 呈显著正相关,与 NO_3^--N、发芽率呈负相关;NO_3^--N、发芽率与位于第三象限的 $SUVA_{254}$、$A_{224-400}$ 及 $SUVA_{290}$ 呈正相关,这说明堆肥过程中羧基降解与硝化作用都可促进醌基与芳香碳的形成。pH 值与酚羟基碳呈正相关,但与羧基碳呈负相关,这是由于羧基属于酸性碳,一定的 pH 值范围内,相对较低的 pH 值有利于羧基碳形成;酚羟基在解离后 pH 值呈弱碱性,范围在 8～10 之间[16],达到堆肥中 pH 值的最高值(表 4-2),因此,在堆肥过程中适当升高 pH 值,有利于酚羟基的生成。

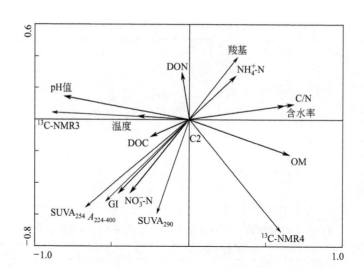

图 4-1　堆肥中微环境因子与胡敏酸氧化还原功能基团的 RDA 排序图

DOC—可溶性有机碳；DON—可溶性有机氮；NO$_3^-$-N—硝态氮；NH$_4^+$-N—氨态氮；OM—有机质；GI—发芽率

微环境因子与富里酸中氧化还原功能基团的相互关系如图 4-2 所示，NH$_4^+$-N 与 ^{1}H-NMR1、羧基呈正相关，而与 NO$_3^-$-N、发芽率、$A_{224-400}$、类富里酸物质 (C1)、^{1}H-NMR3 及 E_4/E_6 呈负相关，这也能充分说明硝化作用促进了富里酸中芳香碳的形成。另外，脂肪碳、羧基可作为硝化作用中微生物的营养源，此类微生物对堆肥中氧化还原功能基团的形成也有促进作用。而有机质、C/N 与 NO$_3^-$-N、发芽率、$A_{224-400}$、类富里酸物质 (C1)、^{1}H-NMR3 及 E_4/E_6 也呈明显的负相关，说明适当调高堆肥过程中的有机质与 C/N 也可促进堆肥过程中氧化还原功能基团的形成。

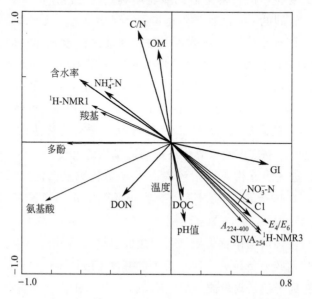

图 4-2　堆肥中微环境因子与富里酸中氧化还原功能基团的 RDA 排序图

DOC—可溶性有机碳；DON—可溶性有机氮；NO$_3^-$-N—硝态氮；NH$_4^+$-N—氨态氮；OM—有机质；GI—发芽率

4.2 堆肥过程腐殖质还原菌与有机质结构的响应关系

4.2.1 腐殖质还原菌与有机质氧化还原功能基团的响应关系

运用 Canoco for Windows 5.0 对堆肥过程中 34 种腐殖质还原菌与胡敏酸、富里酸中氧化还原功能基团进行典型对应分析，优选显著影响氧化还原基团的关键腐殖质还原菌。同样选取胡敏酸中氧化还原功能基团 ^{13}C-NMR4、类酪氨酸类物质（C2）、羧基、^{13}C-NMR3、$SUVA_{254}$、$A_{224-400}$ 及 $SUVA_{290}$ 与富里酸结构中氧化还原功能基团多酚化合物、羧基、氨基酸、^{1}H-NMR1、^{1}H-NMR3、类富里酸物质（C1）、$SUVA_{254}$、E_4/E_6 及 $A_{224-400}$ 与腐殖质还原菌进行相关性分析。通过 DCA 分析表明，腐殖质还原菌第一排序轴与第二排序轴的相关系数分别为 1.223 和 1.345，因此，选择单峰模型 RDA 研究堆肥过程中腐殖质还原菌与胡敏酸、富里酸中氧化还原功能基团的响应关系。

表 4-3 与表 4-4 分别为堆肥过程中腐殖质还原菌与胡敏酸、富里酸中氧化还原功能基团的 RDA 分析的统计信息，充分说明本研究利用 RDA 分析可较好地解析腐殖质还原菌与胡敏酸、富里酸中关键氧化还原基团的响应关系。

表 4-3 排序轴特征值、种类与胡敏酸氧化还原功能基团相关系数

排序轴	特征值	种类与环境因子相关性	物种累积变化量/%	标准特征值总和
AX1	0.594	0.956	59.4	
AX2	0.469	0.900	66.3	
AX3	0.346	0.880	71.0	0.723
AX4	0.309	0.584	71.9	

表 4-4 排序轴特征值、种类与富里酸氧化还原功能基团的相关系数

排序轴	特征值	种类与环境因子相关性	物种累积变化量/%	标准特征值总和
AX1	0.682	0.940	38.2	
AX2	0.458	0.860	54.0	
AX3	0.331	0.769	67.1	0.634
AX4	0.224	0.651	98.1	

为从 34 种腐殖质还原菌种群中优选出一种或几种关键腐殖质还原菌，我们采用偏相关分析分别筛选显著影响氧化还原功能基团的关键腐殖质还原菌（见表 4-5 和表 4-6）。基于偏相关分析，在 34 种腐殖质还原菌中，共筛选出 10 种显著影响腐植酸氧化还原功能基团的腐殖质还原菌；但这并不能说明其他微生物对腐植酸的氧化功能基团没有影响，微生物在整个堆肥过程中起到至关重要的作用，大部分微生物对物质转化无直接影响[17]。堆肥过程中不同氧化功能基团的形成是多种微生物菌群的共同作用，并且不同阶段不同微生物发生的作用并不相同，在堆肥腐植酸氧化功能基团中起到间接作用[18]。

表 4-5　腐殖质还原菌与胡敏酸中的氧化还原功能基团的偏相关分析

显著腐殖质还原菌	单个解释变量/%	F 值	P 值
OTU5	35.3	9.81	0.012
OTU90	33.4	6.22	0.012
OTU152	32.9	5.05	0.024
OTU50	24.3	4.30	0.026
OTU132	22.4	3.58	0.043
OTU31	21.8	3.17	0.046

表 4-6　腐殖质还原菌与富里酸中的氧化还原功能基团的偏相关分析

显著腐殖质还原菌	单个解释变量/%	F 值	P 值
OTU121	24.0	5.83	0.008
OTU51	10.0	5.62	0.048
OTU145	9.0	4.99	0.050
OTU74	8.0	4.53	0.050

　　RDA 排序图可清晰解释 10 种腐殖质还原菌与腐植酸中氧化还原功能基团的相互关系，从图 4-3(a) 中，OTU5、OTU132、OTU152 与 ^{13}C-NMR3、类胡敏酸物质（C3）及 SUVA$_{290}$ 呈正相关但与类酪氨酸类物质（C2）呈负相关。OTU5 为棒状杆菌属（Corynebacterium），OTU132 为 Desulfobacca，OTU152 为泛生菌属（Pantoea）（附表 2），均常见于土壤与水体中[19]。有研究表明 Desulfobacca 可作为以含乳酸盐的海水培养基为电解液的微生物燃料电池，并且对 PCP 还原也起到至关重要的作用[20,21]；泛生菌属（Pantoea）也具有利用腐植酸作为电子穿梭体还原铁的功能[22]。Doong[19] 研究表明，大部分微生物都具有多种代谢功能，在本研究中，此类微生物不仅对类蛋白质类物质降解起到重要作用，并且可促进酚类、醌基等物质的形成。OTU50、OTU90 及 OTU31 与 ^{13}C-NMR4 呈显著正相关，与 SUVA$_{254}$、$A_{224-440}$ 呈负相关。OTU50 为 Caldicoprobacter，隶属于厚壁菌门，主要存在于堆肥的高温期，研究表明 Caldicoprobacter 可在 55～77℃ 的高温下生存，具有降解糖、半乳糖、乳糖、醛、酯及纤维素等的能力；Caldicoprobacter 的呼吸过程中电子仅可传递到胞外，硝酸盐、亚硝酸盐、硫酸盐及亚硫酸盐等并不能作为它的电子受体[23]。OTU90 为短波单胞菌属（Brevundimonas），属于变形杆菌（Proteobacteria），与 Caldicoprobacter 类似，高温期的数量最多，可降解纤维素与木质素类物质[24]。OTU31 为芽孢杆菌属（Bacillus），是堆肥中最常见的高温菌，它不仅可以降解纤维素、木质素，对重金属还原也起到重要作用[25]。在本研究中，此类腐殖质还原菌对堆肥胡敏酸芳香化结构形成及稳定性有直接影响。

　　图 4-3(b) 为 4 种腐殖质还原菌与富里酸中氧化还原功能基团的响应关系，从图中可以看出，OTU51、OTU74 及 OTU145 与 SUVA$_{254}$、$A_{224-440}$、E_4/E_6 及类胡敏酸物质（C3）呈正相关，但与类富里酸物质（C1）、^{1}H-NMR1、氨基酸、羧基、S_R 呈负相关，说明这 3 种腐殖质还原菌在堆肥过程中可降解氨基酸、羧基、脂肪族化合物从而促进富里酸结构的芳香化。也可以说，氨基酸、羧基、脂肪族化合物的芳香化转化过程主要依靠这 3 种微生物完成。其中 OTU51 为嗜碱菌属（Alkaliphilus），属于厚壁菌门梭菌目，属于兼性厌氧菌并存活于碱性条件下，以蛋白质为能源，此类微生物可在

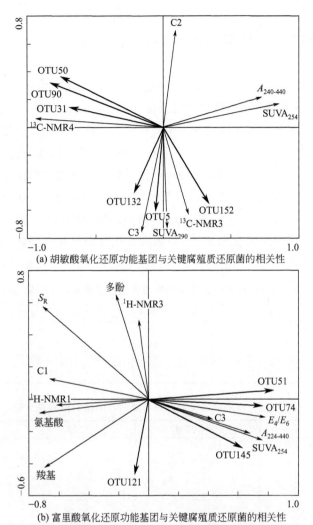

(a) 胡敏酸氧化还原功能基团与关键腐殖质还原菌的相关性

(b) 富里酸氧化还原功能基团与关键腐殖质还原菌的相关性

图 4-3 有机质氧化还原基团与几种关键腐殖质还原菌的相关性

（关键微生物生物信息见附表 1 和附表 2）

Fe(Ⅲ)、Co(Ⅲ) 或 Cr(Ⅵ) 的存在下进行胞外呼吸，将其还原并维持自身生长[26]。OTU74 为粪球菌属 (*Coprococcus*)，主要存在于人或动物粪便中，可降解纤维素类物质作为自身的营养来源[27]。OTU145 为假单胞菌属 (*Pseudomonas*)，具有较强的分解蛋白的能力，但是发酵糖的能力较弱，与氨基酸呈负相关关系[28]。OTU121 为丛毛单胞菌属 (*Comamonas*)，属于 β-变形菌，此类菌属发现的物种种类较少，仅有 4 种，分别为土生丛毛单胞菌 (*Comanonas terrigena*)、睾丸酮丛毛单胞菌 (*Comanonas testosteori*)、反硝化丛毛单胞菌 (*Comanonas denitrificans*) 及硝化柯玛单胞菌 (*Comanonas nitrativorans*)，这 4 种菌株常见于土壤、污泥及水体中，为异养型微生物，并且具有反硝化作用[29]。从图 4-3(b) 可知，丛毛单胞菌属 (*Comamonas*) 与多酚、1H-HNMR3 呈负相关，说明丛毛单胞菌属可以以多酚化合物与羧基碳为营养源供自身生长，从而间接促进富里酸的电子转移能力。

4.2.2　关键腐殖质还原菌与微环境的响应关系

优选出的 10 种关键腐殖质还原菌与腐植酸氧化还原功能基团显著相关，可以说明这 10 种腐殖质还原菌对腐植酸的电子转移能力均存在显著影响，理论上，10 种关键腐殖质还原菌活性的提升可增加腐植酸电子转移能力。由于腐殖质还原菌在堆肥过程中受物料微环境因子的影响[30]，本章另一个目标是确定显著影响 10 种关键腐殖质还原菌的主要微环境因子，从而通过改变关键微环境因子来调控腐植酸的电子转移能力。

运用 Canoco for Windows 5.0 对堆肥过程中微环境因子与 10 种关键腐殖质还原菌进行典型对应分析，确定其显著影响关键腐殖质还原菌的微环境因子。通过 DCA 分析表明，第一排序轴的最大梯度为 1.323，因此，选择单峰模型 RDA 研究堆肥过程中微环境因子对关键腐殖质还原菌的影响，分析结果见表 4-7、表 4-8 及图 4-4。

表 4-7　排序轴特征值、种类与富里酸氧化还原功能基团的相关系数

排序轴	特征值	种类与环境因子相关性	物种累积变化量/%	标准特征值总和
AX1	0.411	0.904	31.1	
AX2	0.320	0.893	41.1	
AX3	0.102	0.778	50.5	0.595
AX4	0.073	0.759	57.8	

表 4-8　微环境因子与关键腐殖质还原菌的偏相关分析

项目	单个解释变量/%	F 值	P 值
显著指标			
有机质	32.0	5.31	0.004
$NO_3^- \text{-}N$	28.0	5.28	0.008
非显著指标			
含水率	21.0	2.20	0.082
C/N	18.0	1.94	0.138
温度	15.2	0.81	0.504
发芽率	14.3	0.84	0.506
pH 值	12.3	0.94	0.442
$NH_4^+ \text{-}N$	8.4	0.66	0.590
可溶性有机氮	8.3	1.72	0.180
可溶性有机碳	4.0	0.80	0.518

从表 4-7 中可以看出，RDA 可较好地反映微环境与关键腐殖质还原菌的响应关系，采用偏相关分析深入研究一种或几种微环境因子的变化对腐殖质还原菌的分布产生显著影响，结果见表 4-8。从微环境因子与关键腐殖质还原菌的偏相关分析可以看出，仅有有机质、$NO_3^- \text{-}N$ 与关键腐殖质还原菌显著相关（$P < 0.05$），说明有机质与 $NO_3^- \text{-}N$ 的变化对关键腐殖质还原菌变化起到显著作用。非度量多维尺度分析了单个微环境因子解释关键腐殖质还原菌的分布，有机质单独解释变量为 32.0%（$F = 5.31$，$P = 0.004$）；$NO_3^- \text{-}N$ 的单独解释变量为 28.0%（$F = 5.28$，$P = 0.008$）；含水率单独解释变量为 21.0%（$F = 2.20$，$P = 0.082$）；C/N 的单独解释变量为 18.0%（$F = 1.94$，$P = 0.138$）；温度的单独解释变量为 15.2%（$F = 0.81$，$P = 0.504$）；发芽率的单独解释变

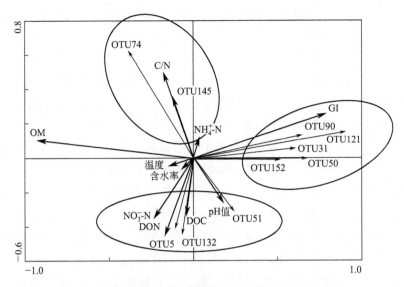

图 4-4 微环境因子与关键腐殖质还原菌的 RDA 相关性

DOC—可溶性有机碳；DON—可溶性有机氮；NO_3^--N—硝态氮；NH_4^+-N—氨态氮；OM—有机质；GI—发芽率

量为 14.3%（$F=0.84$，$P=0.506$）；pH 值的单独解释变量为 12.3%（$F=0.94$，$P=0.442$）；NH_4^+-N 的单独解释变量为 8.4%（$F=0.66$，$P=0.590$），可溶性有机氮的单独解释变量为 8.3%（$F=1.72$，$P=0.018$）；可溶性有机碳的单独解释变量为 4.0%（$F=0.80$，$P=0.518$）。从以上数据可以看出，NH_4^+-N、可溶性有机氮、可溶性有机碳单独解释变量最低（低于 10%），这说明 NH_4^+-N、可溶性有机氮及可溶性有机碳单独对关键腐殖质还原菌分布影响变化最小；但由于这几种物质是微生物生长的能源与营养来源，对微生物生长及新陈代谢起到重要作用[31,32]，因此，单一变量对关键腐殖质还原菌的作用并不显著，但可能与其他因子共同作用对微生物产生影响[33]。

图 4-4 为微环境因子与关键腐殖质还原菌 RDA 排序轴，OTU5（棒状杆菌属）、OTU132（*Desulfobacca*）与 NO_3^--N、可溶性有机碳及可溶性有机氮呈显著相关，与 C/N、NH_4^+-N 呈负相关。从图 4-4 分析可以看出，OTU5、OTU132 主要存在于鸡粪中，丰富的营养源可促进其生长；相关性表明，OTU5 与 OTU132 对氮的硝化也起到重要作用，因此，可能通过堆肥过程中可溶性有机氮、可溶性有机碳或 NO_3^--N 含量的改变，调控这两种腐殖质还原菌属的生长。从图 4-4 中可以看出，OTU51（嗜碱菌属）与 pH 值呈正相关关系，并且主要存在于果蔬与杂草中。研究表明，嗜碱菌属主要受 pH 值影响，适应生存的 pH 值条件为 7.8～10.2，而堆肥中 pH 值最高可达到 8.89，因此，适当地调高 pH 值可增加此种菌属数量。但较高 pH 值可能会抑制 OTU74（*Corprococcus*）与 OTU145（假单胞菌属）生长，这两种腐殖质还原菌与 pH 值呈负相关、与 C/N 呈正相关。假单胞菌普遍存在于所有堆肥中，是堆肥中常见的微生物，由于堆肥过程中 C/N 变化范围在 16.2～29.3，因此此范围内适当地增加 C/N 会促进假单胞菌的生长。发芽率与多种关键腐殖质还原菌呈显著相关，包括 OTU90（短波

单胞菌属）、OTU121（丛毛单胞菌属）、OTU31（芽孢杆菌属）、OTU50（*Caldicoprobacter*）和 OTU152（泛生菌属）。发芽率是堆肥中的生物学指标，发芽率越高，说明堆肥毒性越低，并且还有研究表明，发芽率与堆肥过程中的醌基团呈极显著相关[34]，那么以上几种腐殖质还原菌不仅可以促进醌的形成，而且对降低堆肥毒性也具有重要作用。此类腐殖质还原菌与有机质呈显著负相关，因此，增加这几种腐殖质还原菌的数量不仅可以促进有机质的降解，增加堆肥中醌的含量，还可以改善堆肥稳定性。

根据以上研究结果发现，堆肥腐植酸的电子转移能力与多种氧化还原功能基团紧密相关；而 10 种关键腐殖质还原菌对腐植酸中氧化还原功能基团的形成具有显著影响，因此，可以推测通过接种 10 种关键腐殖质还原菌可提高堆肥腐植酸的氧化还原能力。但由于堆肥体系较为复杂，并且对 10 种关键腐殖质还原菌的筛选也会面临巨大的挑战。首先要确定这几种腐殖质还原菌是否为可培养微生物，另外，筛选微生物不但要进行大量的工作，并且成功率并不理想。由于堆肥微环境是影响微生物菌群分布的关键因素[7,35]，理论上通过优势腐殖质还原菌及其关键影响因子识别，明确微环境、腐殖质还原菌及腐植酸电子转移能力三者之间响应关系，在此基础上，可以构建一种促进腐植酸电子转移能力的微环境因子调控方法，如图 4-5 所示。

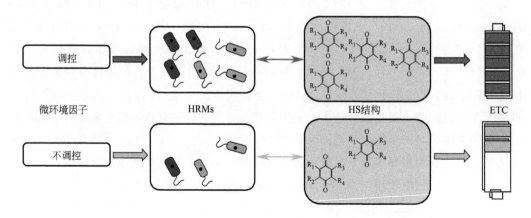

图 4-5　一种促进堆肥腐植酸电子转移能力的微环境因子调控方法

OTU5 与 OTU132 主要存在于鸡粪中，受可溶性有机氮与可溶性有机碳影响显著，并对胡敏酸中的芳香碳和醌基等基团的形成具有重要作用，因此在鸡粪堆肥过程中适当添加碳源或氮源可促进胡敏酸的电子转移能力的增加。而 C/N 和 pH 值是影响 OTU74、OTU145 分布的重要微环境因子，这两种腐殖质还原菌与富里酸的芳香性与分子量呈正相关，因此，适当的增加 C/N，降低 pH 值会促进这类微生物的生长，从而促进富里酸的电子转移能力增加，但这一调控方法会抑制 OTU51 的生长。因此，调控方法应尽可能选择使微生物之间可互惠共生的方法，OTU50、OTU90、OTU31、OTU121 及 OTU152 主要受发芽率与有机质影响，与腐植酸中芳香碳、多酚化合物及羧基碳呈显著相关，这几种腐殖质还原菌数量增加会加速有机质的降解与堆肥的稳定性，从而改善腐植酸的电子转移能力。

附表1　不同物料堆肥过程中腐殖质还原菌在属水平上的序列数总和

代号	CM1	CM2	CM3	DCM1	DCM2	DCM3	FVW1	FVW2	FVW3	WW1	WW2	WW3	SW1	SW2	SW3	GW1	GW2	GW3	SS1	SS2	SS3
OTU1	2	0	0	0	0	0	1	2	1	3	1	1	0	0	0	0	0	0	0	0	0
OTU2	1	0	0	5	0	0	0	24	32	37	66	68	0	0	0	0	2	0	18	15	1
OTU3	0	34	0	2	0	0	1	2	1	5	11	1	0	0	0	0	0	0	0	0	0
OTU4	0	0	1	5	6	0	16	27	32	37	36	55	0	2	0	0	2	0	18	15	1
OTU5	648	589	614	3	10	23	1	13	4	37	2	3	0	2	0	7	3	5	0	130	1
OTU6	0	39	0	13	0	18	0	0	0	0	0	0	0	0	0	0	0	0	0	0	0
OTU7	0	0	1	0	0	0	0	0	0	0	0	0	0	0	0	0	0	0	0	0	0
OTU8	0	0	1	1	0	0	0	0	0	0	0	0	0	0	0	0	0	0	0	0	0
OTU9	0	0	39	310	73	17	5	67	450	100	270	550	0	0	5	0	0	0	129	228	327
OTU10	0	0	0	1	1	2	2	5	7	1	0	7	0	0	0	0	2	0	6	4	5
OTU11	0	0	0	10	0	0	3	5	7	7	1	2	0	0	0	0	2	0	4	0	4
OTU12	0	0	0	2	0	1	0	0	4	7	5	2	0	0	0	0	2	0	0	1	2
OTU13	8	0	0	83	1	12	0	0	0	25	44	0	0	0	0	0	0	0	3	0	0
OTU14	0	0	0	1	0	0	0	0	0	0	0	0	0	0	0	0	0	0	0	0	0
OTU15	0	4	1	0	0	0	0	0	0	0	0	0	0	0	0	0	0	0	0	0	0
OTU16	0	0	2	0	0	0	0	0	0	0	0	0	0	0	0	0	0	0	0	0	0
OTU17	0	0	0	1	9	0	0	0	0	0	0	0	0	0	0	0	0	0	0	0	0
OTU18	0	0	0	2	0	0	0	0	0	0	0	0	0	0	0	0	0	0	0	0	0
OTU19	0	0	1	0	0	0	0	0	0	0	0	0	0	0	0	0	0	0	0	0	0
OTU20	0	0	0	1	0	0	0	0	0	0	0	0	0	1	0	0	0	0	0	0	0
OTU21	0	0	0	1	0	0	0	0	0	0	0	0	0	0	0	0	0	0	0	0	0
OTU22	0	0	0	0	0	0	0	0	0	0	0	0	0	0	0	0	0	0	0	0	0
OTU23	0	0	2	0	0	0	0	0	0	0	0	0	0	0	0	0	0	0	0	0	0
OTU24	0	0	0	0	0	1	0	0	0	0	0	0	0	0	0	0	0	0	0	0	0
OTU25	0	0	0	0	1	1	0	0	23	1	1	10	0	0	0	0	0	0	0	3	0
OTU26	0	0	0	17	0	7	0	387	6	3	3	9	0	0	0	0	0	0	0	1	0
OTU27	0	0	0	0	4	0	0	3	33	14	5	5	0	0	0	0	0	0	0	0	0
OTU28	0	0	0	0	1	0	5	1	11	4	31	4	0	0	0	22	16	23	0	19	10
OTU29	0	0	1	0	0	0	0	0	0	0	0	0	0	0	1	0	0	0	0	0	0
OTU30	23	1	0	0	126	135	0	0	0	2	9	91	284	0	1	0	0	0	33	3	0

续表

代号	CM1	CM2	CM3	DCM1	DCM2	DCM3	FVW1	FVW2	FVW3	WW1	WW2	WW3	SW1	SW2	SW3	GW1	GW2	GW3	SS1	SS2	SS3
OTU31	8	2	9	2	0	1	9	22	107	56	119	2412	1	0	0	0	0	0	7	162	76
OTU32	0	1	0	0	0	0	0	0	0	0	0	0	0	0	0	0	0	0	0	0	0
OTU33	0	1	0	0	0	0	0	0	0	0	0	0	0	2	6	0	0	0	0	0	0
OTU34	0	0	0	178	9	9	1	0	0	0	0	0	2	2	6	24	113	0	0	2	2
OTU35	5	1	2	15	3	0	1	0	0	1	0	0	51	119	3	0	0	0	1	2	1
OTU36	154	0	19	6	39	0	1	5	88	21	25	1992	1	0	0	0	0	0	4	142	1372
OTU37	0	16	63	4	4	0	0	0	0	0	0	0	3	0	0	0	0	0	0	0	0
OTU38	1	0	0	10	5	0	0	0	0	0	0	0	29	9	2	0	0	0	0	0	0
OTU39	0	2	0	10	0	0	0	0	0	0	0	0	0	0	0	0	0	0	0	0	0
OTU40	0	0	3	3	1	0	0	0	0	0	0	0	16	9	1	0	0	0	0	0	0
OTU41	0	0	0	2	4	0	0	0	0	0	0	0	0	0	0	0	0	0	0	0	0
OTU42	24	112	746	51	84	1	5	40	482	139	486	1467	70	10	1	789	578	956	2	14	0
OTU43	59	3	3	3	0	3	0	23	0	1	1	10	0	0	0	0	0	0	0	3	0
OTU44	0	0	0	1	0	0	0	387	6	3	3	9	0	0	0	0	0	0	0	1	0
OTU45	1	0	2	101	0	3	0	0	0	0	0	0	0	2	0	0	0	0	0	0	0
OTU46	2	0	0	0	0	1	0	0	0	0	0	0	0	2	0	0	0	0	0	0	0
OTU47	0	0	0	0	0	0	0	0	0	0	0	0	0	0	0	0	0	0	0	0	0
OTU48	2	1	16	6	0	0	0	1	1	63	3	44	0	0	0	0	0	0	0	0	0
OTU49	0	1	0	0	0	0	0	1	1	0	0	0	0	0	0	0	0	0	0	0	0
OTU50	1	1	0	3	1	1	2	31	636	535	2	2458	0	0	0	0	0	0	0	47	36
OTU51	0	0	0	0	2	2	91	16	110	444	50	19	0	0	0	0	0	0	14	75	141
OTU52	0	1	0	0	0	0	0	0	0	121	0	3	0	0	0	0	0	0	0	0	0
OTU53	2	1	0	1	0	0	50	33	2167	60	235	712	0	0	0	0	1	2	35	31	100
OTU54	0	0	0	1	0	0	9	11	1339	36	48	507	0	0	0	5	1	0	1	24	1
OTU55	0	1	1	0	0	0	0	5	196	0	0	0	0	0	0	0	1	0	0	0	0
OTU56	0	2	0	6	2	0	0	0	98	0	25	61	0	1	0	1	0	0	0	17	7
OTU57	2	0	0	0	14	0	61	10	45	570	6	42	0	0	0	0	0	0	2	0	0
OTU58	0	0	0	2	0	0	0	1	1	0	0	1	0	0	0	0	0	0	649	1428	1828
OTU59	3	1	2	0	2	1	91	16	110	444	50	19	1	0	0	0	0	0	14	75	141
OTU60	0	0	0	0	2	0	0	0	0	0	0	0	0	0	0	0	0	0	0	0	0

续表

代号	CM1	CM2	CM3	DCM1	DCM2	DCM3	FVW1	FVW2	FVW3	WW1	WW2	WW3	SW1	SW2	SW3	GW1	GW2	GW3	SS1	SS2	SS3
OTU61	0	0	0	1	0	0	0	0	0	0	0	0	1	0	0	0	0	0	0	0	0
OTU62	17	0	1	10	39	12	10	5	28	143	30	14	0	0	2	0	0	0	119	145	288
OTU63	48	2	0	0	2	2	75	104	213	718	238	131	1	0	0	0	0	0	183	288	366
OTU64	7	5	2	0	8	1	1	1	14	17	1	0	0	0	0	1	0	0	2	13	30
OTU65	47	5	40	2	29	6	200	458	679	1080	913	197	0	0	0	0	0	0	46	202	226
OTU66	1	0	0	2	0	0	0	0	0	0	0	0	1	0	0	0	0	0	0	0	0
OTU67	0	0	0	0	0	0	0	0	0	0	0	0	0	0	0	0	0	0	0	0	0
OTU68	0	0	0	0	1	0	4	9	162	112	3	50	0	0	0	0	0	0	0	0	0
OTU69	0	0	0	0	0	1	0	0	0	0	0	0	0	0	0	0	0	0	0	0	0
OTU70	0	0	0	0	0	1	0	0	0	0	0	0	0	0	0	0	0	0	0	0	0
OTU71	1	0	0	0	0	0	0	0	3	385	0	2	0	0	0	0	0	0	0	1	0
OTU72	0	0	0	4	0	0	0	0	0	0	0	0	6	0	0	0	0	0	0	0	0
OTU73	34	6	4	9	16	2	108	40	7	25	134	0	2	4	1	152	145	304	23	224	173
OTU74	30	14	2	17	2	1	14	50	62	733	27	10	0	0	0	3	0	0	4	31	122
OTU75	1	0	0	0	0	0	0	0	0	0	0	0	0	0	0	0	0	0	0	0	0
OTU76	1	0	0	0	0	0	0	0	0	0	0	0	0	0	0	0	0	0	0	0	0
OTU77	0	2	0	1	0	0	0	0	0	0	0	0	0	0	0	0	0	0	0	0	0
OTU78	1	1	0	6	0	0	0	0	0	0	0	0	1	0	0	0	0	0	0	0	0
OTU79	1	7	1	0	0	0	0	0	12	0	0	0	3	1	0	0	0	0	0	0	0
OTU80	5	0	0	18	5	2	1	0	0	1	0	0	1	0	0	0	0	0	2	67	94
OTU81	0	0	0	0	0	0	0	0	0	0	0	0	0	0	0	0	0	0	0	0	0
OTU82	0	0	0	0	5	0	0	0	0	0	0	0	0	0	0	0	0	0	0	0	0
OTU83	0	0	0	6	0	0	0	0	0	0	0	0	0	0	0	0	0	0	0	0	0
OTU84	1	0	0	4	1	2	0	0	3	1	0	4	0	0	0	1	0	0	0	7	237
OTU85	1	0	0	0	0	0	0	0	0	121	0	3	0	0	0	0	0	0	0	0	0
OTU86	2	0	0	0	0	0	0	0	0	0	0	0	0	0	0	0	0	0	0	0	0
OTU87	0	0	0	1	0	0	61	10	45	570	6	42	0	0	0	0	0	0	2	0	0
OTU88	0	0	0	3	0	0	0	0	0	0	0	0	0	0	0	0	0	0	0	0	0
OTU89	0	0	0	0	0	0	0	0	5	3	0	0	0	0	0	0	0	0	0	1	0
OTU90	1	0	1	186	1340	606	221	19	24	10	982	1858	2	29	95	2	27	88	0	10	28

续表

代号	CM1	CM2	CM3	DCM1	DCM2	DCM3	FVW1	FVW2	FVW3	WW1	WW2	WW3	SW1	SW2	SW3	GW1	GW2	GW3	SS1	SS2	SS3
OTU91	0	0	0	3	0	13	0	0	0	0	0	0	0	0	0	0	0	0	0	0	0
OTU92	0	0	0	0	0	1	0	0	0	0	0	0	0	0	0	0	0	0	0	0	0
OTU93	0	0	0	6	0	6	0	0	2	0	0	0	0	1	2	0	1	2	0	4	526
OTU94	0	0	0	0	1	0	0	0	0	0	0	0	0	0	0	0	0	0	0	0	0
OTU95	0	0	0	0	1	0	0	0	0	0	0	0	0	0	0	0	0	0	0	0	0
OTU96	0	0	0	10	9	62	17	6	345	213	54	111	0	1	0	0	1	0	14	6	14
OTU97	0	0	10	0	0	0	0	0	0	0	0	0	0	0	0	0	0	0	0	0	0
OTU98	0	0	0	1	0	0	0	0	0	0	0	0	0	0	0	0	0	0	0	0	0
OTU99	0	1	0	0	0	0	0	0	0	0	0	0	0	0	0	0	0	0	0	0	0
OTU100	0	0	0	3	0	0	0	0	0	0	0	0	4	8	7	0	0	0	0	1	98
OTU101	5	7	26	10	1	0	0	0	0	0	0	0	5	1	0	0	0	0	0	0	0
OTU102	0	0	0	10	0	6	0	0	1	0	0	1	0	0	0	5	0	0	0	0	0
OTU103	0	0	0	1	0	0	0	0	0	0	0	0	0	0	0	0	0	0	0	88	0
OTU104	0	0	0	1	0	0	0	0	1	2	0	0	1	0	0	0	0	0	2	16	138
OTU105	0	0	0	0	0	2	0	0	0	0	0	0	0	0	0	0	0	0	0	0	0
OTU106	0	0	0	1	0	0	8	3	13	18	205	8	0	0	0	0	1	0	5	1	1
OTU107	0	0	0	0	0	2	0	0	0	0	0	0	0	0	0	0	0	0	0	0	0
OTU108	0	0	0	39	1	316	0	0	0	0	0	0	0	0	0	0	0	0	0	0	0
OTU109	0	0	0	0	1	0	0	0	0	0	0	0	0	0	0	0	0	0	0	0	0
OTU110	0	0	0	2	0	0	0	0	0	0	0	0	0	1	0	0	0	0	0	0	0
OTU111	0	0	0	0	0	0	0	0	0	0	0	0	0	0	0	0	0	0	0	0	0
OTU112	1	64	63	7	2	2	0	0	2	0	0	1	10	7	4	0	0	0	7	11	1
OTU113	0	0	0	0	1	0	0	0	0	0	0	0	0	0	0	0	0	0	0	0	0
OTU114	0	0	23	2	0	0	0	0	0	0	0	0	0	0	0	0	0	0	0	0	0
OTU115	0	0	2340	77	267	82	57	79	2886	273	342	716	0	1	8	0	1	6	35	33	133
OTU116	1	2	0	0	1	0	0	0	0	0	0	0	0	0	0	0	0	0	0	0	0
OTU117	1	0	0	0	0	0	0	0	0	0	0	0	0	0	0	0	0	0	0	0	0

续表

代号	CM1	CM2	CM3	DCM1	DCM2	DCM3	FVW1	FVW2	FVW3	WW1	WW2	WW3	SW1	SW2	SW3	GW1	GW2	GW3	SS1	SS2	SS3
OTU118	0	0	0	0	1	0	0	0	0	0	0	0	0	0	0	0	0	0	0	0	0
OTU119	1	0	0	0	0	12	0	0	0	0	0	0	0	0	0	0	0	0	0	0	0
OTU120	0	0	0	0	0	1	0	0	0	0	0	0	0	0	0	0	0	0	0	0	0
OTU121	4185	2910	1000	3205	2507	2899	486	2698	1063	596	2930	1000	10	10	0	7	9	0	493	0	0
OTU122	0	1	0	0	0	0	0	0	0	0	0	0	0	0	0	0	0	0	0	0	0
OTU123	0	0	0	0	0	1	0	0	0	0	0	0	0	0	0	0	0	0	0	0	0
OTU124	0	1	0	0	0	0	0	0	0	0	0	0	1	0	0	0	0	0	0	0	0
OTU125	0	0	0	0	3	5	0	0	0	0	0	0	0	0	0	0	0	0	0	0	0
OTU126	163	28	0	4	1	17	0	0	0	0	0	0	0	0	0	0	0	0	0	0	0
OTU127	0	0	0	0	2	0	0	0	0	0	0	0	0	0	0	0	0	0	0	0	0
OTU128	650	1	0	70	164	36	0	0	0	0	0	0	0	0	0	0	0	0	0	0	0
OTU129	0	1	0	0	0	0	0	0	0	0	0	0	0	0	0	0	0	0	0	0	0
OTU130	0	0	2	0	0	0	0	0	0	0	0	0	0	0	0	0	0	0	0	0	0
OTU131	0	0	3	0	0	0	0	0	0	0	0	0	0	0	0	0	0	0	0	0	0
OTU132	230	237	300	262	240	300	256	128	300	272	440	920	0	0	0	0	8	30	41	56	196
OTU133	0	0	0	0	1	0	0	0	0	0	0	0	0	1	0	0	0	0	0	0	0
OTU134	0	0	0	0	1	0	0	0	0	0	0	0	0	0	0	0	0	0	0	0	0
OTU135	0	0	0	0	0	1	0	0	0	0	0	0	0	0	0	0	0	0	0	0	0
OTU136	0	0	0	1	1	0	0	0	0	0	0	0	0	0	0	0	0	0	0	0	0
OTU137	0	0	0	0	0	0	0	0	0	0	0	0	1	0	0	0	0	0	0	0	0
OTU138	55	2052	27	1551	2486	1780	4	88	69	5	10	502	5867	7975	9808	2537	3459	3608	13	13	107
OTU139	0	0	0	0	1	0	0	0	0	0	0	0	2	1	0	0	0	0	0	0	0
OTU140	6	0	0	0	0	0	0	0	0	0	0	0	0	0	0	0	0	0	0	0	0
OTU141	0	0	0	0	0	1	0	0	0	0	0	0	0	0	0	0	0	0	0	0	0
OTU142	498	262	3333	0	2	0	0	189	5	3	0	0	17	2	0	0	0	0	0	1	0
OTU143	1	0	0	0	0	0	0	0	0	0	0	0	0	0	0	0	0	0	0	0	0
OTU144	0	0	0	0	1	0	56	123	93	50	150	239	0	0	0	45	793	556	5	93	56

续表

代号	CM1	CM2	CM3	DCM1	DCM2	DCM3	FVW1	FVW2	FVW3	WW1	WW2	WW3	SW1	SW2	SW3	GW1	GW2	GW3	SS1	SS2	SS3
OTU145	2200	2325	2604	2803	3160	4530	2687	1000	4343	1604	1944	4114	4	292	455	0	450	614	116	1778	5538
OTU146	0	0	0	0	0	0	7	8	8	10	2	13	1	0	0	1	0	0	0	2	225
OTU147	0	0	0	0	1	0	1	0	1	0	0	0	0	0	0	0	0	0	0	13	46
OTU148	0	0	0	0	1	0	0	0	0	0	0	0	0	0	0	0	0	0	0	0	0
OTU149	7	0	20	0	2	0	36	0	24	1	0	8	0	0	0	0	0	0	29	2	3
OTU150	12	0	0	0	0	1	0	0	0	0	0	0	0	0	4	0	0	0	50	45	56
OTU151	0	0	0	5	9	48	0	0	0	0	0	0	0	2	3	0	0	0	0	0	0
OTU152	216	312	326	18	27	970	123	312	326	180	309	227	0	0	3	0	9	2	2	90	107
OTU153	0	0	0	0	0	0	0	0	0	0	0	0	0	0	0	0	0	0	0	88	0
OTU154	0	0	0	0	0	0	1	0	10	19	0	1	1	0	0	0	0	0	14	153	253
OTU155	0	0	0	0	0	0	22	5	420	182	0	47	0	0	0	0	2	0	96	334	205
OTU156	0	0	0	0	0	0	2	2	40	0	78	18	0	0	0	0	0	0	0	0	0
OTU157	0	0	0	0	0	0	0	1	0	0	0	0	0	0	0	0	0	0	0	0	0
OTU158	0	0	0	0	0	0	0	3	33	14	5	5	0	0	0	0	0	0	0	0	0
OTU159	0	0	0	0	0	0	0	0	1	146	1	7	0	0	0	0	0	0	0	0	0
OTU160	0	0	0	0	0	0	12	11	79	46	68	40	0	0	0	8	0	0	2	16	19
OTU161	0	0	0	0	0	0	4	2	21	53	4	6	0	0	0	0	0	0	0	0	0
OTU162	0	0	0	0	0	0	0	0	13	160	0	6	0	0	0	0	0	0	0	0	0
OTU163	0	0	0	0	0	0	0	0	146	0	1	2	0	0	0	1	0	0	0	0	0
OTU164	0	0	0	0	0	0	0	0	0	0	0	0	0	0	0	0	0	0	1	2	88
OTU165	0	0	0	0	0	0	14	5	131	73	101	46	0	0	0	2	0	0	4	4	56
OTU166	0	0	0	0	0	0	0	1	9	3	2	0	0	0	0	0	0	0	24533	12334	23111
OTU167	0	0	0	0	0	0	83	2	7	1	411	685	0	0	0	0	0	0	0	0	0
OTU168	0	0	0	0	0	0	0	4	13	1	9	36	0	0	0	0	0	0	23	21	156
OTU169	0	0	0	0	0	0	2	0	2	3	38	1	0	0	0	0	0	0	7	555	912
OTU170	0	0	0	0	0	0	127	908	1	0	9	0	0	0	0	8	0	0	4	5	108

附表 2　OTU 在属水平的分类名称

项目	门	纲	目	科	属
OTU1	放线菌门	放线菌纲	酸微菌目	酸微菌科	*Ilumatobacter*
OTU2	放线菌门	放线菌纲	放线菌目	放线菌科	*Flaviflexus*
OTU3	放线菌门	放线菌纲	放线菌目	博戈里亚湖菌科	乔治菌属
OTU4	放线菌门	放线菌纲	放线菌目	纤维单胞菌科	*Actinotalea*
OTU5	放线菌门	放线菌纲	放线菌目	棒杆菌科	棒状杆菌属
OTU6	放线菌门	放线菌纲	酸微菌目	迪茨氏菌科	迪茨氏菌属
OTU7	放线菌门	放线菌纲	放线菌目	间孢囊菌科	两面神菌属
OTU8	放线菌门	放线菌纲	放线菌目	微杆菌科	Gulosibacter
OTU9	放线菌门	放线菌纲	放线菌目	微杆菌科	白色杆菌属
OTU10	放线菌门	放线菌纲	放线菌目	微杆菌科	细杆菌属
OTU11	放线菌门	放线菌纲	酸微菌目	微杆菌科	*Pseudoclavibacter*
OTU12	放线菌门	放线菌纲	放线菌目	微杆菌科	*Salinibacterium*
OTU13	放线菌门	放线菌纲	放线菌目	微杆菌科	节细菌属
OTU14	放线菌门	放线菌纲	放线菌目	微杆菌科	考克氏菌属
OTU15	放线菌门	放线菌纲	放线菌目	微杆菌科	*Yaniella*
OTU16	放线菌门	放线菌纲	酸微菌目	分枝杆菌科	分枝杆菌属
OTU17	放线菌门	放线菌纲	放线菌目	诺卡尔菌科	红球菌属
OTU18	放线菌门	放线菌纲	放线菌目	类诺卡氏菌科	气微菌属
OTU19	放线菌门	放线菌纲	放线菌目	拟诺卡氏菌科	温双岐菌属
OTU20	放线菌门	放线菌纲	放线菌目	血杆菌科	血杆菌属
OTU21	放线菌门	放线菌纲	红蝽菌纲	红蝽菌目	奇异菌属
OTU22	放线菌门	放线菌纲	红蝽菌纲	红蝽菌目	*Olsenella*
OTU23	拟杆菌门	纤维黏网菌纲	纤维黏网菌目	Flammeovirgaceae	柔发菌属
OTU24	拟杆菌门	纤维黏网菌纲	纤维黏网菌目	Flammeovirgaceae	*Fulvivirga*
OTU25	拟杆菌门	纤维黏网菌纲	纤维黏网菌目	Flammeovirgaceae	*Marivirga*
OTU26	拟杆菌门	Flavobacteria	黄杆菌目	Flavobacteriacea	金黄杆菌属
OTU27	拟杆菌门	Flavobacteria	黄杆菌目	Flavobacteriacea	黄杆菌属
OTU28	拟杆菌门	Flavobacteria	黄杆菌目	Flavobacteriacea	革兰菌属
OTU29	拟杆菌门	Rhodothermi	Rhodothermales	Balneolaceae	KSA1
OTU30	拟杆菌门	鞘脂杆菌门	鞘脂杆菌目	鞘氨醇杆菌科	鞘氨醇杆菌属
OTU31	厚壁菌门	芽孢杆菌纲	芽孢杆菌目	芽孢杆菌科	芽孢杆菌属
OTU32	厚壁菌门	芽孢杆菌纲	芽孢杆菌目	芽孢杆菌科	*Ornithinibacillus*
OTU33	厚壁菌门	芽孢杆菌纲	芽孢杆菌目	杆菌科	*Thermocloacae*
OTU34	厚壁菌门	芽孢杆菌纲	芽孢杆菌目	类芽孢杆菌科	类芽孢杆菌属
OTU35	厚壁菌门	芽孢杆菌纲	芽孢杆菌目	类芽孢杆菌科	杆菌属
OTU36	厚壁菌门	芽孢杆菌纲	芽孢杆菌目	类芽孢杆菌科	芽孢杆菌属
OTU37	厚壁菌门	芽孢杆菌纲	芽孢杆菌目	类芽孢杆菌科	*Paenisporosarcina*
OTU38	厚壁菌门	芽孢杆菌纲	芽孢杆菌目	类芽孢杆菌科	动球菌科_Incertae_Sedis
OTU39	厚壁菌门	芽孢杆菌纲	芽孢杆菌目	类芽孢杆菌科	动性杆菌属
OTU40	厚壁菌门	芽孢杆菌纲	芽孢杆菌目	类芽孢杆菌科	*Psychrobacillus*
OTU41	厚壁菌门	芽孢杆菌纲	芽孢杆菌目	类芽孢杆菌科	*Solibacillus*
OTU42	厚壁菌门	芽孢杆菌纲	芽孢杆菌目	类芽孢杆菌科	芽孢八叠球菌属
OTU43	厚壁菌门	芽孢杆菌纲	芽孢杆菌目	类芽孢杆菌科	解脲芽孢杆菌属
OTU44	厚壁菌门	芽孢杆菌纲	芽孢杆菌目	葡萄球菌科	*Jeotgalicoccus*
OTU45	厚壁菌门	芽孢杆菌纲	乳杆菌目	气球菌科	法克拉米亚菌属
OTU46	厚壁菌门	芽孢杆菌纲	乳杆菌目	气球菌科	肉杆菌属
OTU47	厚壁菌门	芽孢杆菌纲	乳杆菌目	肉杆菌科	德库菌属

项目	门	纲	目	科	属
OTU48	厚壁菌门	芽孢杆菌纲	乳杆菌目	肉杆菌科	毛球菌属
OTU49	厚壁菌门	芽孢杆菌纲	乳杆菌目	乳酸芽孢杆菌科	乳杆菌属
OTU50	厚壁菌门	梭状芽孢杆菌纲	梭菌目	Caldicoprobacteraceae	Caldicoprobacter
OTU51	厚壁菌门	梭状芽孢杆菌纲	梭菌目	梭菌科	嗜碱菌属
OTU52	厚壁菌门	梭状芽孢杆菌纲	梭菌目	梭菌科	喜热菌属
OTU53	厚壁菌门	梭状芽孢杆菌纲	梭菌目	梭菌科	梭菌属
OTU54	厚壁菌门	梭状芽孢杆菌纲	梭菌目	梭菌科	产醋杆菌属
OTU55	厚壁菌门	梭状芽孢杆菌纲	梭菌目	梭菌科	Anaerosporobacter
OTU56	厚壁菌门	梭状芽孢杆菌纲	梭菌目	梭菌科	狭义梭状芽孢杆菌属
OTU57	厚壁菌门	梭状芽孢杆菌纲	梭菌目	梭菌科	Fervidicella
OTU58	厚壁菌门	梭状芽孢杆菌纲	梭菌目	梭菌科	Proteiniclasticum
OTU59	厚壁菌门	梭状芽孢杆菌纲	梭菌目	梭菌科	未分类
OTU60	厚壁菌门	梭状芽孢杆菌纲	梭菌目	梭菌科	Geosporobacter
OTU61	厚壁菌门	梭状芽孢杆菌纲	梭菌目	梭菌目_Incertae-Sedis Ⅲ	Tepidanaerobacter
OTU62	厚壁菌门	梭状芽孢杆菌纲	梭菌目	梭菌目_Incertae-Sedis Ⅺ	Sedimentibacter
OTU63	厚壁菌门	梭状芽孢杆菌纲	梭菌目	梭菌目_Incertae-Sedis Ⅺ	泰式菌属
OTU64	厚壁菌门	梭状芽孢杆菌纲	梭菌目	梭菌目_Incertae-Sedis ⅩⅢ	Anaerovorax
OTU65	厚壁菌门	梭状芽孢杆菌纲	梭菌目	梭菌目_Incertae-Sedis	Proteiniborus
OTU66	厚壁菌门	梭状芽孢杆菌纲	梭菌目	Defluviitaleacea	Defluviitalea
OTU67	厚壁菌门	梭状芽孢杆菌纲	梭菌目	Eubacteriacea	Alkalibaculum
OTU68	厚壁菌门	梭状芽孢杆菌纲	梭菌目	Eubacteriacea	Garciella
OTU69	厚壁菌门	梭状芽孢杆菌纲	梭菌目	Gracilibacteraceae	Gracilibacter
OTU70	厚壁菌门	梭状芽孢杆菌纲	梭菌目	Gracilibacteraceae	Lutispora
OTU71	厚壁菌门	梭状芽孢杆菌纲	梭菌目	Incertae Sedis Ⅺ	梭菌属Ⅻ
OTU72	厚壁菌门	梭状芽孢杆菌纲	梭菌目	毛螺菌科	丁酸弧菌属
OTU73	厚壁菌门	梭状芽孢杆菌纲	梭菌目	毛螺菌科	梭菌属ⅩⅣa
OTU74	厚壁菌门	梭状芽孢杆菌纲	梭菌目	毛螺菌科	粪球菌属
OTU75	厚壁菌门	梭状芽孢杆菌纲	梭菌目	毛螺菌科	Parasporobacterium
OTU76	厚壁菌门	梭状芽孢杆菌纲	梭菌目	消化球菌科	Desulfosporosinus
OTU77	厚壁菌门	梭状芽孢杆菌纲	梭菌目	消化球菌科	Desulfitobacterium
OTU78	厚壁菌门	梭状芽孢杆菌纲	梭菌目	消化链球菌科	梭菌属Ⅺ
OTU79	厚壁菌门	梭状芽孢杆菌纲	梭菌目	瘤胃菌科	Acetanaerobacterium
OTU80	厚壁菌门	梭状芽孢杆菌纲	梭菌目	瘤胃菌科	梭菌属Ⅲ
OTU81	厚壁菌门	梭状芽孢杆菌纲	梭菌目	瘤胃菌科	梭菌属Ⅳ
OTU82	厚壁菌门	梭状芽孢杆菌纲	梭菌目	瘤胃菌科	颤螺菌属
OTU83	厚壁菌门	梭状芽孢杆菌纲	梭菌目	瘤胃菌科	瘤胃球菌属
OTU84	厚壁菌门	梭状芽孢杆菌纲	梭菌目	Tissierellaceae	Sedimentibacter
OTU85	厚壁菌门	梭状芽孢杆菌纲	梭菌目	Tissierellaceae	Tepidimicrobium
OTU86	厚壁菌门	梭状芽孢杆菌纲	梭菌目	Tissierellaceae	Tissierella-Soehngenia
OTU87	厚壁菌门	Erysipelotrichia	Erysipelotrichales	Erysipelotrichaceae	丹毒丝菌属
OTU88	厚壁菌门	Erysipelotrichia	Erysipelotrichales	Erysipelotrichaceae	Turicibacter
OTU89	芽单胞菌门	芽单胞菌纲	芽单胞菌目	芽单胞菌科	芽单胞菌属
OTU90	变形菌门	α-变形菌纲	柄杆菌目	柄杆菌科	短波单胞杆菌属
OTU91	变形菌门	α-变形菌纲	柄杆菌目	柄杆菌科	苯基杆菌属
OTU92	变形菌门	α-变形菌纲	柄杆菌目	生丝单胞菌科	生丝单胞菌属
OTU93	变形菌门	α-变形菌纲	柄杆菌目	生丝单胞菌科	鳌台球菌属
OTU94	变形菌门	α-变形菌纲	根瘤菌目	慢生根瘤菌科	氏菌属

项目	门	纲	目	科	属
OTU95	变形菌门	α-变形菌纲	根瘤菌目	布鲁杆菌科	苍白杆菌属
OTU96	变形菌门	α-变形菌纲	根瘤菌目	生丝微菌科	Devosia
OTU97	变形菌门	α-变形菌纲	根瘤菌目	生丝微菌科	Filomicrobium
OTU98	变形菌门	α-变形菌纲	根瘤菌目	生丝微菌科	丝状细菌属
OTU99	变形菌门	α-变形菌纲	根瘤菌目	甲基杆菌科	甲基杆菌属
OTU100	变形菌门	α-变形菌纲	根瘤菌目	甲基杆菌科	Microvirga
OTU101	变形菌门	α-变形菌纲	根瘤菌目	叶杆菌科	叶杆菌属
OTU102	变形菌门	α-变形菌纲	根瘤菌目	叶杆菌科	Thermovum
OTU103	变形菌门	α-变形菌纲	根瘤菌目	根瘤菌科	土壤杆菌属
OTU104	变形菌门	α-变形菌纲	根瘤菌目	根瘤菌科	剑菌属
OTU105	变形菌门	α-变形菌纲	红细菌目	红细菌科	Anaerospora
OTU106	变形菌门	α-变形菌纲	红细菌目	红细菌科	副球菌属
OTU107	变形菌门	α-变形菌纲	红细菌目	红细菌科	Rhodobaca
OTU108	变形菌门	α-变形菌纲	红细菌目	红细菌科	红杆菌属
OTU109	变形菌门	α-变形菌纲	红螺菌目	醋杆菌科	Stella
OTU110	变形菌门	α-变形菌纲	立克次体目	立克次体科	立克次体属
OTU111	变形菌门	α-变形菌纲	鞘脂单胞菌目	赤杆菌科	Altererythrobacter
OTU112	变形菌门	α-变形菌纲	鞘脂单胞菌目	鞘氨醇单胞菌科	假单胞菌属
OTU113	变形菌门	β-变形菌纲	伯克氏菌目	产碱杆菌科	Kerstersia
OTU114	变形菌门	β-变形菌纲	伯克氏菌目	产碱杆菌科	Parapusillimonas
OTU115	变形菌门	β-变形菌纲	伯克氏菌目	产碱杆菌科	Pusillimonas
OTU116	变形菌门	β-变形菌纲	伯克氏菌目	伯克霍尔德氏菌科	伯霍尔杆菌属
OTU117	变形菌门	β-变形菌纲	伯克氏菌目	伯克霍尔德氏菌科	Limnobacter
OTU118	变形菌门	β-变形菌纲	伯克氏菌目	伯克氏菌目	Aquabacterium
OTU119	变形菌门	β-变形菌纲	伯克氏菌目	丛毛单胞菌科	食酸菌属
OTU120	变形菌门	β-变形菌纲	伯克氏菌目	丛毛单胞菌科	Albidiferax
OTU121	变形菌门	β-变形菌纲	伯克氏菌目	丛毛单胞菌科	丛毛单胞菌属
OTU122	变形菌门	β-变形菌纲	伯克氏菌目	丛毛单胞菌科	代尔夫特菌属
OTU123	变形菌门	β-变形菌纲	伯克氏菌目	丛毛单胞菌科	Limnohabitans
OTU124	变形菌门	β-变形菌纲	伯克氏菌目	丛毛单胞菌科	Methylibium
OTU125	变形菌门	β-变形菌纲	伯克氏菌目	丛毛单胞菌科	Pelomonas
OTU126	变形菌门	β-变形菌纲	伯克氏菌目	丛毛单胞菌科	红长命菌属
OTU127	变形菌门	β-变形菌纲	伯克氏菌目	丛毛单胞菌科	Schlegelella
OTU128	变形菌门	β-变形菌纲	伯克氏菌目	草酸杆菌科	詹森菌属
OTU129	变形菌门	β-变形菌纲	红环菌目	红环菌科	需氧去氮菌属
OTU130	变形菌门	δ-变形菌纲	脱硫弧菌目	Desulfohalobiaceae	Desulfovermiculus
OTU131	变形菌门	δ-变形菌纲	黏球菌目	Vulgatibacteraceae	Vulgatibacter
OTU132	变形菌门	δ-变形菌纲	互营杆菌目	互营菌科	Desulfobacca
OTU133	变形菌门	γ-变形菌纲	交替单胞菌目	着色菌科	芽孢杆菌属
OTU134	变形菌门	γ-变形菌纲	交替单胞菌目	Idiomarinaceae	Pseudidiomarina
OTU135	变形菌门	γ-变形菌纲	着色菌目	着色菌科	Rheinheimera
OTU136	变形菌门	γ-变形菌纲	肠杆菌目	肠杆菌科	埃希氏菌属
OTU137	变形菌门	γ-变形菌纲	海洋螺菌目	盐单胞菌科	嗜盐菌属
OTU138	变形菌门	γ-变形菌纲	假单胞菌目	莫拉氏菌科	不动杆菌属
OTU139	变形菌门	γ-变形菌纲	假单胞菌目	莫拉氏菌科	Alkanindiges
OTU140	变形菌门	γ-变形菌纲	假单胞菌目	莫拉氏菌科	水栖菌属
OTU141	变形菌门	γ-变形菌纲	假单胞菌目	莫拉氏菌科	Perlucidibaca

项目	门	纲	目	科	属
OTU142	变形菌门	γ-变形菌纲	假单胞菌目	莫拉氏菌科	嗜冷杆菌属
OTU143	变形菌门	γ-变形菌纲	假单胞菌目	假单胞菌科	嗜氮根瘤菌属
OTU144	变形菌门	γ-变形菌纲	假单胞菌目	假单胞菌科	纤维弧菌属
OTU145	变形菌门	γ-变形菌纲	假单胞菌目	假单胞菌科	假单胞菌属
OTU146	变形菌门	γ-变形菌纲	假单胞菌目	假单胞菌科	*Serpens*
OTU147	变形菌门	γ-变形菌纲	黄色单胞菌目	华杆菌科	*Steroidobacter*
OTU148	变形菌门	γ-变形菌纲	黄色单胞菌目	华杆菌科	*Arenimonas*
OTU149	变形菌门	γ-变形菌纲	黄色单胞菌目	华杆菌科	单胞菌
OTU150	变形菌门	γ-变形菌纲	黄色单胞菌目	华杆菌科	溶杆菌属
OTU151	变形菌门	γ-变形菌纲	黄色单胞菌目	华杆菌科	假黄色单胞菌属
OTU152	变形菌门	γ-变形菌纲	肠杆菌目	肠杆菌科	成团泛菌属
OTU153	拟杆菌门	拟杆菌纲	拟杆菌目	紫单胞菌科	*Candidatus Azobacteroides*
OTU154	拟杆菌门	拟杆菌纲	拟杆菌目	紫单胞菌科	*Petrimonas*
OTU155	拟杆菌门	拟杆菌纲	拟杆菌目	紫单胞菌科	*Proteiniphilum*
OTU156	拟杆菌门	鞘脂杆菌纲	鞘脂杆菌目	鞘氨醇杆菌科	*Mucilaginibacter*
OTU157	厚壁菌门	芽孢杆菌纲	芽孢杆菌目	动球菌科	动性球菌属
OTU158	厚壁菌门	芽孢杆菌纲	芽孢杆菌目	葡萄球菌科	葡萄球菌属
OTU159	厚壁菌门	芽孢杆菌纲	乳杆菌目	肉杆菌科	*Atopostipes*
OTU160	厚壁菌门	梭状芽孢杆菌纲	梭菌目	梭菌科	未分类
OTU161	厚壁菌门	梭状芽孢杆菌纲	梭菌目	*Natranaerovirga*	*Natranaerovirga*
OTU162	厚壁菌门	梭状芽孢杆菌纲	梭菌目	共养单胞菌科	互营单胞菌属
OTU163	变形菌门	α-变形菌纲	根瘤菌目	生丝微菌科	*Pelagibacterium*
OTU164	变形菌门	α-变形菌纲	根瘤菌目	生丝微菌科	红游动菌属
OTU165	变形菌门	α-变形菌纲	根瘤菌目	叶杆菌科	*Aquamicrobium*
OTU166	变形菌门	β-变形菌纲	红环菌目	红环菌科	*Dechloromonas*
OTU167	变形菌门	β-变形菌纲	伯克氏菌目	产碱杆菌科	*Paenalcaligenes*
OTU168	变形菌门	β-变形菌纲	伯克氏菌目	产碱杆菌科	博德特菌属
OTU169	变形菌门	β-变形菌纲	伯克氏菌目	产碱杆菌科	产碱杆菌属
OTU170	变形菌门	γ-变形菌纲	黄色单胞菌目	黄单胞菌科	狭长平胞属

参 考 文 献

[1] Cervantes F J, Vand V S, Lettinga G, Field J A. Quinones as terminal electron acceptors for anaerobic microbial oxidation of phenolic compounds. Biodegradation, 2000, 11: 313-321.

[2] Chen J, Gu B, Royer R A, Burgos W D. The roles of natural organic matter in chemical and microbial reduction of ferric iron. Science of the Total Environment, 2003, 307: 167-178.

[3] 崔东宇. 生活垃圾堆肥过程腐殖质电子转移能力变化规律与影响因素研究: 中国环境科学研究院, 2015.

［4］ Ratasuk N，Nanny M A. Characterization and quantification of reversible redox sites in humic substances. Environmental Science & Technology，2007，41：7844.

［5］ Newman D K，Kolter R. A role for excreted quinones in extracellular electron transfer. Nature，2000，405：94-97.

［6］ Watanabe M. Environmental Factors Influencing the Development of the Humic Horizon in the Eastern Foot Area of Nantai Volcano. Natural Science Report of the Ochanomizu University，1982，33：77-89.

［7］ Wei Y，Wei Z，Cao Z，Zhao Y，Zhao X，Lu Q，et al. A regulating method for the distribution of phosphorus fractions based on environmental parameters related to the key phosphate-solubilizing bacteria during composting. Bioresource Technology，2016，211：610.

［8］ Wei Y，Zhao Y，Wang H，Lu Q，Cao Z，Cui H，et al. An optimized regulating method for composting phosphorus fractions transformation based on biochar addition and phosphate-solubilizing bacteria inoculation. Bioresource Technology，2016，221：139.

［9］ Xi B，Zhao X，He X，Huang C，Tan W，Gao R，et al. Successions and diversity of humic-reducing microorganisms and their association with physical-chemical parameters during composting. Bioresource Technology，2016，219：204-211.

［10］ Liang C，Das K C，Mcclendon R W. The influence of temperature and moisture contents regimes on the aerobic microbial activity of a biosolids composting blend. Bioresource Technology，2003，86：131-137.

［11］ 李洋，席北斗，赵越，魏自民，徐小楠，靳世蕊，等. 不同物料堆肥腐熟度评价指标的变化特性. 环境科学研究. 2014，27.

［12］ Forster J C，Zech W，Wurdinger E. Comparison of chemical and microbiological methods for the characterization of the maturity of composts from contrasting sources. Biology and Fertility of Soils，1993，16：93-99.

［13］ Proietti P，Marchini A，Gigliotti G，Regni L，Nasini L，Calisti R. Composting optimization：Integrating cost analysis with the physical-chemical properties of materials to be composted. Journal of Cleaner Production，2016，137：1086-1099.

［14］ Yuan Y，Tan W B，He X S，Xi B D，Gao R T，Zhang H，et al. Heterogeneity of the electron exchange capacity of kitchen waste compost-derived humic acids based on fluorescence components. Analytical & Bioanalytical Chemistry，2016，408：1-9.

［15］ Wu J，Zhao Y，Zhao W，Yang T，Zhang X，Xie X，et al. Effect of precursors combined with bacteria communities on the formation of humic substances during different materials composting. Bioresource Technology，2017，226：191.

［16］ Tuomela M，Hatakka A，Raiskila S，Vikman M，Itävaara M. Biodegradation of radiolabelled synthetic lignin (^{14}C-DHP) and mechanical pulp in a compost environment. Applied Microbiology & Biotechnology，2001，55：492-499.

［17］ Vivas A，Moreno B，Garciarodriguez S，Benitez E. Assessing the impact of composting and vermicomposting on bacterial community size and structure，and microbial functional diversity of an olive-mill waste. Bioresource Technology，2009，100：1319.

[18] Zhao X, He X, Xi B, Gao R, Tan W, Zhang H, et al. The evolution of water extractable organic matter and its association with microbial community dynamics during municipal solid waste composting. Waste Management, 2016, 56: 79-87.

[19] Doong R A, Chiang H C. Transformation of carbon tetrachloride by thiol reductants in the presence of quinone compounds. Environmental Science and Technology, 2005, 39: 7460-7468.

[20] Futagami T, Goto M, Furukawa K. Biochemical and genetic bases of dehalorespiration. Chemical Record, 2010, 8: 1-12.

[21] Jorge F S, Santos T M, Jpde J, Banks W B. Reaction between Cr(Ⅵ) and wood and its model compounds. 1. A qualitative kinetic study of the reduction of hexavalent chromium, 2000.

[22] Chris A, Francis A Y O, Bradley M Tebo. Dissimilatory metal reduction by the facultative anaerobe Pantoea agglomerans SP1. Applied and Environmental Microbiology, 2000, 66: 543-548.

[23] Yokoyama H, Wagner I D, Wiegel J. Caldicoprobacter oshimai gen. nov., sp. nov., an anaerobic, xylanolytic, extremely thermophilic bacterium isolated from sheep faeces, and proposal of Caldicoprobacteraceae fam. nov. International Journal of Systematic & Evolutionary Microbiology, 2010, 60: 67-71.

[24] Rivas R, Velázquez E, Willems A, Vizcaíno N, Subbarao N S, Mateos P F, et al. A New Species of Devosia That Forms a Unique Nitrogen-Fixing Root-Nodule Symbiosis with the Aquatic Legume Neptunia natans (L. f.) Druce. Applied & Environmental Microbiology, 2002, 68: 5217-5222.

[25] Yi J, Wu H Y, Wu J, Deng C Y, Zheng R, Chao Z. Molecular phylogenetic diversity of Bacillus community and its temporal–spatial distribution during the swine manure of composting. Applied Microbiology & Biotechnology, 2012, 93: 411.

[26] Takai K, Moser D P, Onstott T C, Spoelstra N, Pfiffner S M, Dohnalkova A, et al. Alkaliphilus transvaalensis gen. nov., sp. nov., an extremely alkaliphilic bacterium isolated from a deep South African gold mine. International Journal of Systematic & Evolutionary Microbiology, 2001, 51: 1245-1256.

[27] Ezaki T. Coprococcus: John Wiley and Sons, Ltd, 2015.

[28] Gannes V D, Eudoxie G, Hickey W J. Prokaryotic successions and diversity in composts as revealed by 454-pyrosequencing. Bioresource Technology, 2013, 133: 573.

[29] Willems A, Gillis M. Comamonadaceae: John Wiley & Sons, Ltd, 2015.

[30] Herrmann R F, Shann J F. Microbial Community Changes during the Composting of Municipal Solid Waste. Microbial Ecology, 1997, 33: 78-85.

[31] Ishii K, Fukui M, Takii S. Microbial succession during a composting process as evaluated by denaturing gradient gel electrophoresis analysis. Journal of Applied Microbiology, 2000, 89: 768.

[32] Maeda K, Morioka R, Osada T. Effect of covering composting piles with mature compost on ammonia emission and microbial community structure of composting process. Journal of Environmental Quality, 2009, 38: 598.

[33] Zhang J, Zeng G, Chen Y, Yu M, Yu Z, Li H, et al. Effects of physico-chemical parameters on the bacterial and fungal communities during agricultural waste composting. Bioresource Technolo-

gy，2011，102：2950.

[34] Tang J C，Maie N，Tada Y，Katayama A. Characterization of the maturing process of cattle manure compost. Process Biochemistry，2006，41：380-389.

[35] Wang X，Cui H，Shi J，Zhao X，Zhao Y，Wei Z. Relationship between bacterial diversity and environmental parameters during composting of different raw materials. Bioresource Technology，2015，198：395.

第二篇
堆肥有机质电子转移介导污染物降解转化

第5章 堆肥有机质电子转移介导硝基苯降解特征

硝基苯（Nitrobenzene，NB）是一种常见的化工原料，在染料制作、农药生产、药品合成、有机溶剂加工等行业被广泛使用[1-5]。由于硝基的存在，使苯环电子云密度降低，导致 NB 在好氧条件下难于矿化，但 NB 经还原后形成的苯胺（Aniline，AN）则易于进一步矿化稳定[1-3]。因此，在含 NB 废水处理和 NB 污染土壤修复方法中，较多采用化学或电化学等手段将 NB 还原为 AN 后再进行好氧矿化处置，以实现 NB 的去除[5,6]。研究显示，天然有机质（NOM）在厌氧条件下可以促进 NB 还原为 AN，而堆肥胡敏酸作为一种廉价的电子传递功能性物质，在厌氧条件下同样对 NB 具有还原潜能[3]。基于此，本研究针对 NB，选取堆肥不同阶段胡敏酸样品，研究厌氧条件下还原态堆肥胡敏酸还原转化 NB 特性。

5.1 堆肥有机质介导硝基苯降解特性

堆肥胡敏酸经碳钯加氢还原后自身转化为还原态胡敏酸，具备还原能力。NB 作为电子受体可以接受还原态胡敏酸提供的电子发生还原转化，如下所示。

1 个 NB 分子转化为 AN 需要接受 6 个电子，中间产物包括亚硝基苯和苯基羟胺，但本研究未对 2 个中间产物进行检测，主要对还原最终产物 AN 进行测定。图 5-1(a)显示，8 个还原态堆肥胡敏酸样品均对 NB 具有还原转化作用，表明堆肥过程胡敏酸结构和电子转移能力（ETC）虽然处于不断变化状态，但其含有的电子转移功能基团活性较高，可以还原 NB。同时，伴随 NB 还原，AN 产生量也逐步升高，反应在第 12 小时达到平衡［见图 5-1(b)］。

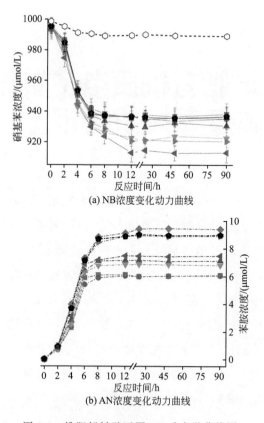

(a) NB浓度变化动力曲线

(b) AN浓度变化动力曲线

图 5-1　堆肥胡敏酸还原 NB 动力学曲线图

堆肥样品: ■ 0d; ● 3d; ▲ 6d; ▼ 8d; ◄ 13d; ▶ 19d; ◆ 35d; ⬟ 47d; ○ 空白对照

5.1.1　堆肥有机质介导硝基苯降解能力

堆肥不同阶段胡敏酸样品经碳钯加氢还原后均对 NB 具有还原能力，但不同阶段胡敏酸样品存在差异。如图 5-2(a) 所示，堆肥前期、中期胡敏酸（0～19d）对 NB 还原转化能力高于堆肥后期（35～47d），且堆肥中期胡敏酸样品略高于堆肥前期，表明在堆肥胡敏酸分子中 NB 还原功能基团含量在堆肥前期、中期呈逐步升高趋势但在堆肥后期有所降低。可能的原因是堆肥前、中期胡敏酸结构组成更为多样，NB 还原功能基团含量较高，在经碳钯加氢还原后具有较大的 NB 还原能力。对比于堆肥前期、中期，堆肥后期胡敏酸样品经后腐熟阶段演变，其结构更加稳定，但部分 NB 还原功能基团很可能在堆肥后期的腐殖化阶段被降解消耗或发生不利于 NB 还原的构象变化，导致堆肥后期胡敏酸 NB 还原能力下降。该结果进一步揭示，针对 NB 还原，长时间堆肥并不具有优势，适中的堆肥时间将更有利于产生具备 NB 还原功能的堆肥产品。

NB 转化为 AN 需经 3 步反应获得 6 个电子[7]，而还原态堆肥胡敏酸还原 NB 为 AN 的能力有别于 NB 还原能力。如图 5-2（b）所示，堆肥后期（19～47d）胡敏酸还

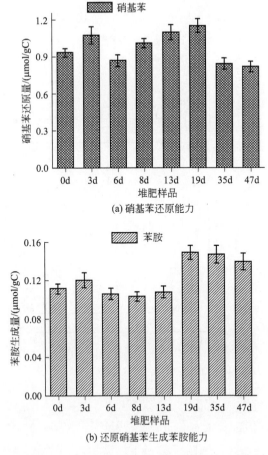

(a) 硝基苯还原能力

(b) 还原硝基苯生成苯胺能力

图 5-2　堆肥过程胡敏酸还原硝基苯能力演变

原 NB 为 AN 的能力高于堆肥前期、中期样品（0～13d），表明堆肥后期胡敏酸样品可以更为有效地促进 AN 的生成。可能的原因是堆肥后期胡敏酸的芳香化和腐殖化程度更高，导致其低氧化还原电势基团含量增加，更加有利于溶液中 NB 及其中间产物如亚硝基苯和苯基羟胺向 AN 的还原转化。本研究结果同时显示，AN 产生量仅约为 NB 降低量的 1/10，表明大多数 NB 并未被转化为 AN，而是以中间产物的形式存在于反应液中，而堆肥前期、中期胡敏酸与堆肥后期胡敏酸在氧化还原性能上又存在差异，进而导致堆肥胡敏酸前期、中期样品与后期样品具有不同的 NB 还原特性。

5.1.2　堆肥有机质介导硝基苯降解动力学

还原态堆肥胡敏酸还原 NB 速率与 NOM 较为接近，Dunnivant[7] 的研究显示，NOM 在厌氧条件下可以促进 NB 的还原转化且还原反应遵循伪一级反应动力学。本研究所提取的堆肥胡敏酸还原 NB 反应同样遵循伪一级反应动力学。如图 5-3 所示，8 个堆肥胡敏酸样品对 NB 还原速率较为接近（拟合曲线参数见表 5-1），表明堆肥胡敏酸中

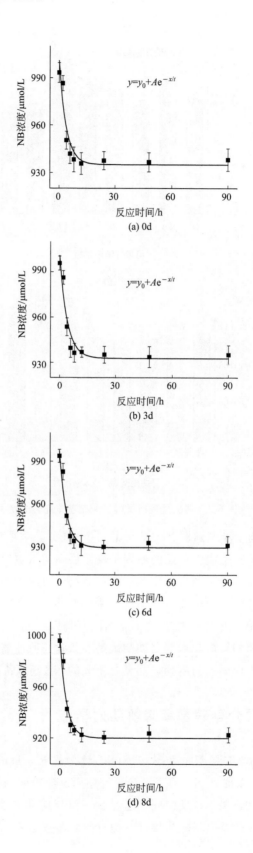

(a) 0d

(b) 3d

(c) 6d

(d) 8d

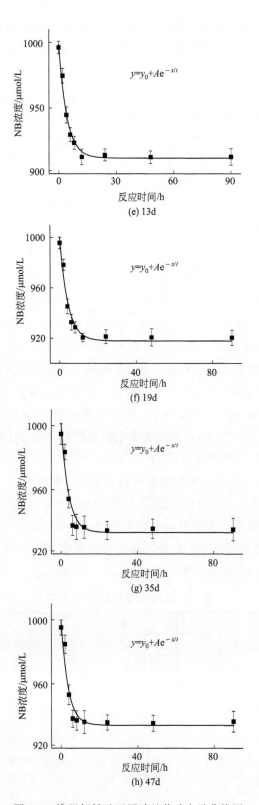

图 5-3 堆肥胡敏酸还原硝基苯动力学曲线图

NB 还原功能基团组成和含量较为稳定。由于碳钯加氢还原胡敏酸与微生物还原胡敏酸还原容量较为接近[8]，因此本研究所得结果可以作为堆肥胡敏酸在实际受污水体中所具有的 NB 还原能力[6-11]。

表 5-1　堆肥胡敏酸硝基苯还原反应动力学参数表

样品	y_0		A		t		统计值	
	浓度值	误差	数值	误差	数值	误差	系数	R^2
0	934.97	4.75	65.74	9.12	3.81	1.11	2.05	0.86
3d	932.74	4.23	67.85	6.99	4.13	1.07	1.97	0.92
6d	929.15	3.35	68.19	6.06	3.79	0.78	1.38	0.93
8d	919.98	3.36	79.58	6.36	3.61	0.66	1.32	0.95
13d	911.93	2.25	86.82	4.04	4.22	0.45	0.63	0.98
19d	917.85	3.35	82.00	5.51	4.19	0.69	1.26	0.96
35d	933.25	3.98	68.13	7.83	3.81	0.91	1.44	0.90
47d	934.19	3.52	64.33	6.43	3.58	0.85	1.53	0.92

AN 生成速率同样遵循伪一级反应动力学（图 5-4，拟合曲线参数见表 5-2），伴随 NB 的降解，AN 被逐步生成。堆肥胡敏酸 NB 降解速率与 AN 生成速率都遵循伪一级反应动力学，表明堆肥胡敏酸具有稳定和有效的还原 NB 为 AN 的功能。研究显示，氧化还原反应速率受多方面因素影响，其中最为主要的是反应物质间的氧化还原电势差。堆肥胡敏酸特征还原电势约为 −0.49V，特征氧化电势约为 +0.61V，NB 转化为 AN 的特征氧化还原电势为 +0.42V，还原态堆肥胡敏酸的氧化还原电势约为 −0.3V[12,13]。因此，由于还原态堆肥胡敏酸电势低于 NB 还原转化电势，还原态胡敏酸可以还原转化 NB 为 AN，而自身因失去电子重新回到碳钯加氢前的氧化状态。堆肥胡敏酸的氧化特征电势为 +0.61V，高于 NB 的转化电势（+0.42V）[12,13]，导致失去电子的堆肥胡敏酸将稳定地存在于溶液中，既不会被 NB 氧化也不会被 AN 所还原，而被还原生成的 AN 也将稳定存在于反应体系中。因此，本研究结果揭示，堆肥胡敏酸含有的氧化还原功能基团具有较大的污染修复潜能。

表 5-2　苯胺生成速率动力学参数表

样品	y_0	A	t	统计值 R^2
	数值	数值误差	数值误差	
0d	6.11	−6.11	15.85	0
3d	6.06	−6.06	14.60	0
6d	7.13	−7.13	12.96	0
8d	6.82	−6.82	14.81	0
13d	7.48	−7.48	12.01	0
19d	8.91	−8.91	11.23	0
35d	9.41	−9.41	12.62	0
47d	8.97	−8.97	13.01	0

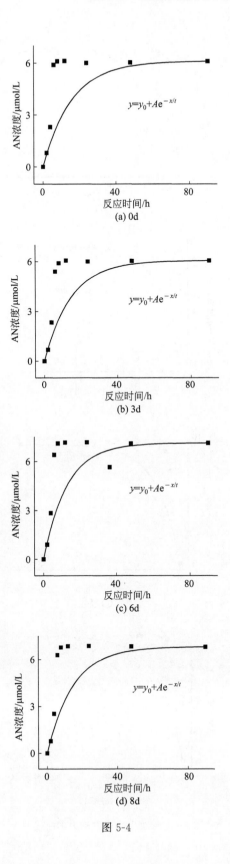

图 5-4

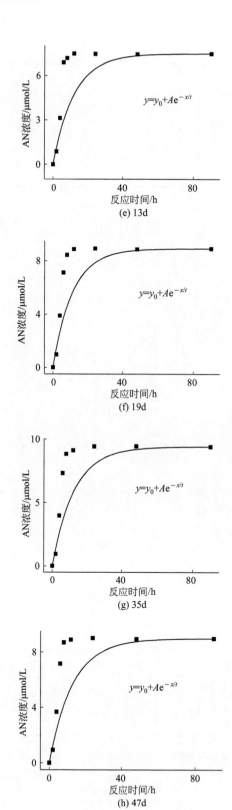

图 5-4　苯胺生成速率动力学曲线图

5.2　堆肥有机质结构对硝基苯降解影响

5.2.1　堆肥胡敏酸官能团演变对硝基苯还原转化影响

堆肥胡敏酸具有电子转移功能（ETC）主要源于三大类基团。第一类是仅具有提供电子功能的基团，这些基团具有提供电子功能但不具备接受电子功能如酚基团等。它们在堆肥胡敏酸碳钯加氢还原阶段未发生变化，依然保持提供电子活性，当与 NB 接触时以较快的速率将电子传递给 NB 促进其还原转化。然而这些基团被再次还原需要较低的氧化还原电势环境，自然条件下较难存在，因此呈现出不可逆的提供电子功能[3-9]。第二类是仅具有接受电子能力的功能基团，该类基团具有较高的氧化还原电势，较易接受电子供体所提供的电子，但在自然条件下也难以将获得的电子再次传递给其他电子受体，呈现出不可逆的电子接受能力[8]。第三类基团是同时具备接受和提供电子能力的基团，此类基团是堆肥胡敏酸中最重要的电子转移功能基团，最为常见的是醌基团。在还原条件下，该类基团可以接受电子供体提供的电子转化还原状态，当与环境中的最终电子受体接触时，它们又将接受的电子传递出去，促进电子在供体和受体间传递，起到电子穿梭体的作用[8,14]。

堆肥过程胡敏酸结构不断变化，官能团组成及含量也随之改变，影响其电子转移功能发挥。本研究借助红外光谱对堆肥过程胡敏酸官能团演变进行研究，并通过相关性分析等手段识别堆肥过程胡敏酸官能团演变对 NB 还原转化影响。红外光谱显示，堆肥胡敏酸共包含 9 种主要的官能团，它们依次是存在于酚、醇和羧酸结构中的 NH 或 OH 基团，CH 基团，CH_2 基团，COO^- 基团，醌基 C＝O 基团，芳香 C＝C 基团或酰氨基 C＝O 基团，δCH 基团，酚、醚和羧酸分子中 νC—O 基团和 γNH_2 基团（图 5-5）[15-20]。其中 NH 或 OH 基团、C＝C 基团或酰氨基 C＝O 基团、δCH 基团和 γNH_2 基团含量在堆肥过程较为波动，无显著变化趋势，表明堆肥过程此类基团含量稳定，但其是否具有电子转移功能，可以促进 NB 还原转化尚待研究。堆肥过程 CH 和 CH_2 基团含量呈降低趋势，未与胡敏酸 ETC 及促进 NB 还原能力呈现出显著相关性，表明该类基团不属于胡敏酸电子转移功能基团，而且它们在堆肥过程中被堆肥微生物降解消耗，生物稳定较差。堆肥过程胡敏酸 COO^- 基团、醌基 C＝O 基团和 νC—O 基团含量上升，其中醌基 C＝O 基团是堆肥胡敏酸中重要的电子转移功能基团，其含量增加将提升胡敏酸 ETC，促进 NB 还原转化。此外，COO^- 基团和 νC—O 基团含量的增加将提升堆肥胡敏酸的不饱和度和芳香度。研究显示，胡敏酸电子接受能力与其芳香性呈正相关关系[8]，本研究中堆肥胡敏酸 COO^- 基团和 νC—O 基团含量变化与其电子接受能力变化整体相近，揭示堆肥过程胡敏酸 COO^- 基团、醌基 C＝O 基团和 νC—O 基团与促 AN 生成能力具有潜在相关性，其含量的提升有利于 NB 向 AN 的还原转化。

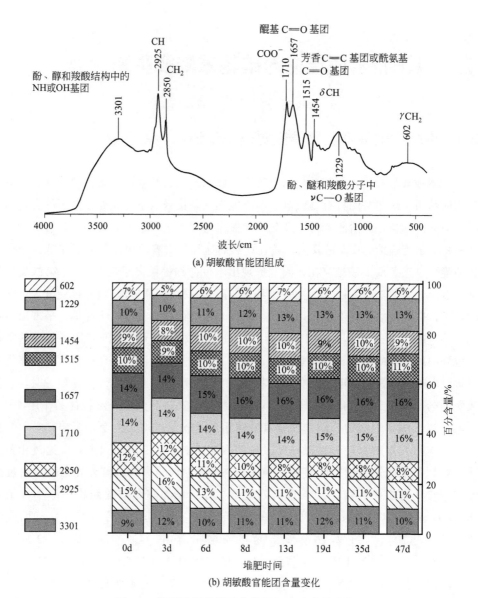

图 5-5　堆肥过程胡敏酸官能团组成及含量变化

　　结合堆肥过程胡敏酸官能团演变趋势与其 NB 还原转化能力分析，我们推断堆肥胡敏酸中具有促进 NB 还原功能的官能团种类有别于促 AN 生成功能基团，而影响电子转移功能基团发挥电子转移作用的因素也较为多样，除基团所在结构单元的氧化还原电势外，结构单元分子构象也对基团功能发挥产生影响，而该部分研究受限于有机质结构细致表征，尚待深入研究[8-14]。

5.2.2　堆肥胡敏酸碳结构演变对硝基苯还原转化影响

　　堆肥胡敏酸电子转移功能除受官能团影响外，碳骨架结构同样对其构成影响。堆肥胡敏酸[13]C核磁共振光谱显示，堆肥胡敏酸共包含有5类主要的骨架碳结构，它们分别是烷基碳、NCH 或 OCH$_3$、糖类碳、芳香碳和 COO 与 N—C═O 碳（图 5-6）[21-24]。堆肥过程胡敏酸烷基碳显著降低，表明堆肥过程烷基被大量消耗，但依据堆肥胡敏酸NB 还原能力变化我们推测，这些被消耗的烷基碳结构包含有具备还原 NB 功能的碳结构。堆肥前期、中期这些碳结构在胡敏酸中含量较高，使得堆肥前期、中期胡敏酸具有较高的 NB 还原能力。堆肥后期这些烷基类碳结构被降解消耗导致堆肥胡敏酸NB 还原能力降低。堆肥过程胡敏酸 NCH 或 OCH$_3$ 含量小幅波动，表明该类结构较为稳定。堆肥过程胡敏酸芳香碳和 COO 与 N—C═O 碳结构呈逐步升高趋势，表明这些骨架碳结构在堆肥过程被逐步形成并在胡敏酸中累积，它们既可能源于堆肥胡敏酸自身结构演变也可能在堆肥过程中在微生物等作用下以结构单元的形式结合到堆肥胡敏酸分子上[14]。这种变化趋势有利于增加胡敏酸电子接受能力，而堆肥胡敏酸电子接受能力与 AN 生成能力相对显著的正相关关系进一步揭示，堆肥胡敏酸中存在的芳香碳、COO 与 N—C═O 等包含不饱和键的碳结构有利于其促进 NB 向 AN 的还原转化[8]。

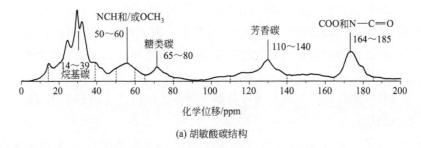

(a) 胡敏酸碳结构

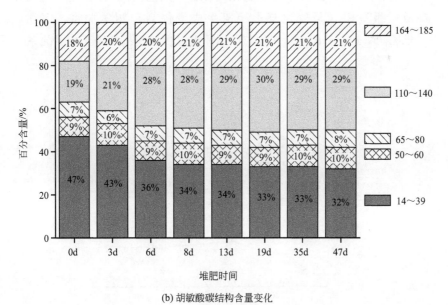

(b) 胡敏酸碳结构含量变化

图 5-6 堆肥过程胡敏酸碳结构变化

5.2.3　堆肥胡敏酸醌基结构演变对硝基苯还原转化影响

胡敏酸醌基结构被证实是重要的电子转移功能基团，其存在有利于堆肥胡敏酸介导电子供体与受体间的电子传递。但不同类型醌基团其电子转移特性也存在一定差异，主要的原因在于不同醌基结构其特征氧化还原电势存在差异。堆肥胡敏酸同样包含有多种类型醌基结构，本研究借助紫外光谱，有针对性地选取紫外特征吸收值来表征堆肥过程胡敏酸醌基结构含量变化，旨在解析堆肥过程胡敏酸醌基结构变化对还原转化 NB 的影响。

堆肥过程胡敏酸 4 类主要醌基结构整体呈逐步上升趋势（图 5-7），其中堆肥第 19天样品醌基结构含量最高，之后堆肥胡敏酸醌基结构含量略有降低，表明堆肥过程胡敏酸醌基团含量整体呈上升趋势并在堆肥中期、后期达到最大值，而堆肥末期醌基含量有所降低，主要的原因是堆肥物料中醌基团主要源于纤维素和木质素类物质降解所释放的醌基类物质，而堆肥过程纤维素和木质素类物质降解主要发生在堆肥中期、后期。堆肥前期以堆肥物料中脂类、蛋白类和小分子糖类降解为主要生化反应。堆肥末期（35～40d）堆肥物料中营养物质匮乏，微生物活动较弱，而此时堆肥胡敏酸构象将发生一定变化，由形成初期的构象向更为稳定的构象演变，而这种构象演变不仅会影响醌基团光谱特性也会对其氧化还原性质产生影响[14]。因此，较长时间堆肥并不一定有利于堆肥胡敏酸电子转移功能发挥，本研究所涉及的生活垃圾堆肥促进硝基苯还原转化最佳堆肥时间为一次发酵后。

通过分析堆肥过程胡敏酸特征醌基团与 AN 生成量相关性，我们发现堆肥前期（0～6d）胡敏酸醌基团含量变化与促 AN 生成量仅为正相关关系，而在此之后的6～47d内，堆肥胡敏酸醌基团含量变化与促 AN 生成量呈现极显著正相关关系（图 5-8）。

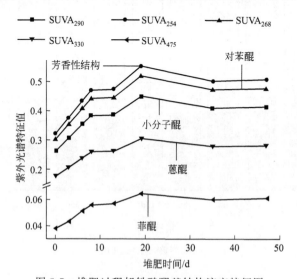

图 5-7　堆肥过程胡敏酸醌基结构演变特征图

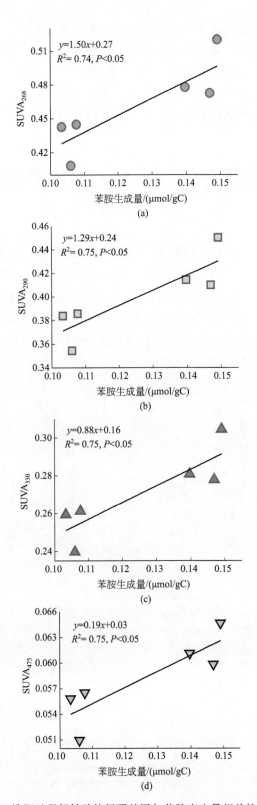

图 5-8 堆肥过程胡敏酸特征醌基团与苯胺产生量相关性分析图

该结果证明，堆肥胡敏酸醌基团是促进 AN 生成的主要功能基团。正如之前所述，醌基团在堆肥中期、后期被逐步释放并结合到堆肥胡敏酸分子中，堆肥前期主要以物料中易降解有机质降解为主，这些有机质在降解过程中同样产生一些具有氧化还原功能的物质，并会被结合到胡敏酸分子中，但由于其结构不够稳定，在堆肥中期、后期又被堆肥微生物降解，而醌基物质结构稳定，可以有效促进 NB 还原转化为 AN。

5.3 堆肥有机质电子转移能力对硝基苯降解影响

堆肥胡敏酸具有 NB 还原转化能力主要归因于其具有电子转移能力（ETC），为进一步研究堆肥过程胡敏酸 ETC 演变对其还原转化硝基苯影响，本研究对堆肥胡敏酸 ETC 与其还原转化 NB 还原能力进行相关性分析。结果显示，堆肥胡敏酸 NB 还原能力与其电化学测定的电子供给能力（EDC）呈现显著正相关关系 [图 5-9(a)]，堆肥胡敏酸 AN 生成能力与电化学测定的电子接受能力（EAC）呈现正相关关系 [图 5-9(b)]。该结果揭示，

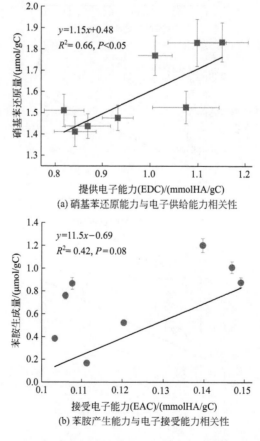

(a) 硝基苯还原能力与电子供给能力相关性

(b) 苯胺产生能力与电子接受能力相关性

图 5-9 堆肥胡敏酸电子转移能力与硝基苯还原能力相关性图

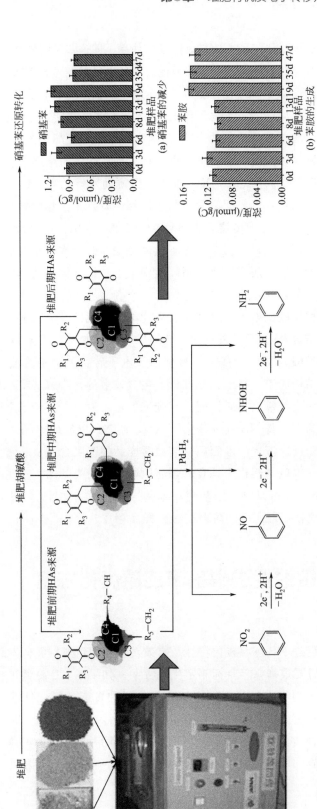

图 5-10 堆肥胡敏酸碳载钯加氢还原促进硝基苯还原转化示意

堆肥胡敏酸中的提供电子基团对 NB 具有较好的还原作用，即这些基团的特征还原电势高于其他电子转移功能基团，它们可以还原 NB，但促进 AN 生成的能力却较弱。此外，堆肥胡敏酸还原 NB 能力远高于其促进 AN 生成能力，揭示堆肥胡敏酸提供电子基团在堆肥胡敏酸分子中占有较高比例，这与堆肥胡敏酸电子供给能力高于电子接受能力的结果相互支撑。

相比于电化学测定的电子供给能力与电子接受能力，堆肥胡敏酸微生物还原 ETC 未与其 NB 还原能力和促 AN 生成能力呈现显著相关关系，表明堆肥胡敏酸中含有的促 NB 还原功能基团易于被胞外呼吸菌 MR-1 作为营养源而降解消耗，影响其 NB 还原功能发挥。该结果进一步揭示，堆肥胡敏酸氧化还原特性有别于天然胡敏酸。堆肥胡敏酸具备可观的 ETC，可以介导电子传递，促进污染物降解，但其电子转移功能发挥受环境条件影响，当环境中存在充足、稳定的电子供体和受体时，堆肥胡敏酸可以充分发挥其电子转移功能，促进污染物还原转化，当环境中电子转移供体和受体相对匮乏时，堆肥胡敏酸电子传递和电子转移功能同时发挥。

综合分析堆肥过程胡敏酸电子转移特性、功能结构变化以及 NB 还原转化能力，我们对堆肥过程胡敏酸结构及 ETC 演变促进 NB 还原转化机制做如下阐释：如图 5-10 所示，堆肥不同阶段胡敏酸在结构、官能团类型以及电子转移能力等方面均存在一定差异。堆肥前期胡敏酸结构简单，腐殖化程度低，包含较多的易降解基团，这些基团虽然稳定性较弱，但具有一定的氧化还原性能，在碳钯加氢还原后具有还原 NB 能力，但由于其氧化还原电势较高无法将 NB 直接转化为 AN，使 NB 以还原中间产物亚硝基苯和羟基苯胺的形式存在于反应液中。堆肥后期胡敏酸样品醌基团含量显著增加，在碳钯加氢还原后这些醌基团获得电子转化为具有较强还原能力的酚类基团，这些基团不仅可以将 NB 直接还原为 AN，还可以将亚硝基苯和苯基羟胺还原为 AN。因此，堆肥胡敏酸具备还原转化 NB 功能，但堆肥不同阶段胡敏酸样品存在差异。

5.4 堆肥胡敏酸促进硝基苯还原优化方案

基于堆肥胡敏酸促进 NB 还原转化特性及有效功能基团组成，我们建议当堆肥产品应用于 NB 还原修复时要根据修复目标制定优化方案。如果以 NB 降低量为主要修复目标，建议适当增加堆肥物料中易降解有机质含量如增加餐厨垃圾，且堆肥时间不宜过长，一次发酵后较为适宜。如果以 AN 产生量为主要目标，建议增加堆肥原料中木质素和纤维素结构如农作物秸秆，同时建议适当延长堆肥时间，因为长时间堆肥有利于木质素和纤维素类物质降解和堆肥有机质的芳香化、腐殖化，有利于 AN 的生成。

参 考 文 献

[1] Wang A J, Cheng H Y, Liang B, et al. Efficient reduction of nitrobenzene to aniline with a biocata-

lyzed cathode. Environmental Science and Technology, 2017, 45 (23): 10186-10193.

[2] Mu Y, Rozendal R A, Rabaey K, et al. Nitrobenzene removal in bioelectrochemical systems. Environmental Science and Technology, 2009, 43 (22): 8690-8695.

[3] Luan F, Burgos W D, Li X, et al. Bioreduction of nitrobenzene, natural organic matter, and hematite by *Shewanella putrefaciens* CN32. Environmental Science and Technology, 2009, 44 (1): 184-190.

[4] Fu H, Zhu D. Graphene oxide-facilitated reduction of nitrobenzene in sulfide-containing aqueous solutions. Environmental Science and Technology, 2013, 47 (9): 4204-4210.

[5] Kurt Z, Shin K, Spain J C. Biodegradation of chlorobenzene and nitrobenzene at interfaces between sediment and water. Environmental Science and Technology, 2012, 46 (21): 11829-11835.

[6] Spain J C. Biodegradation of nitroaromatic compounds. Annual Review of Microbiology, 1995, 49 (1): 523-555.

[7] Dunnivant F M, Schwarrenbach R P. Reduction of substituted nitrobenzenes in aqueous solutions containing natural organic matter. Environmental Science and Technology, 1992, 26 (11): 2133-2141.

[8] Ratasuk N, Nanny M A. Characterization and quantification of reversible redox sites in humic substances. Environmental Science and Technology, 2007, 41 (22): 7844-7850.

[9] And A A, Tratnyek P G. Reduction of nitro aromatic compounds by zero-valent iron metal. Environmental Science and Technology, 1995, 30 (30): 153-160.

[10] Dong J, Ding L, Chi Z, et al. Kinetics of nitrobenzene degradation coupled to indigenous microorganism dissimilatory iron reduction stimulated by emulsified vegetable oil. Journal of Environmental Sciences, 2016, 2 (3): 9-14.

[11] Zhu Z, Tao L, Li F. 2-Nitrophenol reduction promoted by S. putrefaciens 200 and biogenic ferrous iron: the role of different size-fractions of dissolved organic matter. Journal of Hazardous Materials, 2014, 279 (3): 436-443.

[12] Klüpfel L. Redox characteristics of quinones in natural organic matter (NOM). Term paper FS 2009, Institute of Biogeochemistry and Pollutant Dynamics ETH Zürich.

[13] Schwarzenbach R P, Gschwend P, Imboden D. Environmental organic chemistry. Wiley-Interscience, 2003: 555-610.

[14] Yuan Y, Tan W, He X, et al. Heterogeneity of the electron exchange capacity of kitchen waste compost-derived humic acids based on fluorescence components. Analytical and Bioanalytical Chemistry, 2016, 408 (27): 7825-7833.

[15] Qu X, Xie L, Lin Y, et al. Quantitative and qualitative characteristics of dissolved organic matter from eight dominant aquatic macrophytes in Lake Dianchi, China. Environmental Science and Pollution Research, 2013, 20 (10): 7413-7423.

[16] 白瑜, 邢廷文, 蒋亚东, 等. 国外红外光谱连续变焦成像系统的研究进展. 光谱学与光谱分析, 2014 (12): 3419-3423.

[17] 李莉莉, 赵丽娇, 钟儒刚. 红外光谱法检测生物大分子损伤的研究进展. 光谱学与光谱分析, 2011, 31 (12): 3194-3199.

[18] 吴景贵，席时权，姜岩. 红外光谱在土壤有机质研究中的应用. 光谱学与光谱分析，1998（1）：52-57.

[19] 陆宇振. 红外光谱在油菜籽快速无损检测中的应用. 植物营养与肥料学报，2013，19（5）：1257-1263.

[20] 刘欣，曹跃. 红外光谱在中药定性定量分析中的应用. 科学与财富，2013（1）：171.

[21] Smernik R J，Oades J M. Spin accounting and restore：two new methods to improve quantitation in solid-state ^{13}C NMR analysis of soil organic matter. European Journal of Soil Science，2010，54（1）：103-116.

[22] Mao J，Tremblay L，Gagné J P. Structural changes of humic acids from sinking organic matter and surface sediments investigated by advanced solid-state NMR：insights into sources，preservation and molecularly uncharacterized components. Geochimica Et Cosmochimica Acta，2011，75（24）：7864-7880.

[23] 李波，陈海华，许时婴. 二维核磁共振谱在多糖结构研究中的应用. 天然产物研究与开发，2005，17（4）：523-526.

[24] 王展，方积年. 高场核磁共振波谱在多糖结构研究中的应用. 分析化学，2000，28（2）：240-247.

第6章 堆肥有机质电子转移介导五氯苯酚还原脱氯特征

五氯苯酚（pentachlorophenol，PCP）具有氧化还原活性，在厌氧条件下可被微生物和还原性物质还原脱氯，还原产生的低氯产物易于进一步矿化[1-3]。因此，厌氧修复技术一直是 PCP 污染修复的研究热点[1-6]。在众多厌氧修复技术中，厌氧生物修复技术因具有环境友好、修复成本低廉等优点，常作为首选方法应用于 PCP 污染土壤修复中[2-5]。但 PCP 生物修复方法同样具有弊端，其中最为主要的是修复周期长，修复速率慢[4-6]。而限制 PCP 修复速率最为主要的因素是受污染环境电子供体和电子穿梭体匮乏[3-5]。其中电子供体匮乏因素相对容易解决，通常的办法是向受污染土壤中施加营养物质如乳酸盐和糖类等，但电子穿梭体的缺乏较难补充。因为化学合成的电子穿梭体都具有一定的毒性且其结构较为稳定，施入环境后极易造成环境的二次污染[7-15]。而天然电子穿梭体资源过于匮乏，提取成本较高，应用受到抑制。生活垃圾堆肥胡敏酸来源广、价格低，其氧化还原特征电势低于 PCP，具有促进 PCP 还原脱氯潜能。基于此，本章针对 PCP，开展生活垃圾堆肥胡敏酸在 Fe(Ⅲ) 矿物还原条件下促进 PCP 还原脱氯研究，同时验证堆肥胡敏酸促进水稻土体系 PCP 还原脱氯功能，解析 PCP 还原脱氯路径，识别堆肥胡敏酸促进 PCP 还原脱氯功能组分，最终提出促进 PCP 还原脱氯的生活垃圾堆肥优化方案。

6.1 堆肥有机质介导五氯苯酚还原脱氯特性

6.1.1 堆肥不同阶段胡敏酸 Fe$_2$O$_3$ 还原条件促进五氯苯酚还原脱氯

生活垃圾堆肥过程主要分为三个阶段，即堆肥前期（0～8d）、堆肥中期（8～19d）和堆肥后期（19～47d）。堆肥不同阶段胡敏酸氧化还原性质存在差异，导致其对污染物也具有不同的还原转化能力。本研究基于堆肥胡敏酸氧化还原特性，对堆肥不同阶段胡敏酸样品促进 PCP 还原转化特性进行比较分析。如图 6-1 所示，在 Fe$_2$O$_3$ 还原条件下堆肥胡敏酸促进 PCP 还原转化过程中共检测到 6 种产物，按产物所含氯原子多少（由多到少）排序依次为 2,4,5-三氯苯酚、2,6-二氯苯酚、2,4-二氯苯酚、潜在产物 1

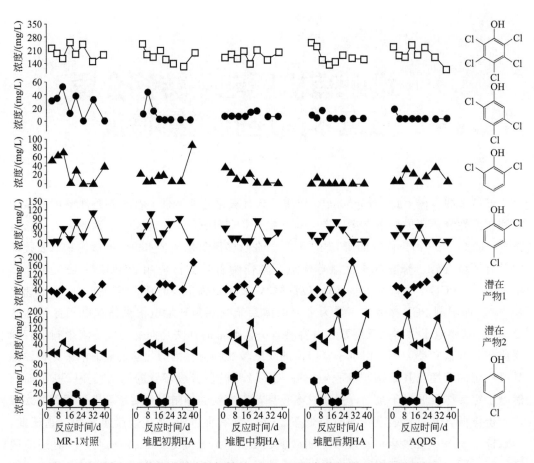

图 6-1　堆肥不同阶段胡敏酸 Fe_2O_3 还原条件促进 PCP 还原脱氯

和潜在产物 2 以及 4-氯苯酚，2 个潜在还原产物的亲水性位于 4-氯苯酚和 2,4-二氯苯酚之间，推断为亲水性较强的二氯苯酚产物。空白对照（不包含堆肥胡敏酸），堆肥不同阶段胡敏酸均对 PCP 还原脱氯具有促进作用，但不同胡敏酸样品间存在差异。MR-1对照组中，PCP 还原产生的三氯产物 2,4,5-三氯苯酚以及二氯产物 2,4-二氯苯酚和2,6-二氯苯酚含量高于添加电子穿梭体［堆肥胡敏酸/蒽醌-2,6-二磺酸盐（AQDS）］的试验组，而一氯产物 4-氯苯酚浓度低于添加电子穿梭体的试验组。该结果揭示，电子穿梭体可以促进 PCP 向低氯产物转化，使 PCP 脱去更多的氯原子。主要的原因在于电子穿梭体在获得电子后其氧化还原电势下降，具有较强的还原能力，在 Fe(Ⅲ) 还原条件下可以更为有效地促进 PCP 及其还原中间产物的深度脱氯。

　　堆肥胡敏酸实验组 PCP 还原量低于 AQDS 对照组，表明相比于其他氧化还原功能基团，醌基团对 PCP 还原转化具有更好的效果。但堆肥胡敏酸实验组中 4-氯苯酚含量高于 AQDS 对照组，表明除醌类基团外，堆肥胡敏酸所富含的其他电子转移功能基团对 PCP 同样具有还原转化作用且非醌基团更有利于 PCP 深度脱氯[16]。潜在的原因是堆肥胡敏酸氧化还原基团组成丰富，氧化还原电势范围广泛，电子转移功能基团在接受电子后其氧化还原电势进一步降低，具有较强的还原能力，可促进 PCP 及其中间产物向 4-氯苯酚转化[17]。

堆肥不同阶段胡敏酸在 Fe_2O_3 还原条件下促进 PCP 还原脱氯功能存在差异，在添加堆肥前期胡敏酸样品的实验组中，高氯代还原产物如 2,4,5-三氯苯酚、2,6-二氯苯酚和 2,4-二氯苯酚检出量较高而低氯代产物如 4-氯苯酚检出量较低，表明堆肥前期胡敏酸中含有的电子转移功能基团氧化还原电势较高，对 PCP 深度脱氯能力较弱。而在堆肥中期、后期胡敏酸实验组中，高氯代产物检出量较低而低氯代苯酚产物检出浓度较高，表明堆肥中期、后期胡敏酸可以更为有效地促进 PCP 的深度脱氯。

6.1.2　堆肥不同阶段胡敏酸 Fe_3O_4 还原条件促进五氯苯酚还原脱氯

堆肥胡敏酸在 Fe_3O_4 还原条件下促进 PCP 还原脱氯能力与在 Fe_2O_3 还原条件下不同，如图 6-2 所示，堆肥前期胡敏酸在 Fe_3O_4 还原条件下对 PCP 的还原转化能力整体低于 MR-1 对照组，表明堆肥前期胡敏酸在 Fe_3O_4 还原条件下未有效促进 PCP 还原脱氯。潜在的原因是堆肥前期胡敏酸与 Fe(Ⅱ) 形成的 Fe(Ⅱ)-胡敏酸螯合物并不具备有

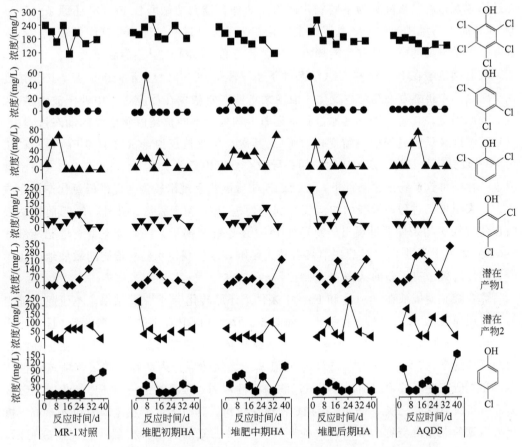

图 6-2　堆肥不同阶段胡敏酸 Fe_3O_4 还原条件下促进 PCP 还原脱氯图

效的 PCP 还原能力。与之相反，这些低腐殖化程度的胡敏酸通过与 Fe_3O_4 环境中 Fe(Ⅱ) 的结合反而消耗了 Fe(Ⅱ)，阻碍反应体系中有效 Fe(Ⅱ)-胡敏酸螯合体的形成，进而抑制了 PCP 的还原转化。

堆肥胡敏酸 Fe_3O_4 还原条件下促进 PCP 还原脱氯能力整体低于 AQDS，该结果进一步证实醌基团是促进 PCP 还原转化的重要基团。此外，在 AQDS 反应体系中，2,4,5-三氯苯酚未检出，其余 5 种化合物均有较高浓度检出，表明 AQDS 在 Fe_3O_4 还原条件下可逐步还原 PCP。堆肥后期胡敏酸在 Fe_3O_4 还原条件下促进 PCP 还原降解能力与 AQDS 较为相似，在其反应过程中 2,4,5-三氯苯酚检出频次较低，而其余 5 产物检出频次和浓度均较高，但 4-氯苯酚检出浓度低于 AQDS。该结果揭示，堆肥后期胡敏酸醌基含量增高，可以更为有效地促进 PCP 的还原转化，但胡敏酸分子结构复杂，单位碳醌基含量低于 AQDS，因此对 PCP 的还原脱氯效果也低于 AQDS[17]。此外，对比堆肥不同阶段胡敏酸在 Fe_3O_4 还原条件下促进 PCP 还原脱氯特性发现，堆肥中期胡敏酸对 PCP 的还原转化能力整体高于堆肥前期和后期，但 PCP 还原中间产物检出频次和浓度却随堆肥进行呈上升趋势。该结果表明，堆肥过程胡敏酸结构演变有利于 PCP 多元脱氯，同时揭示堆肥后期胡敏酸电子转移功能基团电势分布较为均匀，致使 PCP 在还原脱氯过程中被降解为不同氯代产物。此外，堆肥胡敏酸在 Fe_3O_4 还原条件下还原 PCP 能力与堆肥胡敏酸醌基团含量变化较为一致，进一步证实醌基团是堆肥过程胡敏酸分子中重要的电子转移功能基团，其含量高低将影响 PCP 还原脱氯效率。

堆肥胡敏酸在 Fe_2O_3 和 Fe_3O_4 条件下还原转化 PCP 试验显示，PCP 及其产物浓度在反应过程中虽然存在趋势性变化，但绝大多数产物浓度在反应过程中处于波动状态。可能的原因是，首先，PCP 还原过程中还原产物处于不断被还原和生成的动态过程中，导致其浓度在反应过程中不断变化[18,19]。其次，异化铁还原菌 MR-1 和 Fe(Ⅲ) 矿物对 PCP 及其产物具有一定的吸附作用，导致在测定中部分 PCP 及其降解产物未被全部测定。在两种铁矿物还原条件下，堆肥后期胡敏酸均呈现出较强的促进低氯代产物生成能力，表明堆肥过程胡敏酸结构演变有利于促进 PCP 深度脱氯。此外，堆肥前期胡敏酸在两种铁矿物条件下呈现出的差异性 PCP 还原能力揭示，铁矿物类型对堆肥胡敏酸 Fe(Ⅲ) 条件下促进 PCP 还原脱氯具有较大影响，该发现使我们对堆肥胡敏酸地球化学行为和环境效应有了新的认识。

综合堆肥胡敏酸在 Fe_2O_3 和 Fe_3O_4 条件下还原转化 PCP 试验结果，本研究对堆肥胡敏酸还原转化 PCP 路径进行解析。如图 6-3 所示，PCP 在堆肥胡敏酸、Fe(Ⅲ) 矿物和 Fe(Ⅲ) 还原菌共同作用下先脱去一个氯原子转化为四氯苯酚，理论上存在 4 种潜在的四氯苯酚产物[20-24]，其中 2,3,4,6-四氯苯酚为氯酚混标内产物。四氯苯酚疏水性较强，在本研究中未被检测到，表明该产物稳定性较弱，极易被进一步还原转化。四氯苯酚进一步脱氯形成三氯苯酚，它存在 6 种潜在结构，其中 2,4,5-三氯苯酚和 2,4,6-三氯苯酚为氯酚混标内产物。本试验仅检测到 2,4,5-三氯苯酚 1 种三氯产物。研究显示，PCP 不同位置脱氯所需能量存在差异[19-21]。在本研究中，2,4,5-三氯苯酚在所有试验组

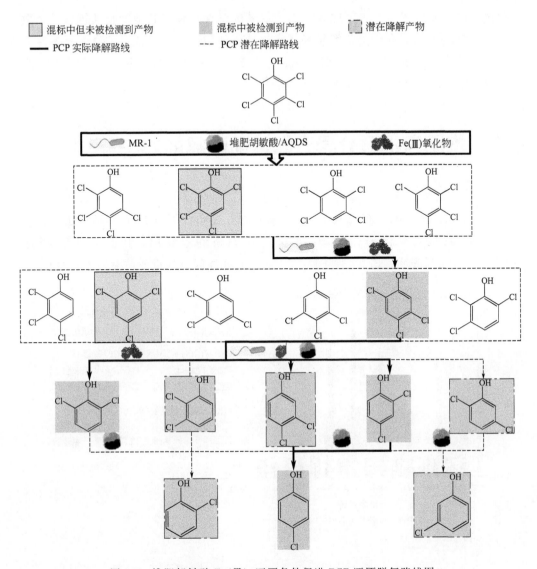

图 6-3　堆肥胡敏酸 Fe(Ⅲ) 还原条件促进 PCP 还原脱氯路线图

中均被检测出，表明堆肥胡敏酸优先取代邻位氯原子，这与天然胡敏酸较为类似[20]。三氯苯酚再脱去 1 个氯原子形成二氯苯酚，二氯苯酚具有较强的亲水性，共有 5 种结构，其中 2,6-二氯苯酚和 2,4-二氯苯酚为氯酚混标内产物。在 PCP 还原过程中，2,6-二氯苯酚和 2,4-二氯苯酚均被检测到，同时还检测到其余亲水性与二氯苯酚较为接近的两种产物，它们占 PCP 还原产物的 7%～10%。二氯苯酚进一步脱氯形成氯苯酚，存在 3 种结构，其中以 4-氯苯酚亲水性最弱，但 4-氯苯酚是本实验中亲水性最强的 PCP 还原产物，揭示其余两种一氯苯酚产物未被生成。堆肥胡敏酸在 Fe(Ⅲ) 还原条件下可以有效地促进 PCP 向二氯和一氯产物转化，证实堆肥胡敏酸所含电子转移功能基团具有较强的还原能力，可有效促进 PCP 还原脱氯。此外，氯酚的毒性受氯原子个数和取代位置影响，其中氯原子在 2-位置的毒性较其他酚类弱。毒性作用随着 3-、4-、5-

位置被氯原子取代而增加，因此3,4,5-三氯苯酚毒性最强，其他产物随氯原子个数增加其毒性增强[22-24]。我们的研究结果揭示，堆肥胡敏酸在Fe(Ⅲ)矿物还原条件下将PCP还原转化为低毒性的2,4-二氯苯酚、2,6-二氯苯酚和4-氯苯酚，这对于PCP脱氯脱毒和矿化稳定具有重要意义。

6.2 堆肥有机质介导五氯苯酚降解能力

堆肥胡敏酸和MR-1在没有Fe(Ⅲ)氧化物存在条件下对PCP不具备还原脱氯能力，而当Fe(Ⅲ)氧化物存在即Fe(Ⅲ)还原条件存在时，PCP发生还原脱氯（图6-4）。该结果表明，Fe(Ⅲ)还原条件是PCP还原脱氯的重要前提。主要的原因是，

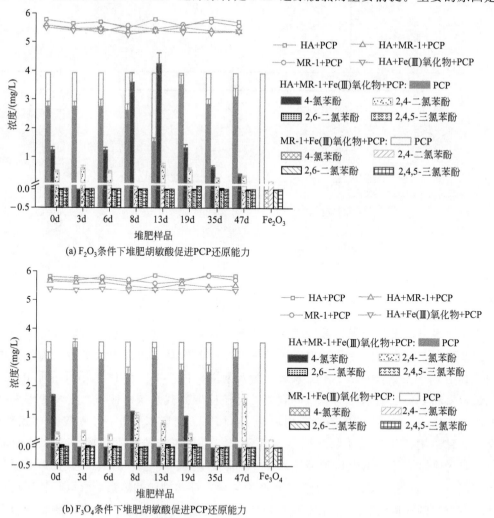

(a) F₂O₃条件下堆肥胡敏酸促进PCP还原能力

(b) F₃O₄条件下堆肥胡敏酸促进PCP还原能力

图6-4 堆肥胡敏酸Fe(Ⅲ)还原条件促进五氯苯酚还原脱氯能力

Fe(Ⅲ) 还原生成的 Fe(Ⅱ) 对 PCP 具有激发还原作用[19-23]。Fe(Ⅲ) 还原释放 Fe(Ⅱ)，这些 Fe(Ⅱ) 以多种形态存在于反应体系中，如溶解态和矿物表面态，它们都具有反应活性，可以与胡敏酸结合形成 Fe(Ⅱ)-胡敏酸络合物促进 PCP 还原转化[23-25]。

堆肥胡敏酸 Fe(Ⅲ) 还原条件促进五氯苯酚（PCP）还原脱氯能力实验显示，8 个堆肥胡敏酸样品在 Fe(Ⅲ) 还原条件下促进 PCP 还原能力和还原产物含量均存在差异。如图 6-4(a) 所示，堆肥中期胡敏酸样品 Fe_2O_3 还原条件下 PCP 还原能力高于堆肥前期和后期，表明堆肥中期胡敏酸更有利于促进 PCP 在 Fe_2O_3 还原条件下还原脱氯。此外，堆肥前期胡敏酸在静置反应 30d 后对 PCP 的还原能力高于堆肥后期，而堆肥后期胡敏酸 Fe_2O_3 还原条件下 PCP 还原能力最低。结合堆肥胡敏酸微生物还原 ETC 以及 Fe(Ⅲ) 矿物还原能力我们推断，堆肥胡敏酸促进 PCP Fe(Ⅲ) 还原条件还原脱氯能力呈现堆肥中期＞前期＞后期的结果，主要归因于堆肥胡敏酸具有电子转移和供体双重功能。堆肥前期胡敏酸（0～6d）电子供体功能更为突出，在还原反应过程中可以产生更多的电子用于还原 PCP，但其 ETC 较低，导致其电子传递效率受限，呈现出居中的促进 PCP 还原脱氯能力。堆肥中期胡敏酸（8～13d）电子转移和电子供体功能较为平衡，反应过程中 Fe(Ⅲ) 还原菌降解堆肥胡敏酸产生的电子可以有效地传递到 PCP 分子中促进其还原脱氯，进而呈现出最高的 PCP 还原能力。堆肥后期胡敏酸由于电子供体功能较弱，使反应体系中可传递电子量不足，限制了 PCP 还原脱氯[16,17]。

堆肥胡敏酸 Fe_3O_4 还原条件下 PCP 还原能力变化趋势与 Fe_2O_3 条件存在一定差异，其中堆肥第 8 天和第 13 天胡敏酸样品 PCP 还原能力较强，所对应的还原产物以 4-氯苯酚和 2,4-二氯苯酚为主。堆肥起始胡敏酸样品（0d）与堆肥末期胡敏酸样品（47d）具有较为接近的 PCP 还原能力，但 PCP 还原产物却存在较大差异，堆肥起始胡敏酸样品（0d）实验组中 4-氯苯酚含量显著高于堆肥其他胡敏酸样品实验组，而堆肥末期胡敏酸样品（47d）实验组中 2,4-二氯苯酚含量显著高于其他堆肥胡敏酸样品实验组 [图 6-4(b)]。该结果揭示，Fe(Ⅲ) 矿物类型对堆肥胡敏酸促进 PCP 还原脱氯具有重要影响，主要原因是 Fe(Ⅲ) 矿物晶体结构和表面积影响 Fe(Ⅲ) 还原菌对其的还原能力以及还原产生的 Fe(Ⅱ) 的赋存形态，进而影响 PCP 还原脱氯。

对比堆肥胡敏酸两种 Fe(Ⅲ) 还原条件下 PCP 及其还原产物含量发现，Fe_2O_3 对照组 PCP 含量整体高于 Fe_3O_4 对照组，表明 Fe_2O_3 矿物对 PCP 吸附作用大于 Fe_3O_4，这主要归因于两者晶体结构和表面积差异[15-20]。此外，在 Fe_2O_3 条件下，4-氯苯酚是其反应体系中最为主要的 PCP 还原产物且其浓度高于 Fe_3O_4 还原条件。而在 Fe_3O_4 反应体系中，2,4-二氯苯酚平均浓度高于 4-氯苯酚，且在多个胡敏酸反应体系中均有检出，证明 2,4-二氯苯酚是 Fe_3O_4 反应体系中重要的 PCP 还原产物。该结果揭示，Fe(Ⅲ) 矿物类型对 PCP 还原具有重要影响。此外，反应液中可利用 Fe(Ⅱ) 浓度同样对 PCP 还原转化具有潜在影响[22]。

6.3　堆肥有机质Fe(Ⅲ)还原能力对五氯苯酚还原脱氯能力的影响

　　堆肥胡敏酸 Fe(Ⅲ) 还原能力对 PCP 还原具有潜在影响,本研究测定 PCP 还原脱氯结束时反应液 Fe(Ⅱ) 浓度表征堆肥有机质 Fe(Ⅲ) 还原能力,分析研究 Fe(Ⅱ) 浓度对 PCP 还原脱氯影响。试验结果显示,Fe_2O_3 还原条件下堆肥后期胡敏酸实验组中 Fe(Ⅱ) 浓度显著高于堆肥前期实验组,其中以堆肥第 19 天样品最高 [图 6-5(a)]。Fe_3O_4 还原条件下堆肥中期实验组反应液 Fe(Ⅱ) 浓度显著高于堆肥前期和后期实验组 [图 6-5(b)]。相关性分析显示 (表 6-1),Fe_2O_3 还原条件下反应液 Fe(Ⅱ) 浓度与 2,4,5-三氯苯酚浓度呈显著正相关关系,表明 Fe(Ⅱ) 有助于激发堆肥胡敏酸 PCP 还原脱氯形成 2,4,5-三氯苯酚,证明 Fe(Ⅲ) 还原作用有助于 PCP 还原转化。但 2,4,5-三氯

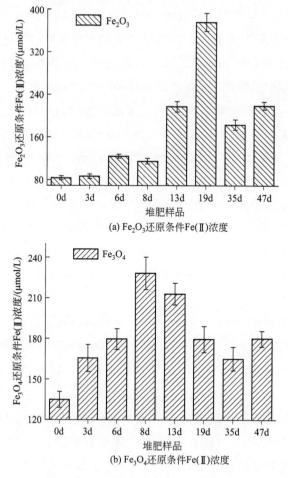

(a) Fe_2O_3 还原条件 Fe(Ⅱ) 浓度

(b) Fe_3O_4 还原条件 Fe(Ⅱ) 浓度

图 6-5　PCP 还原反应 Fe(Ⅱ) 浓度

苯酚在 PCP 还原产物中占比较低，其余产物并未与反应体系中的 Fe(Ⅱ) 浓度呈现出显著的正相关关系。此外在 Fe_3O_4 还原条件下 Fe(Ⅱ) 浓度也未与 PCP 及其产物浓度呈现显著相关关系，揭示 Fe(Ⅱ) 浓度不是影响堆肥胡敏酸在 Fe(Ⅲ) 还原条件下促进 PCP 还原的唯一影响因素，其他因素如堆肥胡敏酸电子转移功能基团组成、极性以及分子量等均对 PCP 还原具有潜在的影响[16,17]。

表 6-1 Fe(Ⅱ) 浓度与 PCP 及其还原产物浓度相关性分析

产物	4-氯苯酚	2,4-二氯苯酚	2,6-二氯苯酚	2,4,5-三氯苯酚	PCP
Fe_2O_3 还原条件 Fe(Ⅱ)浓度	0.066	0.224	0.031	0.830①	0.340
Fe_3O_4 还原条件 Fe(Ⅱ)浓度	0.156	−0.206	0.253	0.256	0.234

① 表示显著相关，$P < 0.05$。

6.4 堆肥有机质结构对五氯苯酚还原脱氯的影响

6.4.1 堆肥有机质醌基结构对五氯苯酚还原脱氯的影响

堆肥胡敏酸电子转移特性主要源于其结构中含有的电子转移功能基团，本研究证实醌基团模板物 AQDS 在 Fe(Ⅲ) 还原条件下对 PCP 具有较好的促进还原作用（图 6-1 和图 6-2）。因此，醌基团作为堆肥胡敏酸重要的氧化还原功能基团对 PCP 还原转化具有潜在影响。本研究借助相关性分析研究堆肥过程胡敏酸醌基团含量变化对 PCP 还原的影响。研究发现堆肥过程醌基团含量变化与 Fe(Ⅲ) 还原条件下 PCP 及其产物浓度未呈显著相关性，但与 Fe_2O_3 还原条件下 Fe(Ⅱ) 浓度呈现显著相关性而与 Fe_3O_4 还原条件下 Fe(Ⅱ) 浓度仅呈现正相关关系（图 6-6），表明堆肥胡敏酸醌基团对 Fe_2O_3 具有较好的促进还原作用，但它并不是 Fe(Ⅲ) 还原条件下促进 PCP 还原转化的唯一基团，堆肥胡敏酸的其他功能基团或组分对 PCP 还原转化同样具有重要影响[16,17]。Fe_3O_4 由于其晶体结构、铁价态分布以及矿物表面积等均与 Fe_2O_3 存在较大差异，导致堆肥胡敏酸醌基团不是 Fe_3O_4 还原条件 PCP 还原脱氯的主要基团[17]。

堆肥胡敏酸芳香结构与醌基结构相似，作为堆肥胡敏酸重要的功能性组分，堆肥胡敏酸芳香结构仅与 Fe_2O_3 还原条件下 Fe(Ⅱ) 浓度呈现显著正相关关系，而与 Fe_2O_3 还原条件下 PCP 及其还原产物浓度均未呈现显著相关性，表明堆肥胡敏酸中芳香结构并不是堆肥胡敏酸促进 PCP 还原的重要功能组分。此外，堆肥胡敏酸芳香结构在 Fe_3O_4 还原条件下与 Fe(Ⅱ) 浓度及 PCP 和 PCP 产物浓度均未呈现显著相关性，进一步揭示堆肥胡敏酸芳香性结构不是 PCP 还原转化的有效功能结构。潜在的原因是，堆肥胡敏酸结构复杂，富含醌基和芳香结构的组分种类较多，其理化性质也各有不同，影响其电子转移功能的发挥。如果将醌基结构和芳香性结构作为整体与 PCP 及其还原产

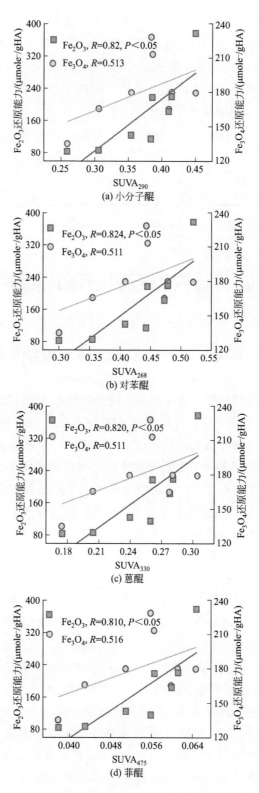

图 6-6　堆肥过程胡敏酸醌基结构变化与 PCP 及其还原产物相关性分析

物进行分析，将掩盖真正具有 PCP 还原功能的组分。因此，需要借助其他手段将堆肥胡敏酸电子转移功能性组分按其他理化性质进行更为细致的分类，识别其中的 PCP 还原转化功能组分，解析影响堆肥胡敏酸 Fe(III) 还原条件还原转化 PCP 的因素。

6.4.2 堆肥有机质极性对 Fe(III) 矿物还原条件五氯苯酚还原脱氯能力的影响

堆肥胡敏酸极性影响其在水溶液中的赋存形态，对其电子转移功能具有潜在影响。但堆肥胡敏酸结构复杂，包含多种具有不同理化性质的组分，这些组分的结构和性质在堆肥过程中也不断变化。常规光谱方法较难准确识别堆肥胡敏酸中具有相似光谱性质但其他理化性质存在差别的有机组分。本研究通过引入 RP-HPLC（反相高效液相色谱）和 HPSEC（排阻色谱）对堆肥胡敏酸中不同极性及分子量组分进行鉴定与分析，识别了堆肥胡敏酸不同极性组分组成及光谱特征。本节基于堆肥过程胡敏酸 RP-HPLC 测定结果，开展堆肥过程胡敏酸极性对促进 PCP 在 Fe(III) 还原条件下还原脱氯影响的研究。

RP-HPLC 显示堆肥胡敏酸包含 3 种具有不同极性的芳香/醌基结构体。相关性分析显示，在 Fe_2O_3 还原条件下，2,4-二氯苯酚含量与堆肥胡敏酸含芳香/醌基结构呈负相关关系，并与堆肥胡敏酸强疏水芳香结构（RP-HPLC 保留时间为 3.55min）呈现显著负相关关系，揭示堆肥胡敏酸强疏水芳香结构不利于 PCP 在 Fe_2O_3 还原条件下的还原脱氯。此外，堆肥胡敏酸强亲水含芳香/醌基结构与 4-氯苯酚呈现正相关关系。在 PCP 还原产物中 4-氯苯酚含量高于 2,4-二氯苯酚，揭示堆肥胡敏酸强亲水醌基/芳香结构对 PCP 还原脱氯具有促进作用，同时反映堆肥胡敏酸其他结构组分对 PCP 还原同样具有影响。堆肥胡敏酸在 Fe_3O_4 还原条件下其富含的芳香/醌基结构与 PCP 及其产物均未呈现出显著相关性，证实 Fe(III) 矿物类型对堆肥胡敏酸促进 PCP 还原转化具有影响。

类似于堆肥胡敏酸含芳香/醌基结构，堆肥胡敏酸部分荧光组分与 PCP 及其还原产物浓度呈现出显著相关关系。在 Fe_2O_3 还原条件下，4-氯苯酚浓度与堆肥胡敏酸亲水性组分 [$E_x/E_m = 270nm/475nm$，3.61min（保留时间）；$E_x/E_m = 375nm/440nm$，2.14min；$E_x/E_m = 375nm/440nm$，2.50min] 呈现显著正相关性（$P < 0.05$），表明堆肥胡敏酸分子中亲水的 E_m 波长段（430～480nm）胡敏酸类组分对 PCP 还原具有较为显著的促进作用，其中特征波长为 $E_x/E_m = 375nm/440nm$ 的组分荧光强度随堆肥进行其含量逐步升高，揭示堆肥中期、后期形成的胡敏酸类组分是堆肥胡敏酸重要的 PCP 还原转化功能组分，该类组分由多个具有不同极性的亚组分所组成，而其中强亲水组分具有显著的促 PCP 还原转化功能。Fe_3O_4 还原条件下堆肥胡敏酸亲水组分均与 PCP 及其产物呈现出负相关关系，其中疏水的 $E_x/E_m = 450nm/215nm$ 组分与 PCP 浓度呈现显著负相关关系，揭示堆肥胡敏酸疏水组分不利于 PCP 还原脱氯，进一步指明堆肥胡敏酸极性对 PCP 还原同样具有重要影响。

堆肥胡敏酸不同极性组分与 PCP 及其还原产物浓度相关性分析结果显示，堆肥胡敏酸极性对 PCP 还原转化具有重要影响，潜在的原因包括以下几个方面：首先，堆肥胡敏酸极性影响胡敏酸水溶性，而电子传递在溶液相中的速率远高于其他相，因此堆肥胡敏酸分子中亲水的组分可以较为有效地介导 PCP 还原转化。其次，堆肥胡敏酸极性影响其在水溶液中的赋存形态，而堆肥胡敏酸形态将影响其与 Fe(Ⅱ) 结合作用，影响 PCP 还原转化[25-27]。再次，胡敏酸极性将影响胞外呼吸菌对其电子传递效率，堆肥胡敏酸接受电子主要通与胞外呼吸菌接触获得，而胞外呼吸菌表面含有多种电子传递功能蛋白，这些蛋白具有特异性极性，只有堆肥胡敏酸极性与细菌表面功能性蛋白相接近时胞外呼吸菌才可有效地还原堆肥胡敏酸，使其发挥电子传递功能[23,25-27]。

6.4.3 堆肥有机质分子量对 Fe(Ⅲ) 矿物还原条件五氯苯酚还原脱氯能力的影响

近几年研究显示，胡敏酸分子量对其电子转移功能具有影响[17]。因此，本研究借助 HPSEC 对堆肥过程胡敏酸不同分子量组分进行解析，并通过相关性分析识别堆肥胡敏酸不同分子量组分在 Fe(Ⅲ) 还原条件下对 PCP 还原脱氯的影响。

堆肥胡敏酸包含 3 种不同分子量含醌基/芳香结构，但它们均未与 PCP 及其还原产物呈现出显著相关性，进一步揭示堆肥醌基/芳香结构不是堆肥胡敏酸分子中唯一电子转移功能结构。同时我们发现在堆肥胡敏酸不同分子量荧光组分中存在与 PCP 及其产物具有显著相关性的组分。堆肥胡敏酸 $E_x/E_m = 475nm/275nm$ 特征波长下共存在 3 种具有不同分子量的组分，其中小分子量（保留时间为 9.63min）与 Fe_2O_3 还原条件下 PCP 及 3 种产物（除 2,4-二氯苯酚）均呈现负相关关系且与产物 2,6-二氯苯酚呈现显著负相关关系。该结果表明，堆肥胡敏酸分子量对其 Fe_2O_3 还原条件下 PCP 还原转化具有影响，其中小分子量组分不利于 PCP 在 Fe_2O_3 还原条件下还原脱氯。但与其形成鲜明对比的是，堆肥胡敏酸小分子量组分（$E_x/E_m = 475nm/275nm$）在 Fe_3O_4 还原条件下与 PCP 及其大多数产物浓度（除 4-氯苯酚）均呈现正相关关系且该组分与 PCP 浓度呈显著正相关关系，表明堆肥胡敏酸小分子量氧化还原功能组分在 Fe_3O_4 还原条件下更有利于促进 PCP 的还原脱氯。相同堆肥胡敏酸荧光特性组分在两种 Fe(Ⅲ) 还原条件下呈现出的差异性 PCP 还原脱氯功能再次证明 Fe(Ⅲ) 矿物类型影响堆肥胡敏酸电子传递功能的发挥。

结合堆肥过程胡敏酸极性和分子量变化以及 Fe(Ⅲ) 还原条件促进 PCP 还原转化特征，我们总结堆肥胡敏酸 Fe(Ⅲ) 还原条件促进 PCP 还原脱氯机制如下（图 6-7）：堆肥胡敏酸在 Fe(Ⅲ) 还原条件下接受 Fe(Ⅲ) 还原菌（MR-1）传递的电子自身转化为还原状态，在这些还原态电子转移功能组分中，强亲水和大分子量组分对 Fe_2O_3 具有较好的促进还原作用，Fe_2O_3 还原释放的 Fe(Ⅱ) 与堆肥胡敏酸强亲水和大分子量组分形成 Fe(Ⅱ)-胡敏酸络合物，促进 PCP 在 Fe_2O_3 还原条件下的还原脱氯。但 Fe_3O_4 与

Fe_2O_3 形成鲜明对比，堆肥胡敏酸中小分子量组分对 Fe_3O_4 具有较好的还原作用，并可以与 Fe(Ⅱ) 形成 Fe(Ⅱ)-胡敏酸络合物，促进 PCP 在 Fe_3O_4 还原条件下的还原脱氯。

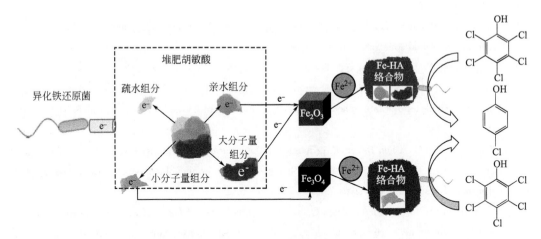

图 6-7　堆肥胡敏酸对 Fe(Ⅲ) 还原条件下促进 PCP 还原脱氯示意

参 考 文 献

[1]　Xu Y，He Y，Feng X，et al. Enhanced abiotic and biotic contributions to dechlorination of penta-chlorophenol during Fe(Ⅲ) reduction by an iron-reducing bacterium Clostridium beijerinckii Z. Science of the Total Environment，2014，473-474（3）：215-223.

[2]　Shahpoury P，Hageman K J，Matthaei C D，et al. Chlorinated pesticides in stream sediments from organic，integrated and conventional farms. Environmental Pollution，2013，181（181C）：219-225.

[3]　Xiao K，Zhao X，Liu Z，et al. Polychlorinated dibenzo-*p*-dioxins and dibenzofurans in blood and breast milk samples from residents of a schistosomiasis area with Na-PCP application in China. Chemosphere，2010，79（7）：740-744.

[4]　Zhang C，Zhang D，Xiao Z，et al. Characterization of humins from different natural sources and the effect on microbial reductive dechlorination of pentachlorophenol. Chemosphere，2015，131（4）：110-116.

[5]　Zhang C，Suzuki D，Li Z，et al. Polyphasic characterization of two microbial consortia with wide dechlorination spectra for chlorophenols. Journal of Bioscience and Bioengineering，2012，114（5）：512-517.

[6]　Zhang C，Zhang D，Li Z，et al. Insoluble Fe-humic acid complex as a solid-phase electron media-tor for microbial reductive dechlorination. Environmental Science and Technology，2014，48（11）：6318-6325.

[7]　Dabo P，André Cyr，Laplante F，et al. Electrocatalytic dehydrochlorination of pentachlorophenol to phenol or cyclohexanol. Environmental Science and Technology，2000，34（7）：1265-1268.

[8]　Khodadoust A P，Suidan M T，And G A S，et al. Desorption of pentachlorophenol from soils

using mixed solvents. Environmental Science and Technology，1999，33（24）：4483-4491.

[9]　Zheng W，Wang X，Yu H，et al. Global trends and diversity in pentachlorophenol levels in the environment and in humans：a meta-analysis. Environmental Science and Technology，2011，45（11）：4668-4675.

[10]　Wang W，Wang S，Zhang J，et al. Degradation kinetics of pentachlorophenol and changes in anaerobic microbial community with different dosing modes of co-substrate and zero-valent iron. International Biodeterioration and Biodegradation，2015，113（9）：126-133.

[11]　Limam I，Limam R D，Mezni M，et al. Penta-and 2，4，6-tri-chlorophenol biodegradation during municipal solid waste anaerobic digestion. Ecotoxicology and Environmental Safety，2016，130：270-278.

[12]　Chen M，Liu C，Chen P，et al. Dynamics of the microbial community and Fe(Ⅲ) -reducing and dechlorinating microorganisms in response to pentachlorophenol transformation in paddy soil. Journal of Hazardous Materials，2016，312：97-105.

[13]　Ololade O O，Ololade I A，Ajayi O O，et al. Interactive influence of Fe-Mn and organic matter on pentachlorophenol sorption under oxic and anoxic conditions. Journal of Environmental Chemical Engineering，2016，4（2）：1899-1909.

[14]　Peng Y，Chen J，Lu S，et al. Chlorophenols in municipal solid waste incineration：a review. Chemical Engineering Journal，2016，292：398-414.

[15]　Ratasuk N，Nanny M A. Characterization and quantification of reversible redox sites in humic substances. Environmental Science and Technology，2007，41（22）：7844-7850.

[16]　Yuan Y，Tan W，He X，et al. Heterogeneity of the electron exchange capacity of kitchen waste compost-derived humic acids based on fluorescence components. Analytical and Bioanalytical Chemistry，2016，408（27）：7825-7833.

[17]　Yuan Y，Xi B，He X，et al. Compost-derived humic acids as regulators for reductive degradation of nitrobenzene. Journal of Hazardous Materials 2017，339：378-384.

[18]　Mcallister K A，Lee H，Trevors J T. Microbial degradation of pentachlorophenol. Biodegradation，1996，7（1）：1-40.

[19]　Jaacks L M，Staimez L R. Association of persistent organic pollutants and non-persistent pesticides with diabetes and diabetes-related health outcomes in Asia：a systematic review. Environment International，2015，76：57-70.

[20]　Ross D E，Brantley S L，Tien M. Kinetic characterization of OmcA and MtrC，terminal reductases involved in respiratory electron transfer for dissimilatory iron reduction in *Shewanella oneidensis* MR-1. Applied and Environmental Microbiology，2009，75（16）：5218-5226.

[21]　Myers C R，Myers J M. Cloning and sequence of cymA，a gene encoding a tetraheme cytochrome c required for reduction of iron（Ⅲ），fumarate，and nitrate by Shewanella putrefaciens MR-1. Journal of Bacteriology，1997，179（4）：1143-1152.

[22]　Ross D E，Ruebush S S，Brantley S L，et al. Characterization of protein-protein interactions involved in iron reduction by *Shewanella oneidensis* MR-1. Applied and Environmental Microbiology，2007，73（18）：5797-5808.

［23］ Hawthorne F C，Krivovichev S V，Burns P C. The crystal chemistry of sulfate minerals. Reviews in Mineralogy and Geochemistry，2000，40（1）：1-112.

［24］ Palmer N E，Freudenthal J H，Wandruszka R. Reduction of arsenates by humic materials. Environmental Chemistry，2006，3（2）：131-136.

［25］ Skogerboe R K，Wilson S A. Reduction of ionic species by fulvic acid. Analytical Chemistry，1981，53（2）：228-232.

［26］ Meunier L，Laubscher H，Hug S J，et al. Effects of size and origin of natural dissolved organic matter compounds on the redox cycling of iron in sunlit surface waters. Aquatic Sciences，2005，67（3）：292-307.

［27］ Wittbrodt P R，Palmer C D. Reduction of Cr（Ⅵ）in the presence of excess soil fulvic acid. Environmental Science and Technology，1995，29（1）：255-263.

第7章

7 堆肥有机质电子转移促进土壤五氯苯酚降解

7.1 堆肥有机质介导土壤中五氯苯酚还原脱氯特性

为验证堆肥胡敏酸对水稻土体系中 PCP 去除效果，本节设计堆肥胡敏酸促进水稻土体系中 PCP 还原实验，共包含 16 个组别，分为 4 大类，即去腐植酸土壤组、去腐植酸无菌土壤添加堆肥胡敏酸组、无菌水稻土添加堆肥胡敏酸组和原样水稻土添加堆肥胡敏酸组。分别测定 4 大类实验组中上清液、固液界面和水稻土中 PCP 及其还原产物浓度，旨在探明堆肥胡敏酸促进水稻土体系中 PCP 还原脱氯能力及还原产物分布特性。

7.1.1 上清液中五氯苯酚及其还原产物分布特征

去腐植酸土壤实验组包含 4 个组别，即去腐植酸无菌土壤＋PCP、去腐植酸无菌土壤＋土壤菌悬液＋PCP、去腐植酸无菌土壤＋MR-1＋PCP 和原样水稻土＋PCP。如图 7-1 所示，在去腐植酸无菌土壤实验组上清液中，4 个土壤样品均有 PCP 检出，但其含量在不同土壤样品间存在差异，推断这主要与土壤矿物结构有关[1-9]。当去腐植酸土壤中添加各自对应的菌悬液后，上清液中 PCP 降解产物检出种类和含量均有所增加且 4 种水稻土上清液中 PCP 检出量有所降低，揭示土壤中赋存的微生物对 PCP 具有吸附吸收作用和还原转化功能，导致上清液中 PCP 检出浓度降低，还原产物种类和浓度升高。对比于土壤菌悬液实验组，去腐植酸土壤＋MR-1 实验组上清液 PCP 及其还原产物种类和检出浓度有所降低，表明相比于土壤菌悬液，MR-1 的 PCP 还原转化功能较为单一，还原转化 PCP 能力有限。原样水稻土实验组上清液 PCP 产物种类多于去除腐植酸土壤，揭示土壤中赋存的腐植酸有助于 PCP 还原转化，有利于 PCP 及其还原产物的释放和迁移。

对比于去腐植酸土壤实验组，去腐植酸无菌土壤＋堆肥胡敏酸/AQDS（蒽醌-2,6-二磺酸盐）＋MR-1 实验组上清液中 PCP 及其还原产物检出种类和浓度均有所降低，其中 PCP 还原产物检出浓度降低显著，仅在 AQDS 子体系中检出 2,4,5-三氯苯酚（图 7-2），

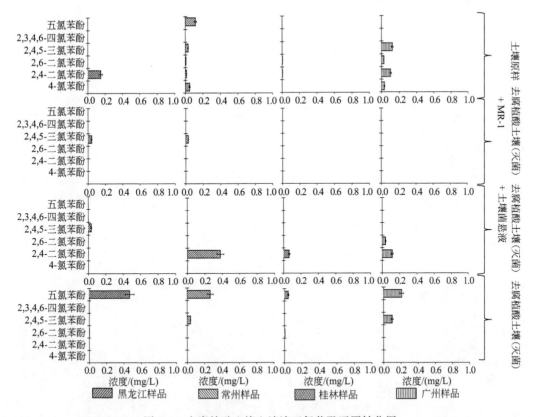

图 7-1　去腐植酸土壤上清液五氯苯酚还原转化图

表明堆肥胡敏酸对 PCP 及其还原产物具有较强的固定作用，可能的原因是堆肥胡敏酸与除去腐植酸的土壤矿物相结合所形成的土壤矿物-胡敏酸物质对 PCP 及其还原产物具有更强的吸附作用，导致 PCP 及其还原产物难于向上清液中释放[10-14]。

在添加堆肥前期胡敏酸实验组的上清液中，黑龙江水稻土和常州水稻土实验组有 PCP 检出，其中黑龙江水稻土样品在添加堆肥前期胡敏酸实验组中 PCP 检出浓度最高，表明堆肥前期胡敏酸更有利于黑龙江水稻土释放 PCP。而随堆肥的进行，堆肥中、后期胡敏酸样品对于黑龙江水稻土矿物 PCP 的吸附作用进一步增强，表明堆肥中、后期胡敏酸对黑龙江水稻土样品具有增强 PCP 吸附作用。常州与桂林实验组上清液 PCP 浓度与黑龙江实验组形成鲜明对比（图 7-2），揭示土壤类型对堆肥胡敏酸促进 PCP 还原转化和产物分布具有影响[15,16]。此外，在去除腐植酸无菌土壤实验组中，MR-1 是唯一的微生物，结合其在去腐植酸土壤实验组中的结果发现（图 7-1），MR-1 的存在同样降低了 PCP 及其产物的检出浓度，表明 MR-1 对 PCP 同样具有吸附和促进还原作用。但考虑上清液中菌体浓度较低，对 PCP 及其产物吸附影响较弱，推断堆肥胡敏酸是影响土壤矿物对 PCP 及其产物吸附解析的重要因素。

对比于前 2 个实验组，无菌原样水稻土＋堆肥胡敏酸/AQDS＋MR-1 实验组上清液中 PCP 及其产物浓度显著上升，且低氯代产物如 4-氯苯酚和 2,4-二氯苯酚被检出且 4-

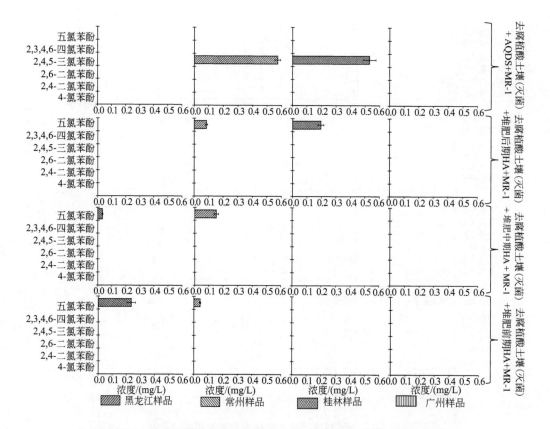

图 7-2　堆肥胡敏酸促进去腐植酸土壤上清液五氯苯酚还原转化图

氯苯酚浓度显著高于其他 PCP 产物（图 7-3），表明增加水稻土中电子穿梭体含量可促进水稻土 PCP 的还原脱氯和产物释放。堆肥后期胡敏酸和 AQDS 实验组上清液中 4-氯苯酚浓度显著高于堆肥前、中期胡敏酸实验组（图 7-3），揭示堆肥后期样品和 AQDS 对于 PCP 还原转化和低氯产物释放具有更好的促进作用，表明堆肥胡敏酸醌基团结构是促进 PCP 还原转化和产物释放的潜在功能基团[17-23]。

不同来源无菌原样水稻土添加堆肥胡敏酸/AQDS 实验组上清液中 PCP 及其产物浓度也呈现出一定差异，其中黑龙江水稻土样品在添加堆肥后期胡敏酸和 AQDS 实验组中 PCP 及其产物检出浓度未见升高，表明富含醌基团的电子穿梭体在单一胞外呼吸菌环境下对黑龙江水稻土中 PCP 还原及产物释放影响较弱，可能的原因是黑龙江水稻土本底腐植酸含量较高，电子穿梭体和营养源含量都较为丰富，对 PCP 及其产物具有较好的吸附作用。广州水稻土样品在 4 个实验组上清液中均有 PCP 还原产物检出，表明堆肥胡敏酸可以有效地促进广州水稻土 PCP 还原转化和产物释放，揭示广州水稻土样品具有较高的反应活性，这与其高铁矿物含量具有一定关系[24-26]。

原样水稻土在添加堆肥胡敏酸/AQDS 后，上清液中低氯代产物检出种类和浓度显著升高（图 7-4），表明堆肥胡敏酸可以激发并促进水稻土中 PCP 还原菌群还原转化 PCP 和还原产物释放[27-29]。潜在的原因是堆肥胡敏酸具有多种功能，既可以作为胞外

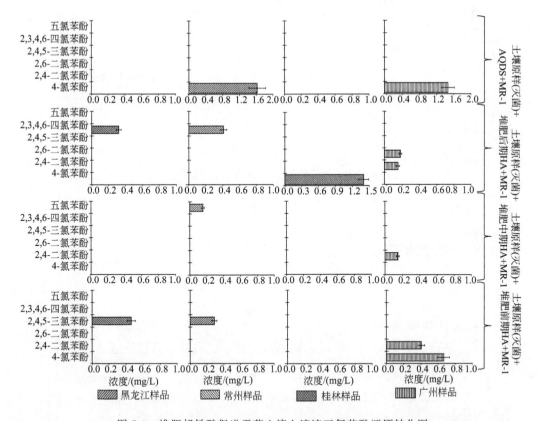

图 7-3 堆肥胡敏酸促进无菌土壤上清液五氯苯酚还原转化图

电子穿梭体也可以作为电子供体，这些功能都有利于促进水稻土 PCP 还原脱氯。此外，原样水稻土在添加堆肥胡敏酸后上清液 PCP 检出率降低（图 7-4），表明添加堆肥胡敏酸有助于 PCP 的固定。

7.1.2　固液界面中五氯苯酚及其还原产物分布特征

固液界面上承上清液下接水稻土对污染物形态转变和迁移转化具有重要影响。如图 7-5 所示，相比于上清液，固液界面中 PCP 及其产物种类和含量显著增加，表明固液界面是 PCP 及其还原产物重要的赋存介质。在去腐植酸土壤及原样水稻土实验组中，PCP 还原产物 2,3,4,6-四氯苯酚含量显著高于 PCP 及其他还原产物，表明在去腐植酸和原样土壤实验组中 PCP 主要被转化为 2,3,4,6-四氯苯酚并被广泛赋存于固液界面中。2,4-二氯苯酚浓度居于第二，表明 2,4-二氯苯酚是 PCP 还原转化的重要低氯代产物，其在上清液中也有检出，具有较强的迁移性，但固液界面对其同样具有较强的吸附作用。

去腐植酸无菌土壤＋土壤菌悬液实验组中 PCP 还原产物浓度整体高于无菌去腐植酸土壤实验组，表明水稻土包含具有促进 PCP 还原转化的功能性微生物。其中黑龙江

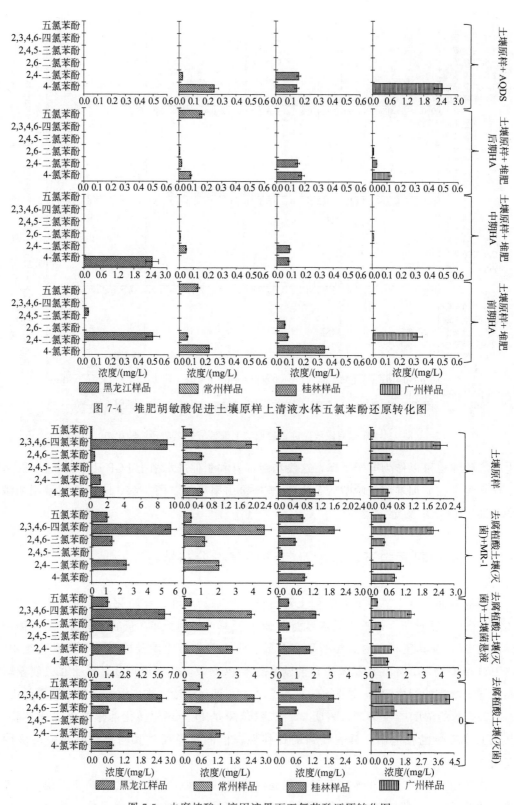

图 7-4　堆肥胡敏酸促进土壤原样上清液水体五氯苯酚还原转化图

图 7-5　去腐植酸土壤固液界面五氯苯酚还原转化图

水稻土实验组 PCP 还原产物浓度整体高于其他 3 个实验组，表明黑龙江水稻土样品中包含的 PCP 还原菌群具有更高的反应活性，可以更为有效地促进 PCP 的还原转化。去腐植酸无菌土壤＋MR-1 实验组中 PCP 还原产物浓度整体高于无菌去腐植酸实验组但低于土壤菌悬液实验组，表明单一外源的胞外呼吸菌对水稻土固液界面中 PCP 的还原转化效率低于土壤土著 PCP 还原微生物。潜在的原因是，微生物群落间存在互利共生关系，彼此间通过弥补生理生化上的缺陷可以实现互利共生，提高 PCP 还原转化效率，而单一菌群生长繁殖对环境要求较为严格，较难达到理想生长条件，其功能发挥受到一定限制。原样水稻土实验组中除黑龙江水稻土实验组固液界面 2,3,4,6-四氯苯酚含量有显著升高外，其余实验组 PCP 还原产物含量均低于对应的 MR-1 和菌悬液实验组，而常州、桂林和广州 3 个实验组固液界面 PCP 及还原产物浓度略低于去除腐植酸实验组。该结果揭示，赋存于原样水稻土中的土壤腐植酸和 PCP 还原转化功能微生物菌群未对固液界面中 PCP 的还原转化起到促进作用。相反的是，当去除土壤中赋存的腐植酸后，外源胞外呼吸菌和土壤土著 PCP 还原转化微生物均促进了固液界面中 PCP 的还原转化，这种现象的产生主要归因于以下几点：首先，原样水稻土中矿物与腐植酸紧密结合，自然条件下较难分离，导致土壤中的腐植酸无法从土壤中释放去促进固液界面中PCP 的还原转化[30,31]。其次，土壤中赋存的 PCP 还原菌群也吸附于土壤矿物和腐植酸中，导致静置条件下 PCP 还原微生物较难进入固液界面中促进 PCP 的还原转化[30]，而当菌悬液被重新加入到水稻土后，PCP 还原微生物在固液界面有残留，进而促进了 PCP 的还原转化。

去腐植酸无菌土壤＋堆肥胡敏酸/AQDS＋MR-1 实验组固液界面中 PCP 及其产物组成比例与去腐植酸实验组较为接近，但产物浓度值存在差异。如图 7-6 所示，常州和桂林水稻土样品添加堆肥前期胡敏酸后 PCP 及其还原产物浓度整体高于其他两个水稻土样品。潜在的原因是常州和桂林水稻土每年水稻轮作次数较多，加上长期耕作导致土壤养分含量较低，而堆肥前期胡敏酸富含多种微生物营养物质，这些有机质在反应过程中可作为电子供体提高反应过程中可传递电子总量，而堆肥胡敏酸中富含的具有稳定电子传递功能的基团则可以作为电子穿梭体促进 PCP 的还原转化。因此堆肥前期胡敏酸对常州和桂林实验组具有较好的促进 PCP 还原作用。对比于堆肥前期胡敏酸样品，堆肥中期胡敏酸对黑龙江和广州水稻土样品实验组固液界面 PCP 还原转化具有更好的促进作用，其中以广州水稻土最为显著。堆肥中期胡敏酸电子供体和电子传递功能较为平衡，在相对厌氧环境下两种功能可同时发挥，对高铁矿物含量的广州水稻土具有更好的促进 PCP 还原效果。除黑龙江水稻土外，堆肥后期样品对其他 3 个水稻土样品固液界面 PCP 还原转化的促进作用整体小于堆肥中期样品，揭示堆肥后期胡敏酸相对较低的微生物营养物质含量限制了胞外呼吸菌 MR-1 对土壤固液界面 PCP 的还原转化。去腐植酸无菌土壤＋AQDS＋MR-1 实验组固液界面中 PCP 及其还原产物浓度与堆肥中期胡敏酸实验组较为类似，但其对广州水稻土的 PCP 还原作用显著低于堆肥中期胡敏酸，表明醌基团并不是促进 PCP 还原转化的唯一基团[17,24]，其他基团对 PCP 还原转化同

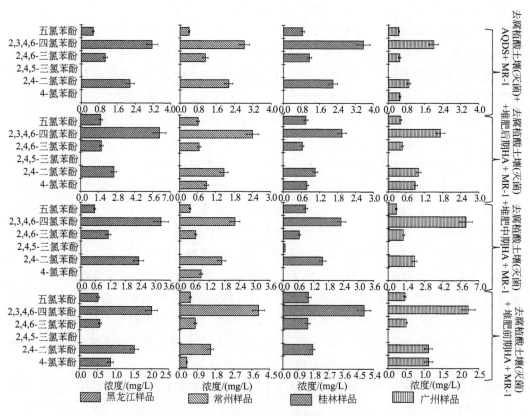

图 7-6　堆肥胡敏酸促进去腐植酸土壤固液界面五氯苯酚还原转化图

样具有促进作用。

　　无菌原样水稻土＋堆肥胡敏酸/AQDS＋MR-1 实验组固液界面 PCP 及其还原产物组成比例和浓度与去腐植酸无菌土壤和去腐植酸无菌土壤添加堆肥胡敏酸/AQDS 实验组存在一定差异。同时该实验组中堆肥不同阶段胡敏酸对不同来源水稻土样品 PCP 固液界面的还原转化特性也各有不同。如图 7-7 所示，PCP 还原产物 2,3,4,6-四氯苯酚在16 个子体系中其浓度均处于较高水平，表明在无菌原样水稻土添加堆肥胡敏酸/AQDS实验组中大多数 PCP 脱去一个氯原子形成 2,3,4,6-四氯苯酚。无菌原样水稻土添加堆肥胡敏酸/AQDS 实验组固液界面中 4-氯苯酚含量检出率和含量均有所增加，揭示堆肥胡敏酸有助于 PCP 深度脱氯。

　　堆肥前、中期胡敏酸对常州水稻土固液界面促进 PCP 还原作用大于其他 3 个水稻土样品，表明堆肥前、中期胡敏酸与常州土壤腐植酸可以更好地相互作用，增强 PCP还原脱氯。但其他 3 个水稻土样品相比于去腐植酸灭菌土壤添加堆肥中期胡敏酸实验组，原样无菌水稻土添加堆肥中期胡敏酸对固液界面 PCP 还原脱氯作用减弱。潜在的原因是堆肥胡敏酸与土壤中赋存的腐植酸和矿物间的相互作用较为强烈，在某种程度上限制了堆肥胡敏酸电子供体和电子转移功能的发挥。堆肥后期胡敏酸对 4 种水稻土固液界面 PCP 还原转化作用较为接近，表明堆肥后期胡敏酸包含有效的 PCP 还原功能基

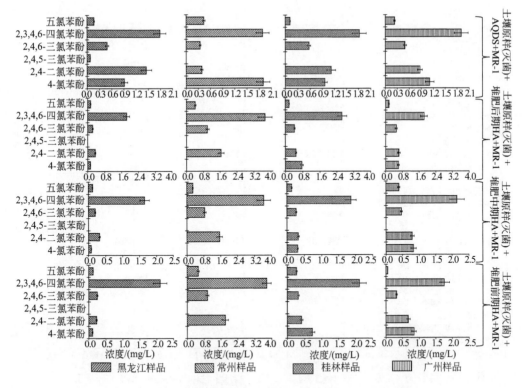

图 7-7　堆肥胡敏酸促进无菌土壤固液界面五氯苯酚还原转化图

团，且该基团具有较好的稳定性，在不同土壤环境下均可以较好地发挥 PCP 的还原作用。无菌原样水稻土添加 AQDS 实验组固液界面 PCP 及其还原产物浓度与添加堆肥胡敏酸实验组存在较大差异。前者 4-氯苯酚浓度显著高于堆肥胡敏酸实验组，表明在固液界面中 AQDS 可以有效地促进 PCP 深度脱氯。堆肥胡敏酸虽然同样含有醌基物质但其促进固液界面 PCP 还原效果低于 AQDS，揭示堆肥胡敏酸构象和醌基团周围取代基对其 PCP 还原功能发挥具有重要影响[17,24]。对比不同来源水稻土固液界面 PCP 及其产物浓度发现，堆肥后期胡敏酸对水稻土体系固液界面中 PCP 还原转化作用整体高于堆肥前期和中期，表明堆肥过程胡敏酸的腐殖化和芳香化演变有利于其促进固液界面中 PCP 的还原转化。

　　原样水稻土＋堆肥胡敏酸/AQDS 实验组固液界面中 PCP 还原产物种类整体高于其他 3 个实验组，表明添加堆肥胡敏酸有利于激活土壤中存在的 PCP 还原菌发挥 PCP 还原转化功能。堆肥不同阶段胡敏酸对 4 种水稻土固液界面 PCP 还原转化作用整体呈现堆肥后期＞中期＞前期的趋势（图 7-8），表明堆肥过程胡敏酸腐殖化和芳香化演变有利于促进固液界面中 PCP 还原转化。在 AQDS 实验组中，除广州水稻土外，其余 4 个实验组 PCP 及其还原产物浓度均低于堆肥中、后期样品，表明在原样水稻土实验组中醌基结构促进固液界面 PCP 还原转化作用有限，而这与原样无菌水稻土＋MR-1 实验组较为接近，揭示胞外呼吸菌对于电子穿梭体具有选择性。

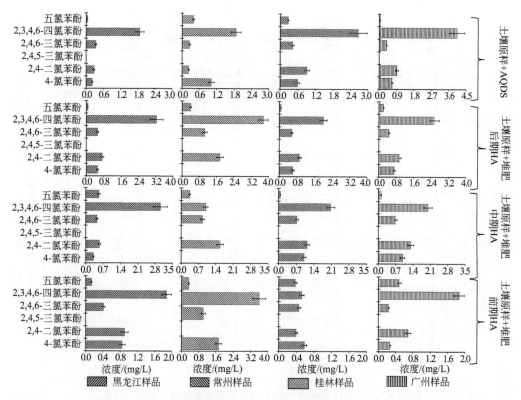

图 7-8　堆肥胡敏酸促进原样水稻土固液界面五氯苯酚还原转化图

PCP 及其还原产物在水稻土固液界面中的浓度显著高于上清液，同时不同实验组间 PCP 及其还原产物浓度差别较小，表明固液界面在水稻土中具有稳定性。同时固液界面也是 PCP 还原转化的重要介质。由于固液界面具有较强的流动性，因此对 PCP 迁移转化具有重要意义。虽然固液界面在水稻土中占比较小，但本研究显示，水稻土固液界面作为连接上清液和土壤介质的过渡部分具有较强的 PCP 及其还原产物赋存能力，而其独特的介质环境和氧化还原条件同样有利于 PCP 还原转化，这对于 PCP 污染水体的治理具有重要的启发和指导意义。

7.1.3　水稻土中五氯苯酚及其还原产物分布特征

土壤是有机质、矿物、微生物以及污染物的重要赋存介质，是 PCP 发生氧化还原反应的重要场所，对 PCP 还原转化、迁移暴露具有重要影响。如图 7-9 所示，在去腐植酸实验组中，PCP 还原产物 2,3,4,6-四氯苯酚含量最高，2,4-二氯苯酚含量次之，这与固液界面 PCP 产物分布较为接近。但水稻土中 4-氯苯酚检出率和含量略高于固液界面，表明水稻土对 PCP 的还原转化更为彻底，更有利于 PCP 的还原脱氯和矿化。此外，在去腐植酸实验组中，PCP 产物检出率也高于上清液和固液界面，表明水稻土中 PCP 还原脱氯更为多元化。潜在的原因是水稻土中有机质含量、种类更为丰富，更有利于 PCP 的多元脱氯，而水稻土矿物对 PCP 及其还原产物具有较强的吸附作用，导致这些产物在生成后继续赋存于水稻土中[17-23]。

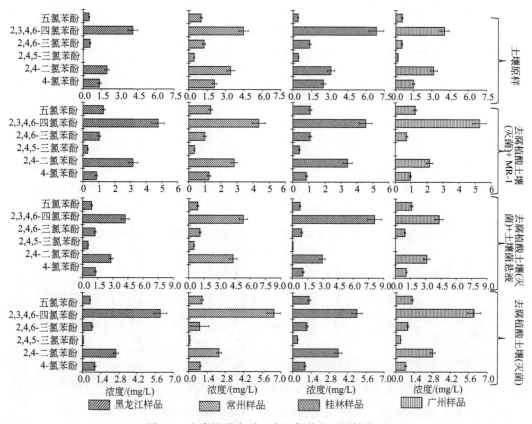

图 7-9　去腐植酸水稻土中五氯苯酚还原转化图

不同水稻土样品 PCP 及还原产物浓度差异较小，在去腐植酸灭菌水稻土实验组中，2,4,5-三氯苯酚含量均低于其他还原产物，而该产物含量在固液界面中未被检出，表明 2,4,5-三氯苯酚稳定性较差，极易被进一步还原脱氯形成 2,4-二氯苯酚。在去腐植酸无菌土壤＋土壤菌悬液实验组中除桂林水稻土样品外，其余 3 个水稻土样品 2,3,4,6-四氯苯酚含量有所降低，2,4,6-三氯苯酚和 2,4-二氯苯酚含量有所增加，表明土壤菌悬液中存在促进水稻土 2,3,4,6-四氯苯酚还原脱去 3-位和 6-位氯原子的 PCP 还原微生物菌群。去腐植酸无菌水稻土＋MR-1 实验组与菌悬液实验组在 PCP 及还原产物含量上存在一定差异，证明水稻土微生物菌群对 PCP 还原脱氯具有重要影响。此外，原样水稻土实验组中 PCP 含量低于其他 3 个实验组且 4-氯苯酚含量高于其他 3 个实验组，表明水稻土赋存的天然腐植酸对 PCP 还原脱氯具有促进作用，有利于 PCP 向低氯产物转化。

去腐植酸土壤＋堆肥不同阶段胡敏酸/AQDS＋MR-1 实验组 PCP 还原产物类型和组成较为接近，2,3,4,6-四氯苯酚和 2,4-二氯苯酚依然是主要的 PCP 还原产物，表明堆肥胡敏酸等电子穿梭体对水稻土 PCP 还原脱氯作用具有一定的相似性，揭示电子穿梭体介导电子传递促进水稻土 PCP 还原脱氯功能基团组成较为固定，还原脱氯反应机理较为接近。

去腐植酸无菌土壤添加堆肥后期胡敏酸样品实验组 PCP 残留浓度整体高于堆肥前、中期实验组，同时堆肥后期实验组主要还原产物 2,3,4,6-四氯苯酚和 2,4-二氯苯酚含量也低于堆肥前、中期胡敏酸实验组，表明堆肥后期样品还原转化水稻土 PCP 能力略低于堆肥前期和中期胡敏酸，但堆肥后期胡敏酸实验组中 4-氯苯酚含量高于堆肥前、中期实验组（图 7-10），揭示堆肥后期胡敏酸样品虽然还原转化 PCP 整体能力低于堆肥前、中期样品，但其促进 PCP 及其产物深度脱氯能力较强。潜在的原因是堆肥后期胡敏酸腐殖化程度和芳香性较强，有利于 PCP 及其产物深度脱氯[17,24]。对比于堆肥后期胡敏酸实验组，AQDS 实验组 PCP 残留浓度更高且 PCP 还原产物含量较低。该结果揭示，醌基团类物质具有促进水稻土 PCP 还原脱氯作用，但其效果低于堆肥胡敏酸，AQDS 在促进 PCP 还原过程中主要起电子穿梭体作用，而堆肥胡敏酸功能更为多样。

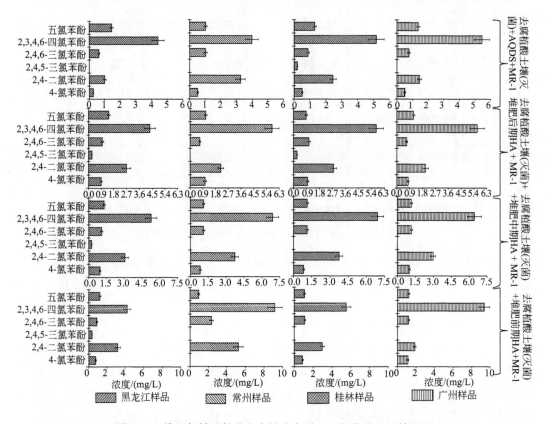

图 7-10　堆肥胡敏酸促进去腐植酸水稻土五氯苯酚还原转化图

原样无菌水稻土＋堆肥胡敏酸/AQDS＋MR-1 实验组 4-氯苯酚含量整体高于去腐植酸水稻土添加堆肥胡敏酸/AQDS 和去腐植酸水稻土实验组，同时 2,3,4,6-四氯苯酚和 2,4-二氯苯酚在还原产物中也占有较大比例（图 7-11），表明堆肥胡敏酸可以与水稻土腐植酸共同促进 PCP 还原转化。此外，该实验组中 PCP 浓度差异较小，揭示单一胞外呼吸菌在电子穿梭体充足条件下对水稻土中 PCP 还原转化效率较为稳定[17-20]。

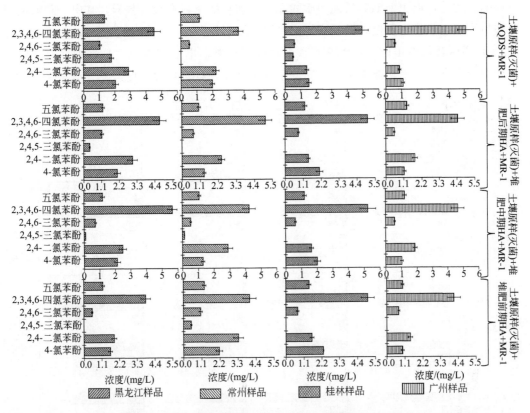

图 7-11 堆肥胡敏酸促进无菌水稻土相五氯苯酚还原转化

　　堆肥前期胡敏酸在常州水稻土和桂林水稻土实验组中 4-氯苯酚浓度显著高于其他 3 个样品，表明堆肥前期胡敏酸可以较为有效地促进常州和桂林水稻土中 PCP 的深度脱氯。堆肥中期胡敏酸在桂林和广州水稻土实验组中 PCP 及其还原产物浓度与堆肥前期实验组较为接近，表明对桂林和广州水稻土 PCP 还原转化的有效组分在堆肥前、中期变化较小，但其他 2 个水稻土样品在堆肥前、中期胡敏酸实验组中则呈现出不同的变化，揭示堆肥胡敏酸存在多种 PCP 还原功能组分，其功能发挥受水稻土类型影响。

　　原样水稻土＋堆肥胡敏酸/AQDS 实验组 PCP 还原产物同样以 2,3,4,6-四氯苯酚、2,4-氯苯酚和 4-氯苯酚为主要还原产物，但 PCP 浓度在不同子实验组间存在较大差异（图 7-12）。堆肥前期胡敏酸对黑龙江水稻土和桂林水稻土 PCP 还原脱氯促进作用强于其他 2 个水稻土样品（图 7-12），但黑龙江和桂林实验组 PCP 还原产物比例组成存在差异，揭示堆肥前期胡敏酸促进 PCP 还原脱氯作用受土壤类型影响。相比于堆肥前期胡敏酸，堆肥中期胡敏酸在常州水稻土、桂林水稻土和广州实验组中 PCP 浓度显著下降，在黑龙江实验组中略有上升，表明堆肥中期胡敏酸更有利于促进常州水稻土、桂林水稻土和广州水稻土 PCP 还原转化。堆肥后期胡敏酸对黑龙江水稻土和桂林水稻土 PCP 还原转化作用强于其他两个水稻土样品，这与堆肥中期胡敏酸形成对比，与堆肥前期胡敏酸样品较为接近，揭示堆肥过程胡敏酸结构演变对其促进水稻土 PCP 还原转化作用具有影响。此外，堆肥前期和后期胡敏酸在结构和功能上存在较大差异，其中堆肥前期胡敏酸易降解组分如类蛋白含量较高，而堆肥后期胡敏酸芳香结构含量较高，但二者近似的 PCP 还原转化作用揭示，PCP 存在多种脱氯机制，电子穿梭机制是其中之一，堆肥胡敏酸所具有的多重功能在不同的环境条件下将发挥各自功效，促进 PCP 多途径脱氯。

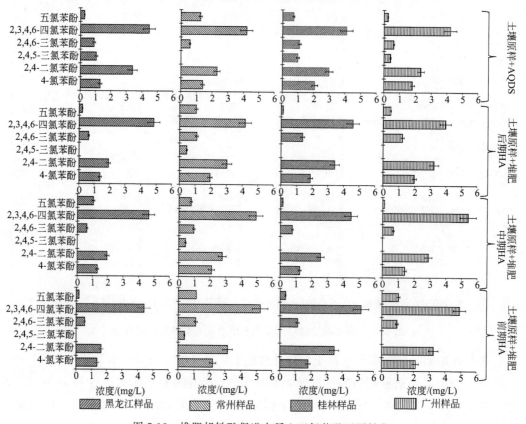

图 7-12　堆肥胡敏酸促进水稻土五氯苯酚还原转化

综合堆肥胡敏酸促进水稻土 PCP 还原转化特性我们推断堆肥胡敏酸促进水稻土 PCP 还原脱氯主要依靠两种途径。第一种是通过提高土壤营养物质含量并维持相对厌氧环境的方式促进 PCP 的还原转化，其主要原理是增加土壤中电子供体，促使电子更多的传递给 PCP 进而实现 PCP 还原脱氯。第二种途径是通过增加土壤中电子穿梭体含量促进 PCP 的还原脱氯。该途径的主要原理是通过提高电子在电子受体和电子供体间的传递效率进而实现 PCP 的有效还原转化[18,30,31]。

7.1.4　堆肥有机质介导土壤中五氯苯酚降解路径

结合堆肥胡敏酸促进水稻土 PCP 还原转化实验结果，本研究推断 PCP 在水稻土中存在如下还原脱氯路径：PCP 脱去 1 个氯原子形成四氯苯酚，共存在 4 种潜在的四氯的产物，其中 2,3,4,6-四氯苯酚为混标中被检测到的产物，而 2,3,4,5-四氯苯酚为潜在四氯产物。四氯苯酚脱去 1 个氯原子形成三氯苯酚，存在 6 种潜在产物，其中 2，4，6-三氯苯酚和 2，4，5-三氯苯酚被检测到，而 3，4，5-三氯苯酚为潜在降解产物，也是 PCP 还原降解的一种常见产物。三氯苯酚再脱去一个氯原子形成二氯苯酚，在 5 种潜在的二氯苯酚分子中，2，4-二氯苯酚和 2，6-二氯苯酚为本研究检测到的产物，其余 3 种为潜在产物。二氯苯酚再脱氯形成一氯苯酚，共存在 3 种潜在产物，本研究仅检测到 4-氯苯酚一种，其余两种为潜在降解产物，还原终产物苯酚在本研究中未被检测到。

本研究结果显示，PCP 污染水稻土体系在添加堆肥胡敏酸后其还原脱氯路径发生变化，低毒性氯代产物含量显著增加，高毒性氯代产物如 3，4，5-三氯苯酚含量降低，表明堆肥胡敏酸促进 PCP 脱氯作用具有较好的环境效应，在促进 PCP 脱氯矿化的同时还可以有效降低其毒性，这对堆肥胡敏酸应用于 PCP 污染土壤修复和改良具有重要意义。

7.2 堆肥有机质结构对土壤中五氯苯酚还原脱氯影响

堆肥有机质因富含电子转移功能组分和官能团，因此具有促进土壤中有机污染物还原转化能力。该部分针对堆肥有机质电子转移功能基团和组分，借助统计学分析方法，解析堆肥有机质结构对土壤中五氯苯酚还原脱氯影响。

黑龙江水稻土中，2，4-二氯苯酚与堆肥胡敏酸 $SUVA_{254}$ 和 $SUVA_{290}$ 呈现极显著正相关关系（表 7-1），其中 $SUVA_{254}$ 主要表征堆肥有机质芳香性，$SUVA_{290}$ 表征堆肥有机质醌基团含量，该结果揭示堆肥有机质中的芳香结构和醌基团有助于 PCP 的还原脱氯，可显著促进 PCP 及其高氯代产物向 2，4-氯苯酚的转化，但两个光谱指标与 4-氯苯酚含量呈负相关关系，揭示堆肥有机质芳香结构和醌基团含量不利于 4-氯苯酚的形成，即不利于 2，4-二氯苯酚 2-位氯原子脱氯。堆肥有机质胡敏酸类组分 3 和组分 4 与 2，3，4，6-四氯苯酚呈显著正相关关系，而堆肥胡敏酸类组分 3 和组分 4 属长激发/发射波长胡敏酸，其荧光强度随堆肥进行呈现逐步增加趋势，表明堆肥长激发/发射波长胡敏酸具有显著促进 PCP 还原脱去邻位氯原子能力。此外，堆肥胡敏酸类组分 3 和组分 4 与 PCP 含量呈显著负相关关系，进一步佐证堆肥长激发/发射波长胡敏酸具有促进 PCP 脱去邻位氯原子能力。潜在的原因是堆肥胡敏酸类组分含有氧化还原官能团，这些官能团的氧化还原电势受堆肥胡敏酸取代基类型和取代位置影响，堆肥后期形成的胡敏酸有别于堆肥前期胡敏酸（组分 1），因此呈现出不同的促进 PCP 还原脱氯特性。此外，胡敏酸构象同样对其电子转移能力具有影响，主要的机制是胡敏酸构象将影响电子转移功能基团的暴露面积和角度，进而影响其促进 PCP 的还原脱氯能力。

表 7-1   堆肥有机质组分与 PCP 及其降解产物相关性

实验组	污染物	SUVA$_{254}$	SUVA$_{290}$	组分1	组分3	组分4
黑龙江 水稻土	4-氯苯酚	−0.59	−0.59	0.94	0.48	0.46
	2,4-二氯苯酚	0.99*	0.99*	−0.73	0.57	0.59
	2,4,6-三氯苯酚	0.95	0.95	−0.62	0.68	0.70
	2,3,4,6-四氯苯酚	0.53	0.54	0.03	0.99*	0.99*
	五氯苯酚	−0.53	−0.54	−0.02	−0.99*	−0.99*
常州 水稻土	4-氯苯酚	−0.65	−0.66	0.13	−0.96	−0.97
	2,4-二氯苯酚	−0.90	−0.90	0.99*	0.02	−0.01
	2,4,6-三氯苯酚	−0.75	−0.75	0.99*	0.29	0.26
	2,3,4,6-四氯苯酚	−0.53	−0.53	−0.03	−0.99*	−0.99*
	五氯苯酚	−0.83	−0.82	1.00*	0.17	0.14
桂林 水稻土	4-氯苯酚	−0.62	−0.62	0.95	0.45	0.43
	2,4-二氯苯酚	−0.72	−0.72	0.98	0.33	0.30
	2,4,6-三氯苯酚	−0.36	−0.36	0.81	0.70	0.68
	2,3,4,6-四氯苯酚	−0.99*	−0.99*	0.78	−0.50	−0.52
	五氯苯酚	−0.95	−0.95	0.62	−0.69	−0.71
广州 水稻土	4-氯苯酚	−0.81	−0.81	0.99*	0.19	0.17
	2,4-二氯苯酚	−0.73	−0.73	0.99*	0.31	0.28
	2,4,6-三氯苯酚	−0.26	−0.25	0.75	0.77	0.75
	2,3,4,6-四氯苯酚	0.07	0.07	−0.61	−0.88	−0.86
	五氯苯酚	−0.99*	−0.99*	0.91	−0.28	−0.31

注：* 代表显著相关。

　　对比于黑龙江水稻土，在堆肥有机质促进 PCP 还原脱氯特性上，常州水稻土与其呈现出较大差异。堆肥胡敏酸类组分 1 与 2,4-二氯苯酚和 2,4,6-三氯苯酚含量呈现显著正相关关系。堆肥胡敏酸类组分 1 属短激发/发射波长胡敏酸，它与土壤胡敏酸较为接近，其含量在堆肥过程中较为稳定，揭示常州水稻土中短激发/发射波长胡敏酸具有更为有效地促进 PCP 及其产物生成 2,4-二氯苯酚和 2,4,6-三氯苯酚能力。堆肥有机质胡敏酸类组分 3 和组分 4 与 2,3,4,6-四氯苯酚含量呈现显著负相关关系，这与黑龙江水稻土形成鲜明对比，揭示长激发/发射波长堆肥胡敏酸并不有利于 PCP 分子 5-位氯原子脱氯，该结果也进一步反映出土壤类型对堆肥有机质促进 PCP 还原脱氯具有重要影响。

　　桂林水稻土中，堆肥胡敏酸 SUVA$_{254}$ 和 SUVA$_{290}$ 与 2,3,4,6-四氯苯酚呈现显著负相关关系，表明堆肥有机质芳香结构和醌基结构不利于 PCP 向 2,3,4,6-四氯苯酚的转化，而其他指标未与 PCP 及其产物呈现出显著相关关系，表明堆肥有机质氧化还原功能基团和组分对于桂林水稻土 PCP 促进还原作用较为接近。堆肥有机质胡敏酸类组分 1 与广东水稻土中 4-氯苯酚和 2,4-二氯苯酚含量呈现显著正相关关系，表明短激发/发射波长胡敏酸更有利于促进广州水稻土中 PCP 及其高氯代产物的还原脱氯。相比之下，堆肥胡敏酸 SUVA$_{254}$ 和 SUVA$_{290}$ 与 PCP 含量呈现显著负相关关系，表明堆肥胡敏酸芳香结构和醌基结构有利于 PCP 的还原脱氯。对比四种水稻土我们发现，相同堆肥有机质对于促进不同土壤类型中 PCP 的还原脱氯具有较大差异，该结果揭示，土壤类型对堆肥有机质氧化还原功能的发挥具有重要影响。潜在的原因是，不同类型土壤其矿物含量、结构和组成均存在较大差异，而其中的铁矿物含量和类型对 PCP 还原脱氯具有重要影响，因此，应用堆肥有机质促进土壤中 PCP 还原脱氯必须针对土壤类型进行优化施用。

7.3 堆肥有机质电子转移能力对土壤中五氯苯酚还原脱氯影响

堆肥有机质电子转移能力包括电子供给能力（EDC），电子接受能力（EAC）和电子转移能力（ETC）。针对堆肥胡敏酸的本底电子供给能力（采用 FeCit 测定）、电子接受能力（电化学测定）、电子供给能力（电化学测定）和 ETC（电化学测定）以及残存胡敏酸 ETC（FeCit）与 PCP 及其产物含量进行相关性分析（表 7-2），旨在探究堆肥胡敏酸电子转移能力对其促进水稻土中 PCP 还原脱氯影响。

表 7-2　堆肥有机质电子转移能力与 PCP 及其降解产物相关性

实验组	污染物	残存胡敏酸 ETC	本底 EDC	EAC	EDC	ETC
黑龙江 水稻土	4-氯苯酚	−0.99*	−0.32	0.11	−0.99*	−0.38
	2,4-二氯苯酚	0.39	0.99*	0.84	0.53	0.99*
	2,4,6-三氯苯酚	0.247	1.00*	0.91	0.398	0.99*
	2,3,4,6-四氯苯酚	−0.43	0.76	0.96	−0.28	0.72
	五氯苯酚	0.43	−0.76	−0.97	0.28	−0.72
常州 水稻土	4-氯苯酚	0.29	−0.85	−0.99*	0.13	−0.82
	2,4-二氯苯酚	−0.85	−0.72	−0.36	−0.93	−0.76
	2,4,6-三氯苯酚	−0.96	−0.52	−0.10	−0.99*	−0.57
	2,3,4,6-四氯苯酚	0.43	−0.76	−0.96	0.28	−0.72
	五氯苯酚	−0.92	−0.61	−0.22	−0.97	−0.66
桂林 水稻土	4-氯苯酚	−0.99*	−0.36	0.08	−0.99*	−0.41
	2,4-二氯苯酚	−0.97	−0.48	−0.06	−0.99*	−0.53
	2,4,6-三氯苯酚	−0.98	−0.06	0.37	−0.94	−0.12
	2,3,4,6-四氯苯酚	−0.46	−0.98	−0.79	−0.60	−0.99*
	五氯苯酚	−0.24	−1.00*	−0.91	−0.39	−0.99*
广州 水稻土	4-氯苯酚	−0.93	−0.60	−0.20	−0.98	−0.64
	2,4-二氯苯酚	−0.97	−0.49	−0.07	−0.99*	−0.55
	2,4,6-三氯苯酚	−0.95	0.05	0.47	−0.89	−0.01
	2,3,4,6-四氯苯酚	0.879	−0.23	−0.62	0.79	−0.17
	五氯苯酚	−0.66	−0.90	−0.62	−0.77	−0.92

注：*代表显著相关。

堆肥胡敏酸电子供给能力和残存胡敏酸 ETC 与黑龙江水稻土 4-氯苯酚含量呈显著负相关关系，表明堆肥胡敏酸提供电子能力和稳定组分的电子转移能力不利于黑龙江水稻土中 PCP 及其高氯代产物向 4-氯苯酚的还原转化。但堆肥胡敏酸本底电子供给能力和 ETC 与 2,4-二氯苯酚和 2,3,4-三氯苯酚含量呈现显著正相关关系，表明堆肥胡敏酸本底电子供给能力和电子转移能力有利于 2,4-二氯苯酚和 2,3,4-三氯苯酚生成，这主要与堆肥胡敏酸的氧化还原电势有关。堆肥胡敏酸电子接受能力与常州水稻土 PCP 含量呈现显著负相关关系，表明堆肥胡敏酸接受电子能力不利于土壤中 PCP 向 4-氯苯酚的还原转化，而电子供给能力与 2,3,6-三氯苯酚呈现显著负相关关系，揭示堆肥胡敏酸的提供电子能力不利于 2,3,6-三氯苯酚的生成。

堆肥残存胡敏酸 ETC 与桂林水稻土中 4-氯苯酚含量呈显著负相关关系，电子供给能力与 4-氯苯酚和 2,4-二氯苯酚呈显著负相关关系，表明堆肥胡敏酸稳定组分电子转移能力和原态胡敏酸的提供电子能力不利于低氯产物的生成，胡敏酸本底电子供给能力和 ETC 与 PCP 分别呈现显著负相关关系，揭示堆肥胡敏酸电子转移能力有利于 PCP 的脱氯，但对于促进低氯产物的生成存在正负两方面影响。堆肥胡敏酸电子供给能力与广州水稻土 2,4-二氯苯酚呈现显著负相关关系，揭示堆肥胡敏酸提供电子能力不能有效促进低氯产物 2,4-二氯苯酚生成。对比 4 种类型水稻土我们发现，堆肥胡敏酸电子转移能力对于 PCP 低氯产物生成普遍存在负相关关系，表明堆肥胡敏酸促进 PCP 还原脱氯的主要作用在于促进 PCP 的脱氯，而对于促进低氯产物生成作用较弱，这主要与堆肥胡敏酸氧化还原电势有关。此外，堆肥胡敏酸在不同土壤类型中其电子转移能力与 PCP 及其产物浓度也呈现出差异，揭示土壤类型对堆肥有机质促进土壤中 PCP 还原脱氯具有重要影响。

参 考 文 献

[1] Jr G, Henrich V E, Casey W H, et al. Metal oxide surfaces and their interactions with aqueous solutions and microbial organisms. Chemical Reviews, 2015, 99 (1): 77-174.

[2] Cornell R M, Schwertmann U. The iron oxides: structure, properties, reactions, occurences and uses. Wiley-VCH, 2003: 20-25.

[3] Grau-Crespo R., et al. Vacancy ordering and electronic structure of -Fe$_2$O$_3$ (maghemite): a theoretical investigation. Journal of Physics Condensed Matter, 2010, 22 (25): 255401-255405.

[4] Fernandezmartinez A, Timon V, Romanross G, et al. The structure of schwertmannite, a nanocrystalline iron oxyhydroxysulfate. American Mineralogist, 2015, 95 (8-9): 1312-1322.

[5] Zemann H E. Crystal structure refinements of magnesite, calcite, rhodochrosite, siderite, smithonite, and dolomite, with discussion of some aspects of the stereochemistry of calcite type carbonates. Zeitschrift Für Kristallographie, 1981, 156 (3-4): 233-243.

[6] Fenter P, Sturchio N C. Mineral-water interfacial structures revealed by synchrotron X-ray scattering. Progress in Surface Science, 2005, 77 (5): 171-258.

[7] Gustafsson J P, Persson I, Dan B K, et al. Binding of iron(Ⅲ) to organic soils: EXAFS spectroscopy and chemical equilibrium modeling.. Environmental Science and Technology, 2007, 41 (4): 1232.

[8] Hanna K. Adsorption of aromatic carboxylate compounds on the surface of synthesized iron oxide-coated sands. Applied Geochemistry, 2007, 22 (9): 2045-2053.

[9] Hansen D C. Biological interactions at metal surfaces. JOM, 2011, 63 (6): 22-27.

[10] Xu Y, He Y, Feng X, et al. Enhanced abiotic and biotic contributions to dechlorination of penta-

chlorophenol during Fe(Ⅲ) reduction by an iron-reducing bacterium Clostridium beijerinckii Z. Science of the Total Environment, 2014, 473-474 (3): 215-223.

[11] Shahpoury P, Hageman K J, Matthaei C D, et al. Chlorinated pesticides in stream sediments from organic, integrated and conventional farms. Environmental Pollution, 2013, 181 (181C): 219-225.

[12] Xiao K, Zhao X, Liu Z, et al. Polychlorinated dibenzo-p-dioxins and dibenzofurans in blood and breast milk samples from residents of a schistosomiasis area with Na-PCP application in China. Chemosphere, 2010, 79 (7): 740-744.

[13] Zhang C, Zhang D, Xiao Z, et al. Characterization of humins from different natural sources and the effect on microbial reductive dechlorination of pentachlorophenol. Chemosphere, 2015, 131 (4): 110-116.

[14] Zhang C, Suzuki D, Li Z, et al. Polyphasic characterization of two microbial consortia with wide dechlorination spectra for chlorophenols. Journal of Bioscience and Bioengineering, 2012, 114 (5): 512-517.

[15] Grau-Crespo R, et al. Vacancy ordering and electronic structure of -Fe$_2$O$_3$ (maghemite): a theoretical investigation. Journal of Physics Condensed Matter, 2010, 22 (25): 255401-255405.

[16] Zheng W, Yu H, Wang X, et al. Systematic review of pentachlorophenol occurrence in the environment and in humans in China: not a negligible health risk due to the re-emergence of schistosomiasis. Environment International, 2012, 42 (1): 105-116.

[17] Ratasuk N, Nanny M A. Characterization and quantification of reversible redox sites in humic substances. Environmental Science and Technology, 2007, 41 (22): 7844-7850.

[18] Palmer N E, Freudenthal J H, Wandruszka R. Reduction of arsenates by humic materials. Environmental Chemistry, 2006, 3 (2): 131-136.

[19] Skogerboe R K, Wilson S A. Reduction of ionic species by fulvic acid. Analytical Chemistry, 1981, 53 (2): 228-232.

[20] Tongesayi T, Smart R B. Environ arsenic speciation: reduction of Arsenic (V) to Arsenic(Ⅲ) by fulvic acid. Environmental Chemistry, 2006, 3 (2): 137-141.

[21] Meunier L, Laubscher H, Hug S J, et al. Effects of size and origin of natural dissolved organic matter compounds on the redox cycling of iron in sunlit surface waters. Aquatic Sciences, 2005, 67 (3): 292-307.

[22] Voelker B M, Morel F M, Sulzberger B. Iron redox cycling in surface waters: effects of humic substances and light. Environmental Science and Technology, 1997, 31 (4): 1004-1011.

[23] Wittbrodt P R, Palmer C D. Reduction of Cr(Ⅵ) in the presence of excess soil fulvic acid. Environmental Science and Technology, 1995, 29 (1): 255-263.

[24] Yuan Y, Tan W, He X, et al. Heterogeneity of the electron exchange capacity of kitchen waste compost-derived humic acids based on fluorescence components. Analytical and Bioanalytical Chemistry, 2016, 408 (27): 7825-7833.

[25] Hawthorne F C, Krivovichev S V, Burns P C. The crystal chemistry of sulfate minerals. Reviews in Mineralogy and Geochemistry, 2000, 40 (1): 1-112.

［26］ Holmén B A, Sison J D, Nelson D C, et al. Hydroxamate siderophores, cell growth and Fe(Ⅲ) cycling in two anaerobic iron oxide media containing *Geobacter metallireducens*. Geochimica Et Cosmochimica Acta, 1999, 63 (2): 227-239.

［27］ Myers C R, Myers J M. Cloning and sequence of cymA, a gene encoding a tetraheme cytochrome required for reduction of iron(Ⅲ), fumarate, and nitrate by Shewanella putrefaciens MR-1. Journal of Bacteriology, 1997, 179 (4): 1143-1152.

［28］ Ross D E, Ruebush S S, Brantley S L, et al. Characterization of protein-protein interactions involved in iron reduction by *Shewanella oneidensis* MR-1. Applied and Environmental Microbiology, 2007, 73 (18): 5797-5808.

［29］ Ross D E, Brantley S L, Tien M. Kinetic characterization of OmcA and MtrC, terminal reductases involved in respiratory electron transfer for dissimilatory iron reduction in *Shewanella oneidensis* MR-1. Applied and Environmental Microbiology, 2009, 75 (16): 5218-5226.

［30］ Jaacks L M, Staimez L R. Association of persistent organic pollutants and non-persistent pesticides with diabetes and diabetes-related health outcomes in Asia: a systematic review. Environment International, 2015, 76: 57-70.

［31］ Mcallister K A, Lee H, Trevors J T. Microbial degradation of pentachlorophenol. Biodegradation, 1996, 7 (1): 1-40.

第8章 堆肥有机质电子转移促进 Cr(Ⅵ)转化特征

8.1 堆肥有机质作为电子供体还原Cr(Ⅵ)特征

在自然生态系统中，Cr(Ⅲ) 的氧化途径和 Cr(Ⅵ) 的还原途径同时存在。Brose 等发现在有机质含量丰富的土壤中，Cr(Ⅵ) 氧化和 Cr(Ⅲ) 还原过程会呈现非动态平衡，反应会向还原过程倾斜。他将这种现象归因于土壤有机质结构上丰富的电子基团。在潮湿和厌氧的土壤环境中，土壤中存在的多种 Fe(Ⅲ) 的氧化物能够接受微生物传递出来的电子，继而形成具有还原性的土壤环境，在这种环境下 Cr(Ⅵ) 的还原途径将受到促进而 Cr(Ⅲ) 的氧化途径受到抑制[1]。同时有机碳能够直接作为还原 Cr(Ⅵ) 的功能性组分，有机质在与 Cr(Ⅵ) 接触后能够将自身携带的电子传递出去达到还原 Cr(Ⅵ) 的目的，但是这种途径十分缓慢，同时 pH 值越低，有机质直接还原 Cr(Ⅵ) 的速率越快[2,3]。

为了考察堆肥胡敏酸（HA）对于 Cr(Ⅵ) 的直接作用，在不添加微生物条件下研究堆肥 HA 对 Cr(Ⅵ) 的还原效果，结果如图 8-1 所示。结果显示，堆肥 HA 与 Cr(Ⅵ) 直接接触后，其能够作为电子供体还原 Cr(Ⅵ)，经过 25d 反应后堆肥 HA 对于 Cr(Ⅵ) 的平均去除率均在 10% 以上。其中堆肥 90d、堆肥 28d 和堆肥 51d 还原 Cr(Ⅵ) 的效果要弱于堆肥 0d 和堆肥 7d 还原 Cr(Ⅵ) 的效果。由于磷酸根与 Cr(Ⅵ) 良好的吸附性能，磷酸盐缓冲溶液被广泛用于 Cr(Ⅵ) 的提取剂[4,5]，因此该反应体系认为堆肥有机质对于 Cr(Ⅵ) 的吸附量忽略不计，故 Cr(Ⅵ) 的去除源于其得到电子后被还原成 Cr(Ⅲ)，Cr(Ⅲ) 的氢氧化物沉淀被吸附于希瓦氏菌 MR-1 的表面[6]，体系内未发现 Cr(Ⅲ) 的沉淀。

随着堆肥的进行，堆肥 HA 芳香性和腐殖化程度呈增加的趋势，这种趋势表明当堆肥 HA 直接与 Cr(Ⅵ) 接触时，腐殖化程度和芳香性高的堆肥后期 HA 还原 Cr(Ⅵ) 弱于腐殖化程度和芳香性低的堆肥前期 HA，这与堆肥 HA 的芳香性呈相反的演变趋势。同时将堆肥 51d 和堆肥 90d HA 与标准 HA、AQDS（蒽醌-2,6-二磺酸盐）进行比较，如图 8-1(b) 所示，AQDS 对 Cr(Ⅵ) 没有还原能力，同时发现风化褐煤胡敏酸

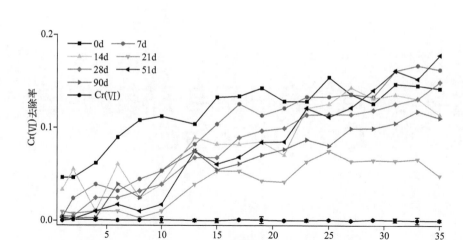

(a) 堆肥胡敏酸

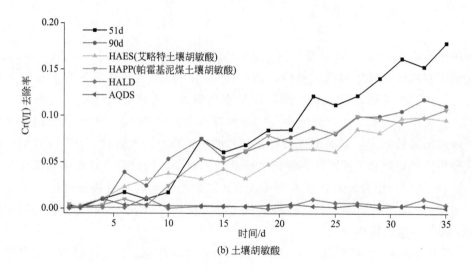

(b) 土壤胡敏酸

图 8-1 不同来源 HA 直接还原 Cr(Ⅵ)

(HALD) 对 Cr(Ⅵ) 同样表现出弱的还原性，堆肥 51d 和堆肥 90d HA 与标准 HA 比较发现，堆肥 HA 还原 Cr(Ⅵ) 能力要强于土壤和泥煤土 HA 还原 Cr(Ⅵ) 的能力，与土壤 HA 相比，堆肥 HA 结构上含氧碳的含量要高于土壤 HA，在长期与 Cr(Ⅵ) 接触过程中，其结构上的供电子基团如（氨基、羧基等）能够将电子传递给 Cr(Ⅵ)，达到还原 Cr(Ⅵ) 的效果。

富里酸（FA）作为堆肥有机质组成重要成分，其结构简单，与 HA 相比其结构上的含氧量高，供电子基团含量较高，因此研究堆肥 FA 直接与 Cr(Ⅵ) 作用的还原效果具有重要意义。FA 直接作为功能性组分还原 Cr(Ⅵ) 的效果如图 8-2 所示，结果表明 FA 同样能够直接还原 Cr(Ⅵ)。不同堆肥阶段 FA 还原 Cr(Ⅵ) 能力差距不大，并没有呈现规律性的变化趋势，同时随着反应的进行堆肥 FA 直接还原 Cr(Ⅵ) 的效果波动很大。总体看来，随着反应进行 20d，不同堆肥阶段 FA 对于

Cr(Ⅵ) 的去除效率均超过 12%，甚至堆肥 0d 和堆肥 7d FA 去除率均在 15% 以上。图 8-2(a) 可知，堆肥 0d 和堆肥 7d 的 FA 去除率较高，而堆肥 90d 的 FA 去除率相对较低。

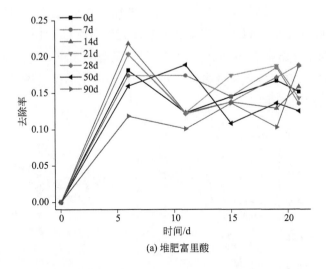

(a) 堆肥富里酸

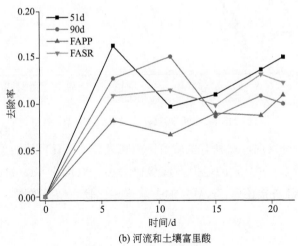

(b) 河流和土壤富里酸

图 8-2 不同来源 FA 直接还原 Cr(Ⅵ)

同天然形成的 FA 相比，[帕霍基泥煤土富里酸（FAPP）和萨瓦里河流富里酸（FASR）] 中堆肥 FA 直接还原 Cr(Ⅵ) 的能力要强于天然 FA，表现出堆肥 FA＞FASR＞FAPP 的规律，同时可以发现 FASR 直接还原 Cr(Ⅵ) 的能力要强于 FAPP 直接还原 Cr(Ⅵ) 的能力，已有研究表明土壤腐殖质具有更高的接受电子能力，水体腐殖质具有更高的供给电子能力，FAPP 具有相对较高的芳香度，而 FAPP 结构上脂肪族含量较高，FA 直接还原 Cr(Ⅵ) 能力的强弱规律分布与有机质结构芳香性呈相反的变化规律，这与堆肥 HA 直接还原 Cr(Ⅵ) 能力分布规律是一致的。

亲水性组分（HyI）作为堆肥有机质组成中极为特殊的一部分，不同于 HA 和 FA，其主要由小分子有机酸组成，图 8-3 为堆肥不同阶段 HyI 直接还原 Cr(Ⅵ) 的能力。结果表明：堆肥 HyI 同堆肥 FA 和堆肥 HA 类似，其能够直接还原 Cr(Ⅵ)，但是不同堆肥阶段 HyI 直接还原 Cr(Ⅵ) 的能力波动很大，并没有呈现很规律的演变趋势。整个反应阶段中，反应 5d 后，堆肥 HyI 还原 Cr(Ⅵ) 的能力趋于稳定，整体来看堆肥 HyI 对于 Cr(Ⅵ) 的去除率在 20％以上。堆肥 28d HyI 直接还原 Cr(Ⅵ) 的能力最弱，而堆肥 0d、堆肥 7d 和堆肥 14d 的 HyI 直接还原 Cr(Ⅵ) 的能力最强，这种结果可能源于堆肥前期还原性的蛋白质和多糖含量较多，这些功能性组分上的供电子基团能够将电子传递给 Cr(Ⅵ) 达到还原的目的。

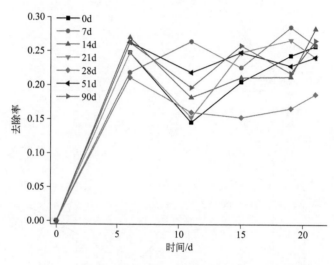

图 8-3　堆肥 HyI 直接还原 Cr(Ⅵ)

根据以上的讨论发现，三种有机质对于直接还原 Cr(Ⅵ) 的能力是不同，为了明晰三种有机质直接还原 Cr(Ⅵ) 的能力强弱规律大小，取反应 5d、11d、15d、18d 和 21d 的 HA、FA 和 HyI 直接还原 Cr(Ⅵ) 的去除率相比较，结果如图 8-4 所示。

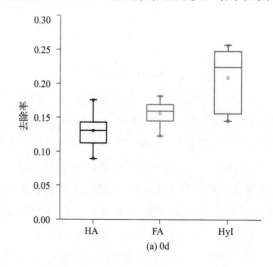

(a) 0d

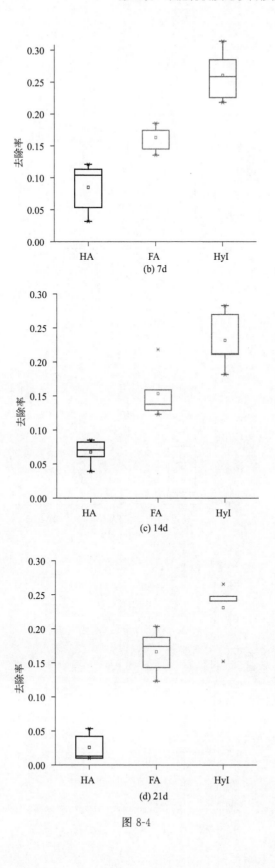

图 8-4

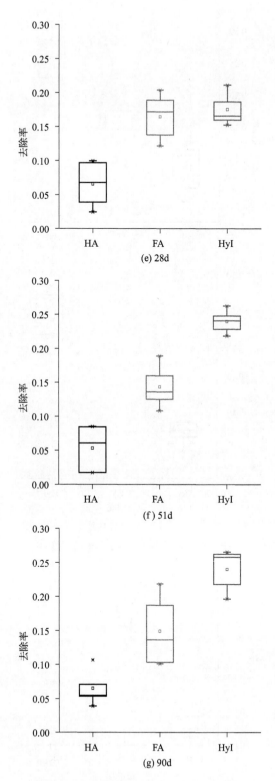

图 8-4　不同有机质还原 Cr(Ⅵ) 的分布

HA—胡敏酸；FA—富里酸；HyI—亲水性组分

不同堆肥阶段 HA、FA 和 HyI 直接还原 Cr(Ⅵ) 的分布图中可以发现：三种有机质直接还原 Cr(Ⅵ) 时，堆肥 HA 直接还原能力最弱，堆肥 HyI 最强，三种有机质在不同堆肥阶段都呈现 HyI＞FA＞HA 的变化规律。根据已有报道，堆肥 HyI 主要组成为小分子有机酸；堆肥 FA 组分中苯环含量较少，取代基氧化程度较高，以羰基、羧基等极性官能团为主；堆肥 HA 苯环含量高，取代基上脂肪族含量高，疏水性强[7]。堆肥有机质组成结构的差异决定了其电子接受能力呈 HA＞FA＞HyI 的规律，而电子供给能力呈 HyI＞FA＞HA 的规律。不同堆肥阶段有机质直接还原 Cr(Ⅵ) 的变化规律（HA＞FA＞HyI）与其电子供给能力呈相同的趋势，与电子接受能力呈相反的趋势，堆肥有机质结构上供电子基团（如酚基和氨基等）影响其对于 Cr(Ⅵ) 的直接还原，而堆肥过程中有机质结构上功能基团的演变影响其对于 Cr(Ⅵ) 的直接还原能力。

8.2　基于铁矿物的有机质电子转移能力对微生物还原 Cr(Ⅵ)的影响

8.2.1　堆肥有机质促进微生物还原铁矿物

异化铁还原菌以乳酸盐作为营养物质，通过微生物的内源呼吸作用将乳酸钠转化为二氧化碳和水，同时微生物产生电子并从细胞内传递到细胞外，腐殖质能够接受微生物传递出来的电子并由氧化态转化为还原态，还原态的腐殖质与铁矿物接触后将电子传递给铁矿物，将 Fe(Ⅲ) 转化为 Fe(Ⅱ)，实现铁矿物的还原。失去电子的还原态腐殖质，能够重新接受电子，在异化铁还原菌和铁矿物之间电子传递过程中腐殖质作为电子穿梭体强化电子的传递，具有极其重要的作用。

堆肥 HA 能够影响微生物对于铁矿物的还原，同时可以发现堆肥 HA 介导 Fe_2O_3 和 Fe_3O_4 的还原速率是不同的。如图 8-5 所示，希瓦氏菌 MR-1(M) 还原 Fe_3O_4 的速率要强于其还原 Fe_2O_3 的速率，铁矿物表面带有正电荷，能够将表面带负电的有机质和微生物吸附到矿物内部进行异化铁还原，当 Fe(Ⅲ) 还原为 Fe(Ⅱ) 时，Fe_3O_4 的结构被破坏，Fe(Ⅱ) 被析出，因此还原 Fe_3O_4 的速率要强于其还原 Fe_2O_3 的速率。我们还可以发现，堆肥 HA 促进希瓦氏菌 MR-1 还原 Fe_3O_4 能力要弱于其还原 Fe_2O_3 的能力，这种结果主要归因于铁矿物的类型对微生物还原铁矿物的影响。Fe_2O_3 是一种典型的氧化物态矿物，而 Fe_3O_4 属于生物态矿物，二者铁元素价态和晶体结构均有所不同，在环境中赋予的形态差距较大，这将导致希瓦氏菌 MR-1 对两种铁矿物呈现不同的还原能力。

对比不同堆肥阶段的 HA 样品（图 8-5）可发现，对于 Fe_2O_3 来说，不同堆肥阶段 HA 的促进铁矿物还原能力强弱为 28d＞90d＞51d＞14d＞21d＞7d＞0d，同时我们可以发现堆肥 0d HA 不具有促进希瓦氏菌 MR-1 还原 Fe_2O_3 的能力，堆肥 0d 的 HA 主要

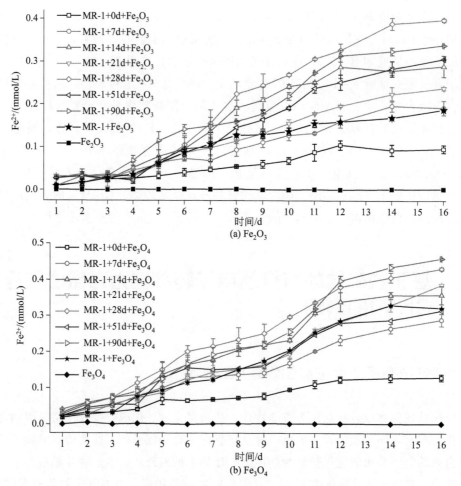

图 8-5　堆肥 HA 介导希瓦氏菌 MR-1（M）还原铁矿物

为易降解的类蛋白物质和结构简单的类腐殖质物质，其能够被微生物利用而不具有电子穿梭体的功能。对比 Fe_3O_4 可发现，不同堆肥阶段 HA 的促进铁矿物还原能力强弱为 90d＞28d＞14d＞21d＞51d＞7d＞0d，堆肥 0d、7d、21d 和 51d 不具有促进 Fe_3O_4 还原的能力。不同阶段堆肥 HA 对不同铁矿物还原能力的差异表明对于不同类型的铁矿物而言，堆肥 HA 促进作用是不同的，这种促进作用可能与堆肥 HA 的芳香性有关。

不同堆肥阶段 HA 促进两种铁矿物还原的能力呈波动变化趋势（图 8-6）。其中堆肥第 0 天 HA 促进 Fe_2O_3 还原能力最低，堆肥 28d HA 促进 Fe_2O_3 还原能力最强。堆肥中、后期（21d、28d、51d 和 90d）胡敏酸促进 Fe_2O_3 还原能力的均值是 6.406mmol/g C，高于堆肥前期（0d、7d 和 14d）胡敏酸促进 Fe_2O_3 还原能力的均值（3.851mmol/g C）。这个结果表明堆肥过程中胡敏酸的结构演变有助于促进微生物对于 Fe_2O_3 的厌氧还原，可能原因在于堆肥后期胡敏酸的醌基团含量和芳香性结构增加，单位碳电子转移功能基团含量增加，厌氧条件下可以促进更多的 Fe_2O_3 还原。相比较于 Fe_2O_3，不同堆肥阶段 HA 促进 Fe_3O_4 还原的能力虽然在堆肥 51d 有波动，但整体表现为堆肥 HA 促进 Fe_3O_4 还原能力与堆肥时间呈正相关的趋势，这种结果同样可能与其结构上的醌基团含量和芳香性结构有关。堆肥 HA 能够在厌氧条件下接受胞外呼吸菌提供的电子并将其传递给铁矿物，促进其还原转化，这可能为其在铬污染场地的修复应用提供理论依据。

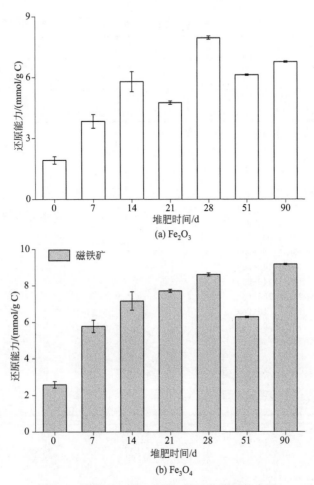

图 8-6　堆肥 HA 的 Fe(Ⅲ) 铁矿物还原能力图

　　堆肥 HA 组成复杂，结构上存在影响电子转移能力的功能性基团，这些基团在堆肥过程中不断变化，但其对促进铁矿物还原的作用尚不清楚，识别堆肥胡敏酸分子中铁矿物还原的功能性组分对解析堆肥 HA 在环境中的行为具有重要意义。因此通过分析堆肥过程中 HA 功能性组分变化与其对铁矿物还原能力的相关性识别堆肥 HA 促进铁矿物还原的功能性组分，结果如表 8-1 所列。结果表明堆肥 HA 促进两种铁矿物的能力均与组分 5 演变呈显著负相关，同时均与 SUVA$_{254}$ 和 SUVA$_{280}$ 呈显著正相关。SUVA$_{254}$ 代表有机质的芳香性，SUVA$_{280}$ 代表有机质的分子量，组分 5 是类蛋白物质，故堆肥过程中，堆肥 HA 随着堆肥的进行其结构不断演变，其结构上类蛋白物质组分不断分解，木质素、纤维素不断缩合，堆肥 HA 的芳香性和分子量不断增加，这些将导致堆肥 HA 促进铁矿物还原的能力随堆肥的进行不断增强。但是影响堆肥 HA 促进两种铁矿物还原的能力有所不同，堆肥 HA 促进 Fe_3O_4 还原的能力与腐殖化指数具有显著相关性，而其促进 Fe_2O_3 还原的能力与腐殖化指数不显著相关，说明不同阶段堆肥 HA 介导还原 Fe_3O_4 能力受堆肥产品的腐殖化程度影响强于其介导还原 Fe_2O_3 的能力。

表 8-1　堆肥 HA 组成和结构与 Fe(Ⅲ) 铁矿物还原能力的相关性分析

项目	HIX	C1	C2	C3	C4	C5	$SUVA_{254}$	$E_{254/203}$	$A_{226-400}$	$SUVA_{280}$
Fe_2O_3	0.728	0.600	0.317	0.492	−0.160	−0.844[①]	0.760[①]	0.610	0.740	0.765[①]
	0.063	0.154	0.488	0.263	0.731	0.017	0.048	0.145	0.057	0.045
Fe_3O_4	0.842[①]	0.761[①]	0.390	0.738	0.071	−0.894[②]	0.812[①]	0.799[①]	0.798[①]	0.810[①]
	0.017	0.047	0.387	0.058	0.88	0.007	0.026	0.031	0.031	0.027

① 在 0.05 水平（双侧）上显著相关。
② 在 0.01 水平（双侧）上显著相关。
注：HIX 为荧光指数。

堆肥 FA 与堆肥 HA 不同，如图 8-7 所示，不同堆肥阶段的 FA 都能促进 MR-1 还原 Fe_2O_3 和 Fe_3O_4。同时发现堆肥 FA 促进 Fe_3O_4 的还原速率要强于其促进 Fe_2O_3 还

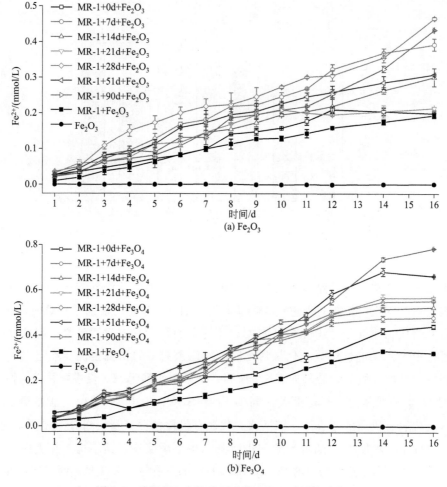

图 8-7　堆肥 FA 介导希瓦氏菌 MR-1 还原铁矿物

原的速率，这表现出与堆肥 HA 相反的趋势，与堆肥 HA 相比较，堆肥 FA 结构简单，分子量较小，其结构上的供电子基团如（羧基和酚基）要高于 HA[8]，在 pH 接近中性条件下，相较于堆肥 HA，堆肥 FA 不容易被铁矿物吸附在内部，同时其小分量的特点决定其在微生物和铁矿物间的传递就更为灵活，表现出较高的促进作用。

同样对比不同堆肥阶段的 FA 样品可发现，对于 Fe_2O_3 来说，不同堆肥阶段 FA 的促进铁矿物还原能力强弱为 28d＞90d＞7d＞51d＞14d＞21d＞0d，而对比 Fe_3O_4 可发现，不同堆肥阶段 FA 的促进铁矿物还原能力强弱为 90d＞51d＞21d＞28d＞14d＞7d＞0d。虽然堆肥 FA 对于铁矿物还原的促进不同，但是整体来说堆肥后期 FA 的促进作用要强于堆肥前期。同时对比堆肥 FA 和堆肥 HA 的促进能力可发现，堆肥 FA 促进铁矿物还原的能力要强于堆肥 HA 促进铁矿物还原的能力，这可能与堆肥 FA 的低分子量和高的含氧碳结构有关。

图 8-8 表示不同堆肥阶段 FA 促进两种铁矿物还原的能力。对于不同堆肥阶段 FA 促进 Fe_2O_3 还原呈波动变化趋势，其中堆肥第 0 天样品 FA 的 Fe_2O_3 还原能力最弱，堆肥第 28 天样品 FA 的 Fe_3O_4 还原能力最强。堆肥中、后期（21d、28d、51d 和 90d）

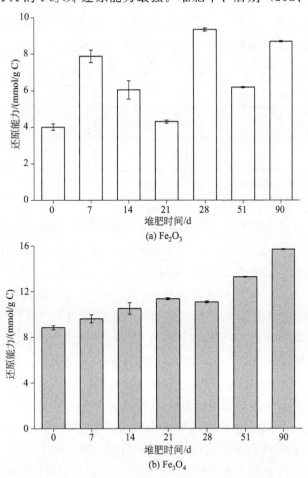

图 8-8　堆肥 FA 的 Fe(Ⅲ) 铁矿物还原能力图

FA 促进 Fe_2O_3 还原能力的均值是（8.132mmol/g C）高于堆肥前期（0d、7d 和 14d）FA 促进 Fe_2O_3 还原能力的均值（5.972mmol/g C），同时对于不同堆肥阶段 FA 促进 Fe_3O_4 还原呈稳定的增加趋势，这表明堆肥过程 FA 结构的演变同样有助于其促进铁矿物的还原。

同样为了进一步了解 FA 结构上功能基团演变对其还原铁矿物的影响，通过相关性分析对堆肥过程中 FA 功能性组分变化与其对铁矿物还原能力的联系进行解析，以期了解堆肥 FA 促进铁矿物还原的功能性组分，结果如表 8-2 所列。结果表明堆肥 FA 的 C1 与两种铁矿物还原能力呈正相关关系，组分 C1 为类富里酸物质，表明 C1 均是堆肥 FA 还原 Fe_2O_3 和 Fe_3O_4 的功能性组分。不同的是堆肥 FA 的 C2 与其还原 Fe_2O_3 还原能力呈显著相关，而堆肥 FA 的 C3 与其还原 Fe_3O_4 还原能力呈显著相关，C2 为类富里酸物质，C3 为类胡敏酸物质，表明堆肥 FA 结构上影响两种铁矿物还原的功能性组分是不同的，但是类胡敏酸物质和类富里酸物质同属于类腐殖质物质，类腐殖质物质是影响铁矿物还原的功能性组分。与堆肥 HA 结构上的芳香性组分是促进铁矿物还原的功能性组分不同，$SUVA_{254}$ 和 $A_{226-400}$ 与两种铁矿物还原能力均无相关性，$SUVA_{254}$ 和 $A_{226-400}$ 是紫外光谱表征有机质芳香性的重要参数，相关性结果表明堆肥 FA 上的芳香性结构不是其介导铁矿物还原的主要功能性基团。

表 8-2　堆肥 FA 组成和结构与 Fe(Ⅲ) 铁矿物还原能力的相关性分析

项目	EDC	EAC	HIX	C1	C2	C3	C4	C5	$SUVA_{254}$	$A_{226-400}$	$SUVA_{280}$	$E_{250/365}$
Fe_2O_3	-0.028	0.885[②]	0.724	0.783[①]	0.823[①]	0.635	0.451	-0.585	0.31	0.207	0.224	0.849[①]
	0.952	0.008	0.066	0.037	0.023	0.125	0.31	0.168	0.498	0.657	0.629	0.016
Fe_3O_4	-0.626	0.507	0.631	0.768[①]	0.394	0.925[②]	-0.054	-0.414	0.136	0.067	0.07	0.615
	0.132	0.245	0.129	0.044	0.382	0.003	0.909	0.355	0.771	0.886	0.881	0.141

① 在 0.05 水平（双侧）上显著相关。

② 在 0.01 水平（双侧）上显著相关。

图 8-9 是堆肥不同阶段 HyI 介导希瓦氏菌 MR-1（M）还原铁矿物，发现在反应初期，堆肥 HyI 能够介导希瓦氏菌 MR-1 还原 Fe_2O_3 和 Fe_3O_4，但是随着反应的进行这种促进作用逐渐降低，甚至在反应第 7d 以后，堆肥 HyI 不能介导希瓦氏菌 MR-1 还原铁矿物，这可能由于反应初期 HyI 结构简单，易溶于水，其组成的芳香性物质能够作为电子穿梭体促进微生物还原铁矿物，但是随着反应的进行，结构简单的 HyI 能够被希瓦氏菌 MR-1 降解消耗，因此反应后期这种促进作用减弱，甚至消失。

图 8-10 为不同堆肥阶段 HyI 介导两种铁矿物还原的能力图。结果表明：不同堆肥阶段 HyI 介导两种铁矿物还原能力的趋势均波动很大，堆肥 HyI 介导 Fe_2O_3 还原能力随堆肥时间呈先降低后增加的趋势，而堆肥 HyI 介导 Fe_3O_4 还原能力随堆肥时间呈先增加后降低的趋势，相关性分析发现堆肥 HyI 介导两种铁矿物还原呈显著的负相关。这种结果归因于堆肥 HyI 自身的结构。堆肥 HyI 是一种亲水性组分的有机物，其组成与堆肥 HA 和 FA 结构有较大不同，芳香化程度较低，含氧基团较多，容易被微生物降解。同时两种铁矿物不同的晶体结构决定传递电子基团（醌基）在传递微生物和铁矿物

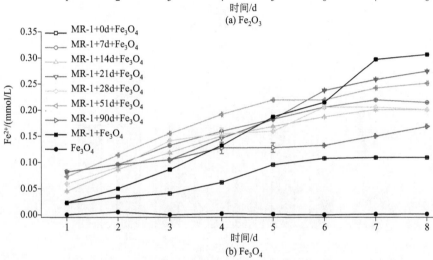

图 8-9　堆肥 HyI 介导希瓦氏菌 MR-1（M）还原铁矿物

电子中存在很大差异，这个推论可以由 AQDS 对 Fe_3O_4 的还原能力高于 Fe_2O_3 还原能力得到证实。

表 8-3　堆肥 HyI 组成和结构与 Fe(Ⅲ) 铁矿物还原能力的相关性分析

项目	Fe_2O_3	Fe_3O_4	EDC	EAC	HIX	C1	C2
Fe_2O_3	1	−0.893[②]	−0.438	0.142	−0.468	−0.171	0.019
		0.007	0.325	0.762	0.289	0.714	0.967
Fe_3O_4	−0.893[②]	1	0.737	0.077	0.652	0.303	0.168
	0.007		0.059	0.870	0.112	0.509	0.719

项目	C3	C4	C5	$SUVA_{254}$	$A_{226-400}$	$SUVA_{280}$	S_R
Fe_2O_3	−0.16	−0.266	−0.317	0.113	0.066	0.125	0.704
	0.732	0.564	0.489	0.810	0.889	0.789	0.078
Fe_3O_4	0.122	0.318	0.264	0.085	0.143	0.077	−0.772[①]
	0.795	0.487	0.567	0.856	0.759	0.870	0.042

① 在 0.05 水平（双侧）上显著相关。

② 在 0.01 水平（双侧）上显著相关。

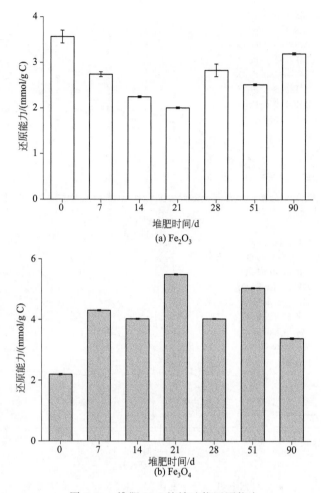

图 8-10　堆肥 HyI 的铁矿物还原能力

对光谱参数与其促进铁矿物还原能力进行相关性分析（表 8-3），结果发现，堆肥 HyI 结构上的芳香性组分不是促进铁矿物还原的功能性基团，对于堆肥 HyI 而言，其介导 Fe_3O_4 还原能力与分子量呈负相关，而其介导 Fe_2O_3 还原能力与分子量呈正相关，但并不显著，说明堆肥 HyI 的分子量对于其促进铁矿物还原的能力差异很大。同时与芳香性结构参数（$SUVA_{254}$ 和 $A_{226-400}$）相关性并不显著，表明芳香性结构可能不是影响堆肥 HyI 介导微生物还原铁矿物的主要功能性组分。

8.2.2　堆肥有机质与标准腐殖质还原铁矿物的异同

堆肥是生物强化处理工艺，相比较自然形成的腐殖质，堆肥有机质形成时间较短，包含氨基酸、糖类、有机酸和蛋白质等易降解的有机组分，这些有机组分能够作为微生物利用的碳源，进而参与微生物的生存代谢。因此堆肥有机质具有结构简单、容易被微生物降解等特点。当腐熟后的堆肥产品施加在污染土壤后，堆肥有机质传递电子的过程中，其携带的电子能够破坏有机物的结构，使其无法作为电子穿梭体参与异化铁还原菌和电子受体间的电子传递，影响微生物作为土壤调理剂对污染土壤的修复。由于土壤中含有大量的异化铁还原菌，了解堆肥有机质和天然有机质对异化铁还原菌和铁矿物间电子传递作用的异同，能够进一步提高堆肥产品对污染场地的利用效率。

图 8-11 表示堆肥有机质和标准腐殖质在介导希瓦氏菌 MR-1 还原铁矿物能力上的差别。就 HA 而言，堆肥 HA 介导希瓦氏菌 MR-1 还原铁矿物能力弱于土壤 HA（HAES 和 HALD）介导希瓦氏菌 MR-1 还原铁矿物能力，但是堆肥 HA 介导希瓦氏菌 MR-1 还原铁矿物能力要强于河流 HA（HASR）介导希瓦氏菌 MR-1 还原铁矿物能力，HASR 结构上的含氧碳的含量要强于土壤 HA 的含氧碳的含量[9]，因此土壤腐植酸比水体和沉积物腐植酸具有更强的电子接受能力，而水体腐植酸比土壤和沉积物腐植酸具有更强的提供电子能力[10]，因此 HA 结构上具有的接受电子能力的基团（如醌基）是影响其介导还原铁矿物的关键因素。比较 FA 同样发现堆肥 FA 的介导还原能力要强于FASR，这也进一步证明了上文的结论。

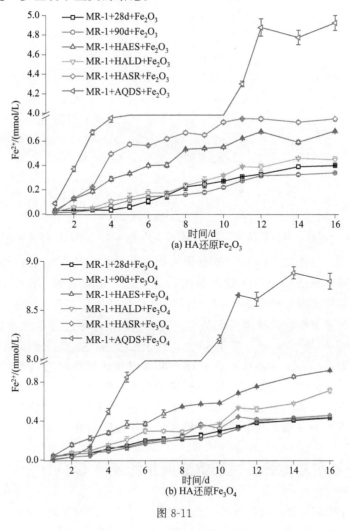

(a) HA还原Fe₂O₃

(b) HA还原Fe₃O₄

图 8-11

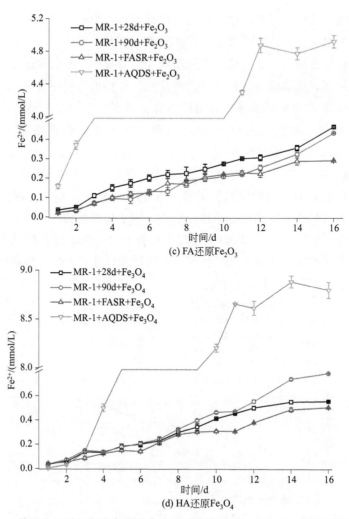

图 8-11　堆肥有机质和标准腐殖质介导希瓦氏菌 MR-1（M）还原铁矿物的差别

AQDS 作为一种人工合成的醌基模板物质，其结构上的醌基能够接受一个电子变为半醌，同时继续接受一个电子变为氢醌，这个过程是可逆的。在图 8-11 中可发现，AQDS 介导微生物还原铁矿物的实验中其 Fe（Ⅱ）的产生量要显著强于标准腐殖质和堆肥腐殖质，这种显著性的差异表明醌基在微生物异化铁还原过程中的重要作用。AQDS 对于促进两种铁矿物还原能力差异很大，AQDS 促进 Fe_2O_3 还原能力弱于其促进 Fe_3O_4 的还原能力。AQDS 结构上含有两个醌基基团，其在促进两种铁矿物还原能力的差异性表明，铁矿物自身结构对于电子传递的影响很大，Fe_2O_3 是一种典型的氧化物态矿物，而 Fe_3O_4 属于生物态矿物，二者铁元素价态和晶体结构均有所不同，同时 Fe_3O_4 自身所带的磁性也更利于 AQDS 传递胞外呼吸菌自身代谢产生的电子。

8.2.3　基于铁矿物堆肥有机质促进微生物还原 Cr(Ⅵ)

磁铁矿和赤铁矿作为自然界分布广泛的两种铁矿物，能够代表 Fe(Ⅱ) 和 Fe(Ⅲ) 在自然环境中的赋存形态，同时有研究表明磁铁矿能够作为电子供体直接还原 Cr(Ⅵ)。

如图 8-12 所示，Fe_2O_3 和 Fe_3O_4 能够吸附重金属 Cr(Ⅵ)，这是由于铁矿物在中性条件下表面带正电荷，而铬酸根（CrO_4^{2-}）带负电荷，在静电作用下 Cr(Ⅵ) 被吸附到矿物的表面。同时 Fe 浓度相同的条件下，体系中 Fe_3O_4 的浓度要少于 Fe_2O_3，但是在 Fe_3O_4 存在的体系中 Cr(Ⅵ) 的减少量要高于 Fe_2O_3 存在的体系。Fe_2O_3 和 Fe_3O_4 能够吸附并固定铬酸根，不同的是对于 Fe_3O_4 而言，包裹于矿物内部的铬酸根能够被 Fe_3O_4 结构上的 Fe(Ⅱ) 所还原，存在还原和吸附两种重要的途径。

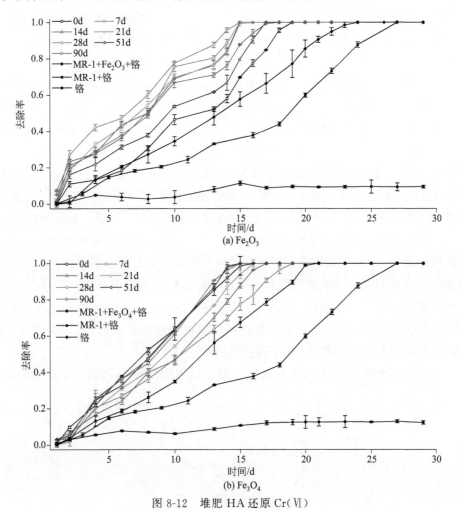

图 8-12 堆肥 HA 还原 Cr(Ⅵ)

根据图 8-12 可知，希瓦氏菌 MR-1 能够降解 Cr(Ⅵ)，在中性（pH=7）、静止的条件下 27d 内 2mmol/L 的 Cr(Ⅵ) 被完全还原。而当 Fe_2O_3 和 Fe_3O_4 存在时，2mmol/L 的 Cr(Ⅵ) 被完全消失的天数显著减少，分别在 23d 和 20d 后体系中检测不到 Cr(Ⅵ) 的存在。其中 Fe_3O_4 存在的体系 Cr(Ⅵ) 还原速率要强于 Fe_2O_3 存在的体系，这是由于 MR-1 还原 Fe_3O_4 能力要强于其还原 Fe_2O_3，由于 Fe_3O_4 自身的顺磁性能够促进电子的传递，同样条件下 Fe(Ⅱ) 在 Fe_3O_4 存在的体系还原生成速率要强于 Fe(Ⅱ) 在

Fe_2O_3 存在的体系还原生成速率, 析出 $Fe(II)$ 进而能够还原 $Cr(VI)$。而且 Fe_3O_4 晶体结构上的 $Fe(II)$ 同样能够促进 $Cr(VI)$ 的还原。

将堆肥 HA 添加到铁矿物存在的体系中发现堆肥 HA 能够促进 $Cr(VI)$ 的还原, 且不同堆肥阶段 HA 的还原速率是不同的。堆肥 HA 对于 Fe_2O_3 的强化 $Cr(VI)$ 还原速率表现为 7d＞28d＞14d＞21d＞90d＞51d＞0d 的规律, 而堆肥 HA 对于 Fe_3O_4 强化 $Cr(VI)$ 还原能力呈现 90d＞51d＞28d＞0d＞21d＞14d＞7d 的规律, 这种相反的变化顺序可能与两种铁矿物的自身结构有关, 这影响堆肥 HA 对于铁矿物的结合, 进而影响堆肥 HA 充当电子穿梭体在介导 MR-1 还原 $Cr(VI)$ 电子传递过程中的作用。根据不同堆肥 HA 对于 Fe_3O_4 强化 $Cr(VI)$ 还原能力可以发现, 堆肥后期 HA 的促进作用显著强于堆肥前期, 由于 $Cr(VI)$ 作为电子传递链的末端电子受体, 堆肥 HA 主要作为电子穿梭体存在, 影响其促进作用的主要是其结构上的能够接受电子的基团 (如醌基等), 已有研究表明这些基团与其芳香性有关, 而堆肥是一个腐殖化过程, 堆肥 HA 的芳香性和腐殖化程度在堆肥过程中不断增加, 这影响其对于 $Cr(VI)$ 还原的促进作用。

图 8-13 是不同堆肥阶段 FA 促进微生物还原 $Cr(VI)$ 的规律。同堆肥 HA 类似, 堆肥 FA 同样能够促进微生物还原 $Cr(VI)$。虽然在两种铁矿物存在的体系中, 堆肥 FA 具有促进 $Cr(VI)$ 还原的能力, 但是不同堆肥阶段 FA 差距并不明显。相比较堆肥 HA 而言, 两种铁矿物存在的体系中堆肥 FA 促进 $Cr(VI)$ 还原能力要弱于堆肥 HA, 影响堆肥有机质促进 $Cr(VI)$ 还原能力主要是其结构上接受电子基团, 而堆肥 FA 的电子接受能力要弱于堆肥 HA 的电子接受能力, 这可能直接影响堆肥 FA 对于 $Cr(VI)$ 的还原。比较两种铁矿物体系中堆肥 FA 的促进作用发现, 在 Fe_3O_4 存在的体系中堆肥 FA 促进 $Cr(VI)$ 的还原能力要强于在 Fe_2O_3 存在的体系中堆肥 FA 促进 $Cr(VI)$ 的还原能力, 这可能由于 Fe_3O_4 的顺磁性决定了其更有利于电子的传递。

图 8-14 为当磁铁矿和赤铁矿存在体系中不同堆肥阶段 HyI 促进 $Cr(VI)$ 的还原。

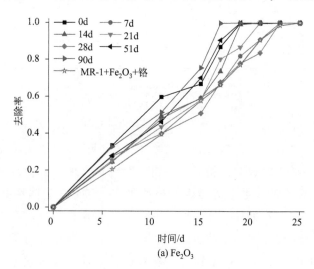

(a) Fe_2O_3

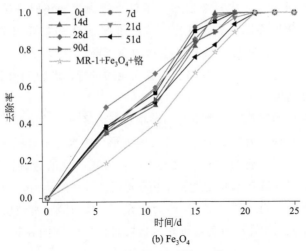

(b) Fe₃O₄

图 8-13 堆肥 FA 还原 Cr(Ⅵ)

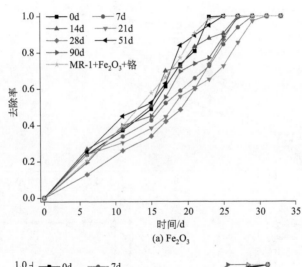

(a) Fe₂O₃

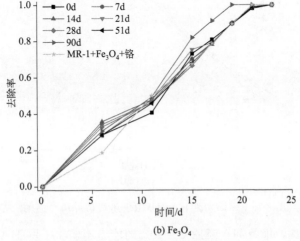

(b) Fe₃O₄

图 8-14 堆肥 HyI 还原 Cr(Ⅵ)

结果表明在反应初期（5d之内）堆肥 HyI 能够促进微生物还原铁矿物，然而随着反应的进行，这种促进作用逐渐减弱，甚至消失。堆肥 HyI 的主要组分为小分子有机酸，其结构简单，能够作为营养物质参与微生物内源呼吸。反应初期，堆肥 HyI 结构上的功能基团能够促进微生物还原 Cr(Ⅵ)，随着反应的进行，堆肥 HyI 逐渐被微生物降解，这种促进作用逐渐消失。

自然界天然存在的腐殖质是微生物、动植物残体经过长期演变形成的高分子有机化合物，而堆肥腐殖质是人为控制条件下短时间内形成的高分子有机化合物，因此堆肥腐殖质的结构和组成较天然腐殖质有较大的不同，表现出低的芳香性和腐殖化程度的特征。不同的结构决定其具有不同促进微生物还原 Cr(Ⅵ) 的能力，为了明晰堆肥腐殖质和天然腐殖质介导微生物还原 Cr(Ⅵ) 能力的异同，采用国际腐殖质协会标准腐殖质进行其促进微生物还原 Cr(Ⅵ) 的实验研究。结果如图 8-15 和图 8-16 所示。

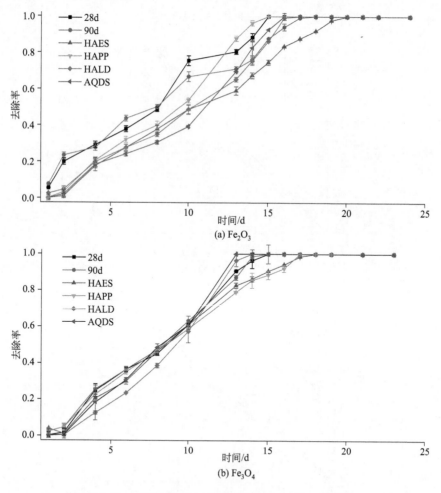

图 8-15　不同来源 HA 对 MR-1 还原 Cr(Ⅵ) 的影响

与土壤 HA 相比，堆肥 HA 还原 Cr(Ⅵ) 的能力不弱于土壤 HA（HAES、HAPP 和 HALD）还原 Cr(Ⅵ) 的能力（图 8-15 所示）。在 Fe_2O_3 存在的反应体系中，HAPP

介导微生物还原 Cr(Ⅵ) 的能力最强，而 HAES 的能力最弱。AQDS 介导微生物还原 Cr(Ⅵ) 的能力仅次于 HAES，这决定了醌基在介导微生物还原 Cr(Ⅵ) 的过程中的重要作用。而在 Fe_3O_4 存在的反应体系中，AQDS 介导微生物还原的能力最强，其次是 HALD，最弱的是 HAES。与其他土壤样品相比，HAES 的电子接受能力最弱，这决定了其介导微生物还原 Cr(Ⅵ) 的能力是最弱的，醌基和酚基等具有芳香性结构物质是具有电子接受能力的主要官能团，这可能影响介导微生物还原 Cr(Ⅵ) 能力的强弱。

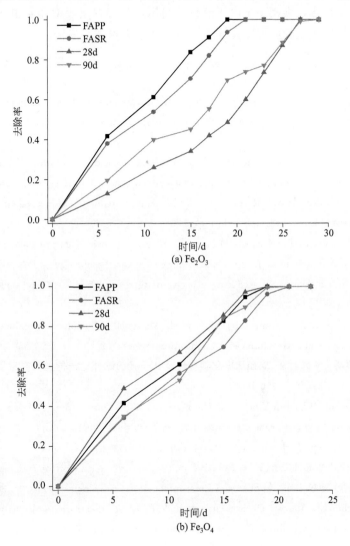

图 8-16 不同来源 FA 对 MR-1 还原 Cr(Ⅵ) 的影响

对于天然形成的 FA 而言（以 FAPP 和 FASR 为例），在 Fe_3O_4 和 Fe_2O_3 存在的两种反应体系中，FAPP 介导微生物还原 Cr(Ⅵ) 的能力相对较弱，FASR 介导微生物还原 Cr(Ⅵ) 的能力相对较强（图 8-16）。泥煤土提取出来的 FA（FAPP）与河流提取出来的 FA（FASR）相比，FAPP 具有更高的芳香性，而 FASR 结构上的脂肪碳的含量较高，两种 FA 促进微生物还原 Cr(Ⅵ) 的能力强弱与其芳香性有关。同时对比天然形成的 HA 发现，FA 促进微生物还原 Cr(Ⅵ) 的能力均弱于天然 HA 促进微生物还原 Cr(Ⅵ) 的能力。已有研究发现，与 HA 相比，FA 的分子量较低，结构上含氧量较高，以羧基、羰基等极性官能团为主，腐殖质结构芳香性是影响其促进微生物还原 Cr(Ⅵ) 的主要因素。同时还发现天然 FA 促进微生物还原 Cr(Ⅵ) 的能力强于不同堆肥 FA 促进微生物还原 Cr(Ⅵ) 的能力。堆肥 FA 具有促进微生物还原 Cr(Ⅵ) 的能力，但是与天然形成的 FA 相比，堆肥 FA 由于形成时间短，其芳香化程度和腐殖化程度较低，这决定堆肥 FA 促进微生物还原 Cr(Ⅵ) 的能力弱于天然有机质。

参 考 文 献

[1] Brose D A, James B R. Oxidation-reduction transformations of chromium in aerobic soils and the role of electron-shuttling quinones. Environmental Science and Technology, 2010, 44 (44): 9438-9444.

[2] Gu B, Chen J. Enhanced microbial reduction of Cr(Ⅵ) and U(Ⅵ) by different natural organic matter fractions. Geochimica Et Cosmochimica Acta, 2003, 67 (19): 3575-3582.

[3] Zazo J A, Paull J S, Jaffe P R. Influence of plants on the reduction of hexavalent chromium in wetland sediments. Environmental Pollution, 2008, 156 (1): 29-35.

[4] Bauer M, Heitmann T, Macalady D L, et al. Electron transfer capacities and reaction kinetics of peat dissolved organic matter. Environmental Science and Technology, 2007, 41 (1): 139-145.

[5] Peretyazhko T, Sposito G. Reducing capacity of terrestrial humic acids. Geoderma, 2006, 137 (1-2): 140-146.

[6] Daulton T L, Little B J, Jones-Meehan J, et al. Microbial reduction of chromium from the hexavalent to divalent state. Geochimica Et Cosmochimica Acta, 2007, 71 (3): 556-565.

[7] 蔡茜茜, 袁勇, 胡佩, 等. 腐殖质电化学特性及其介导的胞外电子传递研究进展. 应用与环境生物学报, 2015, 21 (6): 996-1002.

[8] Hsu L C, Wang S L, Lin Y C, et al. Cr(Ⅵ) removal on fungal biomass of neurospora crassa: the importance of dissolved organic carbons derived from the biomass to Cr(Ⅵ) reduction. Environmental Science and Technology, 2010, 44 (16): 6202-6208.

[9] Lovley, D R, Blunt-Harris E L. Role of humic-bound iron as an electron transfer agent in dissimilatory Fe(Ⅲ) reduction. Applied and Environmental Microbiology, 1999, 65 (9): 4252-4254.

[10] Aeschbacher M, Vergari D, Schwarzenbach R P, et al. Electrochemical analysis of proton and electron transfer equilibria of the reducible moieties in humic acids. Environmental Science and Technology, 2011, 45 (19): 8385-8394.

第三篇
基于土壤有机质电子转移的堆肥土壤利用机制

第9章 土壤有机质电子转移能力特征

9.1 基于固相Fe(Ⅲ)矿物的土壤固相腐殖质电子转移能力分析

对去除腐殖质后的土壤进行接种异化铁还原菌 S. oneidensis MR-1 或 S. putrefaciens 200，经过48h有氧培养后，发现不同类型的土壤样品中 Fe(Ⅲ) 矿物的还原量 （Fe^{2+}/Fe） 均比原土壤中 Fe(Ⅱ) 的百分含量有所增加 （图9-1），这表明在没有土壤固相腐殖质存在的条件下，微生物与土壤铁矿物之间可能主要是通过直接接触的机制对 Fe(Ⅲ) 矿物进行还原。微生物纳米导线的电子传递机制以及微生物细胞间的电子传递也可能为土壤 Fe(Ⅲ) 矿物的还原起到一定贡献作用[1,2]。此外，在 Fe(Ⅲ) 无法利用的情况下，微生物能够分泌螯合物，如高铁载体 （Siderophores），其可以与 Fe(Ⅲ) 进行配位从而促进 Fe(Ⅲ) 的溶解，这可能也会为异化铁还原菌直接接触Fe(Ⅲ) 提供了更多机会。当对含有腐殖质的土壤进行同样接种异化铁还原菌并培养48h后，发现 Fe(Ⅲ) 矿物的还原量比不含腐殖质的土壤显著增加了 1～2 倍，尤其是在水稻土壤与果园土壤中 Fe(Ⅲ)矿物的还原量增加的更为明显 （图9-1），表明土壤固相腐殖质与溶解性腐殖质相类似[3]，在异化铁还原菌还原 Fe(Ⅲ) 矿物的过程中可以作为电子穿梭体的功能。被微生物还原后的土壤中固相腐殖质一方面可以通过游离方式将电子传递给电子受体 Fe(Ⅲ) 矿物，另一方面可以借助固相腐殖质与黏土矿物形成的网状结构将电子以跃迁的形式传递给电子受体 Fe(Ⅲ) 矿物[4]。

微生物还原 Fe(Ⅲ) 矿物的过程中实际上是一种电子传递的过程，因此为了更直观地描述微生物和固相腐殖质在电子转移过程中的作用，我们对土壤中 Fe(Ⅲ) 的水平进行归一化处理，并将 Fe(Ⅲ) 矿物的还原量转化为电子转移量 （EEC），结果如图9-2所示。除固相腐殖质电子穿梭机制外，土壤中其他的直接电子转移机制、纳米导线机制、螯合增溶电子受体机制及细胞间电子传递机制可以通过分析去除固相腐殖质土壤的电子转移能力进行评估。在土壤固相环境介质中，微生物能够通过不同的方式实现 Fe(Ⅲ) 矿物的还原。微生物细胞与 Fe(Ⅲ) 矿物的直接接触，以 Fe(Ⅲ) 作为电子受体，将电子传递给难溶的 Fe(Ⅲ) 矿物，造成这些物质的还原，但此种模式因需要微生物与矿物

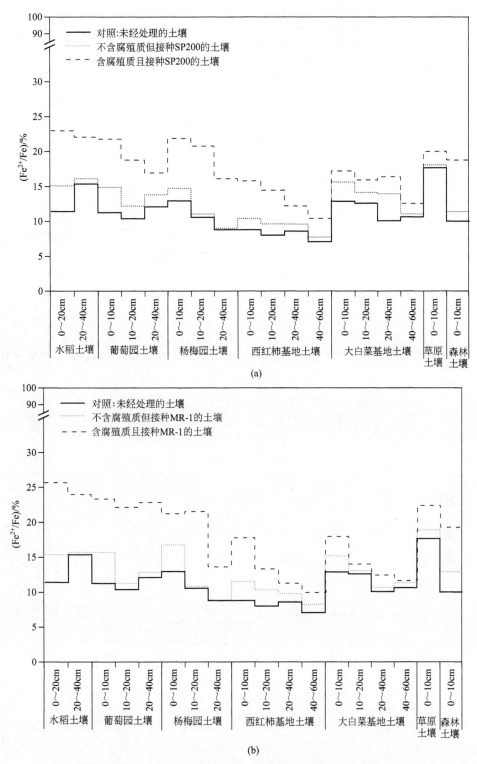

图 9-1 不同类型土壤中存在与不存在腐殖质时微生物还原 Fe(Ⅲ)

矿物产生的 Fe(Ⅱ) 的百分含量

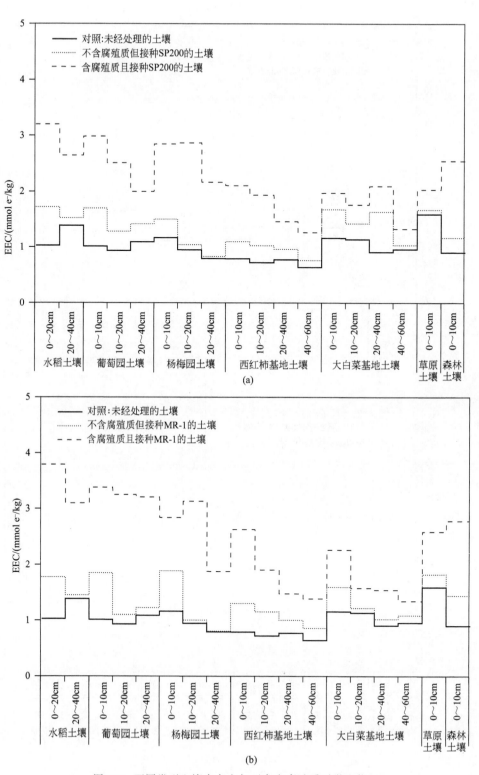

图 9-2 不同类型土壤中存在与不存在腐殖质时微生物
还原 Fe(Ⅲ) 矿物产生的电子转移量

进行充分接触，因而会大大限制其还原效率。微生物还可以产生纳米导线，通过该导线实现电子的长距离运输，甚至不同微生物之间的电子传递，将不溶性 Fe(Ⅲ) 矿物还原[1]。此外，微生物自身分泌的或其他途径形成的可溶性有机物如喹啉类、吩嗪类和核黄素可以作为电子穿梭体，传递电子，强化铁氧化物的还原。但这些电子穿梭体扩散速率较低，适合短距离运输还原铁矿物[5]。由此可见，微生物介导的直接电子转移机制、纳米导线机制、螯合增溶电子受体机制以及细胞间电子传递机制在土壤中是十分有限的，这与我们的研究结果是相吻合的。从图 9-3 中可以看出，在大部分土壤类型中，由土壤固相腐殖质作为电子穿梭体产生的电子转移量明显要高于由直接电子转移机制、纳米导线机制、螯合增溶电子受体机制以及细胞间电子传递机制产生的电子转移量。土壤致密的结构以及 Fe(Ⅲ) 矿物常被团聚体包裹阻碍了微生物与 Fe(Ⅲ) 矿物之间进行良好接触[6]，而 Fe(Ⅲ) 矿物与腐殖质形成的网状结构则为微生物将电子传递给电子受体 Fe(Ⅲ) 矿物的长距离运输搭建了重要桥梁[7]，这可能是导致土壤固相腐殖质作为电子传递体产生的电子转移量要明显高于其他电子转移机制的主要原因。

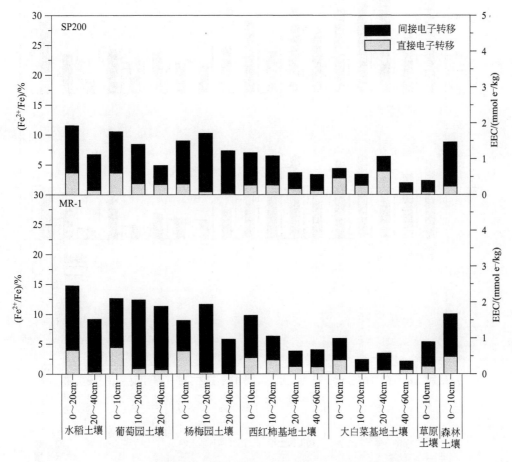

图 9-3 不同类型土壤中由直接电子传递机制与固相腐殖质电子
穿梭体机制产生的 Fe(Ⅱ) 的百分含量和电子转移量

微生物 *S.oneidensis* MR-1 与 *S.putrefaciens* 200 在还原 Fe(Ⅲ) 矿物的能力上存在一定的差异。在南方水稻田土壤和果园土壤中，*S.oneidensis* MR-1 在各种电子转移机制中似乎均比后者具有更大的优势（图 9-4），表明 *S.oneidensis* MR-1 在南方水稻田土壤和果园土壤中具有更强的生存能力，这也证实了 *S.oneidensis* MR-1 比 *S.putrefaciens* 200 在各种环境介质中具有更广泛的分布[8-10]。然而，在北方蔬菜土壤中，尽管 *S.oneidensis* MR-1 在总的电子转移量上略高于 *S.putrefaciens* 200（图 9-4），但两种微生物之间的差异并没有像在南方土壤中那么大，表明 *S.oneidensis* MR-1 与 *S.putrefaciens* 200 之间胞外电子传递能力的差异因环境条件的不同而异。*S.oneidensis* MR-1 与 *S.putrefaciens* 200 之间固相腐殖质电子穿梭体机制的差异在不同类型土壤中具有较好的一致性，而二者之间直接接触的电子传递机制的差异在不

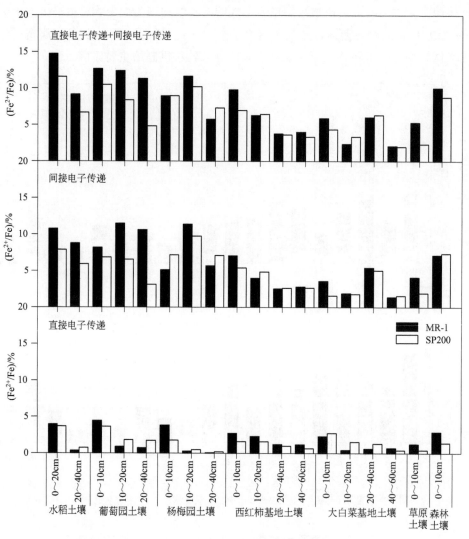

图 9-4　微生物 *S.oneidensis* MR-1 与 *S.putrefaciens* 200
在直接电子转移机制与固相腐殖质电子穿梭体机制上的差异

同类型土壤中波动较大，这主要是由于直接接触的电子传递机制存在多种方式，可能包括直接电子转移机制、纳米导线机制、螯合增溶电子受体机制及细胞间电子传递机制[11]。但无论如何，$S. oneidensis$ MR-1 与 $S. putrefaciens$ 200 不管是在直接电子传递机制上还是在固相腐殖质电子穿梭体的机制上都存在较好的相关性（图9-5），表明两种微生物使用相同系列的外膜蛋白来调控着胞外电子向胞外电子受体的传递，而两种微生物之间在电子传递能力绝对数量上的差异可能是由胞内电子传递机制不同所致[12]。

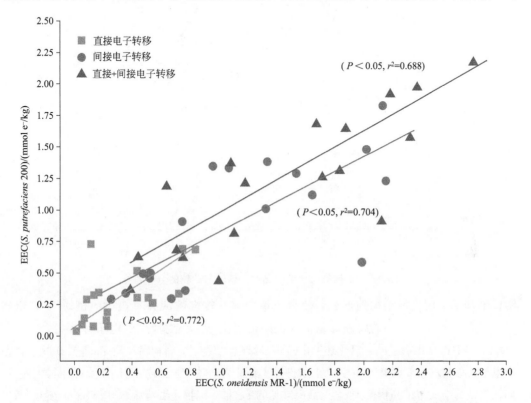

图 9-5　在直接电子转移机制与固相腐殖质电子穿梭体机制上微生物 $S. oneidensis$ MR-1 与 $S. putrefaciens$ 200 之间的相关性（EEC：电子转移量）

不管是在 $S. oneidensis$ MR-1 体系还是在 $S. putrefaciens$ 200 体系，南方水稻田土壤和果园土壤中固相腐殖质介导的电子转移量显著高于北方蔬菜土壤，天然森林土壤和草甸土壤介于二者之间（图9-4），表明南方水稻田土壤和果园土壤的固相腐殖质比其他类型土壤具有更强的电子转移能力。从土壤中黏粒、粉粒和砂粒的分布特征来看（图9-6），南方水稻田土壤和果园土壤偏向于壤土质地，而北方蔬菜土壤质地则比较黏重。壤土质地的形成是有机质与矿物相互作用的结果，尽管土壤中有些大分子腐殖质在结构上似乎要大于黏土矿物的夹层，但是土壤腐殖质可弯曲性可使其能够很好地嵌入黏土矿物的夹层中[13]，这种层状的硅酸盐矿物可以将土壤中分散的大分子腐殖质连接形成网络结构[14]，使得腐殖质分子之间的间隙不超过20Å[4]（1Å=10⁻¹⁰ m，下同），这为电子在相邻腐殖质分子之间的跃迁提供了可能。北方蔬菜土壤黏重的质地使其容易板

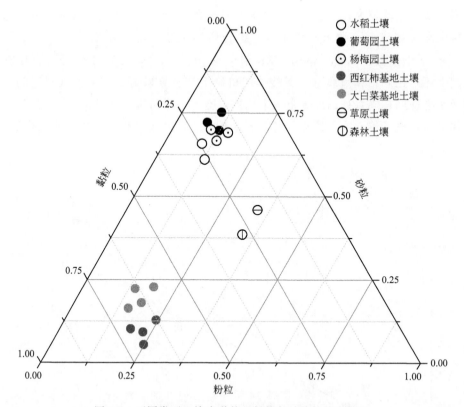

图 9-6　不同类型土壤中黏粒、粉粒与砂粒的分布特征

结，不利于土壤良好结构的形成，使得土壤中存在较多的缺失有机质的斑块[15]，阻断了电子在腐殖质分子间的跳跃，从而大大降低了土壤固相腐殖质的电子转移能力。

土壤中铁氧化物组成与氧化还原电位也是影响"微生物-固相腐殖质-Fe(Ⅲ) 矿物"体系中电子转移量的重要因素。由于成土条件的不同，各种类型土壤的理化性质存在很大差异，如氧化铁的组成与结晶程度[16]。土壤中常见的 Fe(Ⅲ) 矿物主要有赤铁矿（hematite）、黄铁矿（pyrite）、磁赤铁矿（maghetite）、菱铁矿（siderite）、针铁矿（goethite）等，这些铁矿在不同的 pH 值条件具有不同的氧化还原电位。南方水稻田土壤和果园土壤 pH 值偏酸性，北方蔬菜土壤 pH 值偏碱性，天然森林土壤和草甸土壤介于二者之间。在偏酸性条件下，南方水稻田土壤和果园土壤中铁矿物具有较高的氧化还原电位，这对于提高电子在"微生物-固相腐殖质-Fe(Ⅲ) 矿物"体系中的转移具有十分重要的作用，而在北方偏碱性土壤中，铁矿物较低的氧化还原电位降低了其接受电子的能力，这可能也是导致北方蔬菜土壤固相腐殖质的电子转移能力较南方水稻田土壤和果园土壤低的一个重要因素。

以往研究表明，腐殖质具有电子穿梭能力主要是其含有丰富的醌基和半醌基[17,18]，此外，酚基、羧基和氨基也会有一定的贡献[19]，这似乎意味着土壤腐殖质中氧化还原官能团的含量越高，土壤的电子转移能力就越强。然而，当我们采用溶解性 Fe(Ⅲ) 作为电子受体来分析土壤固相腐殖质的电子转移能力时发现，土壤固相腐殖质的电子转移能力与有机碳、腐殖质、胡敏酸和富里酸的含量之间均不存在显著的相关性（图 9-7），

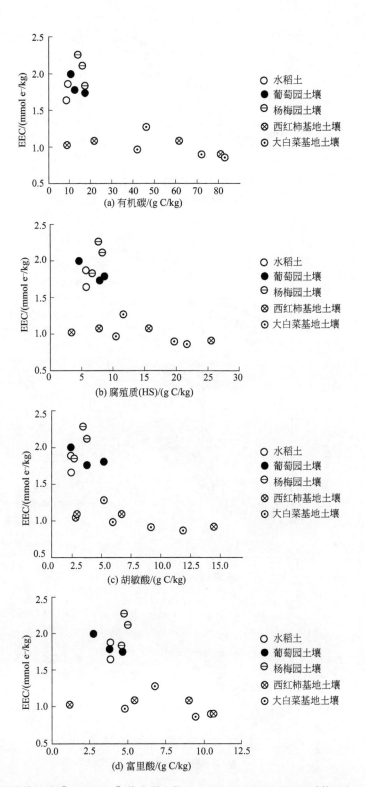

图 9-7 以溶解性柠檬酸铁 [Fe(Ⅲ) Cit] 作为微生物 *S. oneidensis* MR-1 的电子受体时由土壤固相腐殖质电子穿梭体机制产生的电子转移量分别与有机碳、腐殖质、胡敏酸和富里酸的含量之间的关系

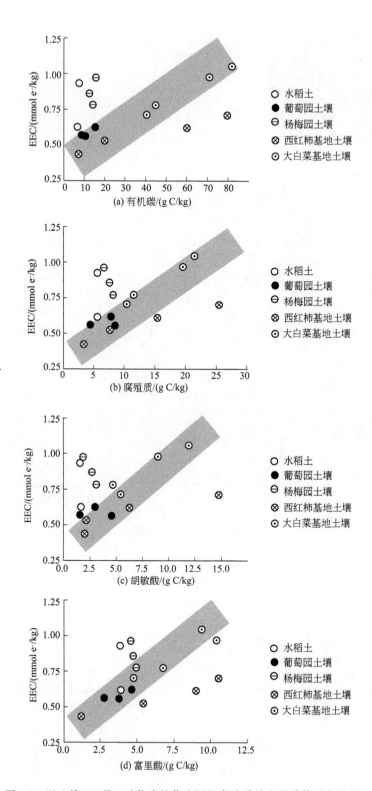

图 9-8 以土壤 Fe(Ⅲ) 矿物直接作为固相腐殖质的电子受体时产生的
电子转移量分别与有机碳、腐殖质、胡敏酸和富里酸的含量之间的关系

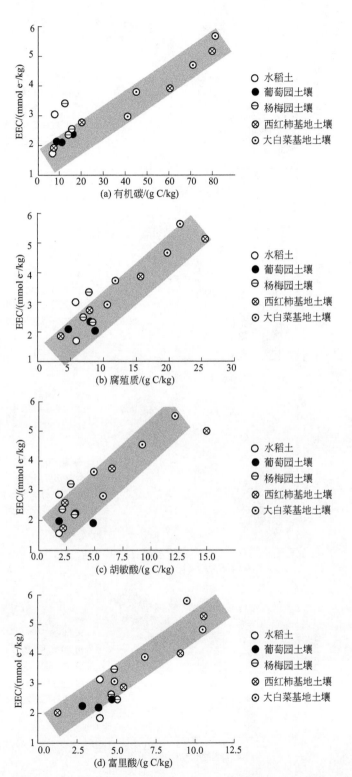

图 9-9 以土壤 Fe(Ⅲ) 矿物作为微生物 *S. oneidensis* MR-1 的电子受体时由固相腐殖质
电子穿梭体机制产生的电子转移量分别与有机碳、腐殖质、胡敏酸和富里酸的含量之间的关系

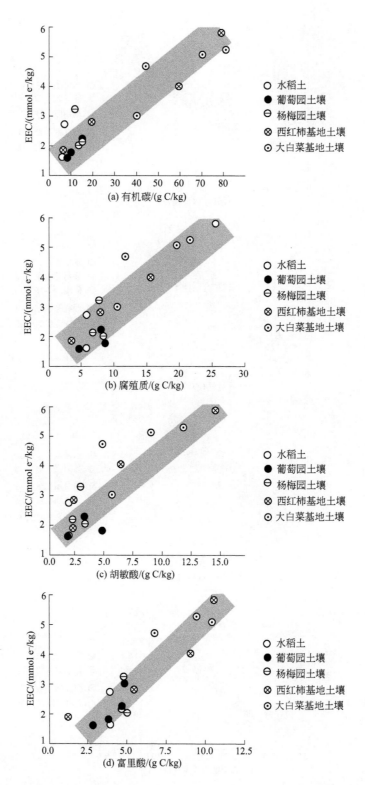

图 9-10　以土壤 Fe(Ⅲ) 矿物作为微生物 *S. putrefaciens* 200 的电子受体时由固相腐殖质
电子穿梭体机制产生的电子转移量分别与有机碳、腐殖质、胡敏酸和富里酸的含量之间的关系

这表明在土壤真实环境下，固相腐殖质中氧化还原活性官能团含量的高低并不会对其电子转移能力起决定性作用，这与溶解性腐殖质电子转移能力主要取决于氧化还原活性官能团的观点不同。

我们以土壤本身的 Fe(Ⅲ) 矿物作为电子受体，采用同样的方法分析土壤固相腐殖质的电子转移能力。结果发现，以土壤 Fe(Ⅲ) 矿物直接作为固相腐殖质的电子受体时产生的电子转移量与有机碳、腐殖质、胡敏酸和富里酸的含量之间的相关性尽管不是很高，但比以溶解性 Fe(Ⅲ) 为电子受体时的电子转移能力有明显的增加（图 9-8）；以土壤 Fe(Ⅲ) 矿物作为微生物 S. oneidensis MR-1 的电子受体时由固相腐殖质电子穿梭体机制产生的电子转移量与有机碳、腐殖质、胡敏酸和富里酸的含量之间均存在显著的相关性（图 9-9），这在微生物 S. putrefaciens 200 体系中也得出类似的结果（图 9-10）。上述这些结果表明，土壤固相腐殖质的电子转移能力高低主要是由腐殖质与矿物之间的相互作用方式决定的，而与腐殖质中氧化还原活性官能团含量的关系不大。土壤腐殖质和矿物的结合物是土壤的核心组成单元，其中土壤腐殖质含量的高低对于腐殖质-矿物复合体的形成具有较强影响，当含量较低时不利于腐殖质与矿物形成网络的结构，造成腐殖质分子之间的间距过大[4]，从而阻碍电子的跃迁。

固相电子穿梭要求固相有机物与 Fe(Ⅲ) 氧化物之间有密切的物理结合。之前的研究已经证明土壤等其他环境介质中有机碳会与黏土及 Fe(Ⅲ) 氧化物发生相互作用[20,21]。Roden[7] 等通过能量滤波转换电子显微镜（EFTEM）与电子能量损失光谱（EELS）发现在去除铁后的沉积物/Fe(Ⅲ) 矿物悬浮液中，Fe(Ⅲ) 纳米晶体与蒙脱石黏土矿物之间可以形成良好的聚集体。基于 EFTEM 的有机碳与铁元素图谱表明有机碳可以直接与 Fe(Ⅲ) 纳米晶体结合，表明在土壤-氧化物悬浮液中腐殖质与 Fe(Ⅲ) 矿物在纳米级别上是相互结合的，这对于促进电子从腐殖质传递到 Fe(Ⅲ) 矿物起到了十分重要的作用，进一步佐证了土壤固相腐殖质可以作为良好的电子穿梭体，主要是由于其能够促进土壤腐殖质-矿物复合体网络结构的形成。

9.2 基于溶解性Fe(Ⅲ)的土壤固相腐殖质电子转移能力分析

土壤固相腐殖质的电子供给能力是十分有限的，采用溶解性 Fe(Ⅲ) 作为电子受体进行分析，结果显示，土壤固相腐殖质在还原溶解性 Fe(Ⅲ) 过程中的电子转移量不足 3mmol/kg（图 9-11），这说明在操作过程中土壤固相腐殖质被空气氧化得较为完全。对去除腐殖质和铁后的土壤进行接种异化铁还原菌 S. oneidensis MR-1，经过 48h 有氧培养后，采用溶解性 Fe(Ⅲ) 作为电子受体来分析土壤的电子转移能力，结果发现，Fe(Ⅱ) 的生成量略高于未接种微生物的土壤，但在绝对数值上仍然比较低（图 9-11），

这暗示着在微生物 *S. oneidensis* MR-1 体系下，土壤中非有机相物质其电子转移能力是十分有限的。土壤中具备电子转移能力的非有机相物质主要包括 MnO_2/Mn_2、S^0/HS^- 等电对[22,23]，其中 MnO_2/Mn_2 电对的氧化还原电位要高于 $Fe(III)/Fe(II)$ 电对，因此是无法还原溶解性 $Fe(III)$ 的。S^0/HS^- 电对尽管其氧化还原电位要低于 $Fe(III)/Fe(II)$ 电对[24]，但在土壤悬浮液体系中的含量较少，从而降低了 $Fe(II)$ 的生成。

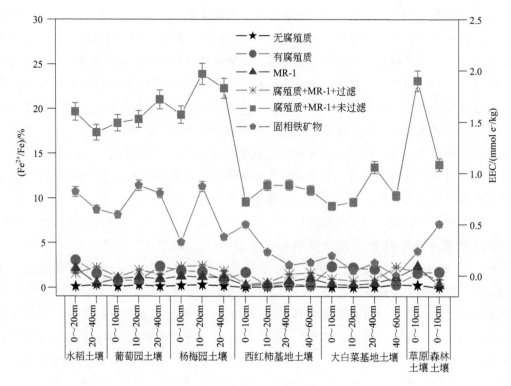

图 9-11　不同类型土壤中以溶解性 $Fe(III)$ Cit 作为微生物 *S. oneidensis*
MR-1 电子受体时各种电子转移机制产生的 $Fe(II)$ 的百分含量与电子转移量

采用同样的方法对去除铁后的土壤进行分析，结果发现，土壤悬浮液中 $Fe(II)$ 的生成量显著增加，而土壤滤液中只收到少量的 $Fe(II)$（图 9-11），这说明溶解性 $Fe(III)$ 的还原主要是来自固相腐殖质的贡献，进一步验证了土壤固相腐殖质具有很强的电子转移能力，在微生物与电子受体 $Fe(III)$ 之间可以作为电子穿梭体进行传递电子。在溶解性 $Fe(III)$ 作为电子受体的体系下，土壤固相腐殖质的电子转移量明显要高于以土壤本身的 $Fe(III)$ 矿物作为电子受体的体系（图 9-11），这主要是因为溶解性 $Fe(III)$ 与土壤固相腐殖质之间的接触面较大。当溶解性 $Fe(III)$ 作为电子受体时，南方水稻田土壤和果园土壤中电子转移量与北方蔬菜土壤中电子转移量之间的差异似乎更为明显，这进一步说明了南方水稻田土壤和果园土壤中黏土矿物-固相腐殖质形成的网络结构比北方蔬菜土壤具有更好的导电性能。

9.3 土壤固相腐殖质与溶解性腐殖质电子转移能力的比较

尽管我们之前验证了土壤固相腐殖质具有一定的电子转移能力，可以充当电子穿梭体的角色，但由于固相腐殖质在土壤介质中存在着与黏土矿物发生交互作用的机制，限制了腐殖质的任意移动和游离，从而使其与溶解性腐殖质在电子转移能力上存在很大差异。土壤固相腐殖质在本底还原容量和微生物（$S. oneidensis$ MR-1 和 $S. putrefaciens$ 200）还原容量上均低于溶解性腐殖质，表明腐殖质与微生物的接触是腐殖质接受电子的重要前提。由于受到层状硅酸盐等矿物的影响，土壤固相腐殖质的结构处于聚缩状态，在悬浮液体系中，大部分腐殖质依然无法完全展开，使得腐殖质内部的氧化还原活性基团无法与微生物进行充分接触。而当腐殖质为溶液态时，其结构较固相时更为舒展，氧化还原活性基团暴露充分，因此更有利于接受从微生物传递出的电子。

Kelleher 和 Simpson[25]通过 NMR 技术发现腐殖物质并不是一种化学特异性的有机物，而是一种由微生物和植物的生物聚合物结合而成的复杂混合物，与采用碱性溶解液提取出的腐殖质是完全不同的，这也说明了土壤固相腐殖质的氧化还原性质必然会与溶解性腐殖质存在差异。研究表明，采用碱性溶解液提取出的腐殖质并非是真正意义上的腐殖质，溶解性腐殖质中富含的芳香性官能团和羧基官能团可能是由火燃烧产生的[26,27]，但这并不是在所有的土壤中都有存在。此外，Lehmann[28]等采用 X-射线近边精细结构吸收光谱也进一步确定了土壤原位固相腐殖质并没有丰富的芳香性官能团的存在，这也间接说明了土壤原位固相腐殖质之所以具有电子转移能力，主要是因为其与土壤矿物形成的网络结构具有很好的导电性，而腐殖质的氧化还原活性官能团并不是主要的影响因素。

实际上，土壤中固相矿物基质不仅对腐殖质起固定作用，而且对微生物还原能力也会起到限制作用。在土壤固相矿物基质中，微生物在直接还原溶解性 Fe(Ⅲ) 过程中产生的电子转移量明显降低，这对于微生物 $S. oneidensis$ MR-1 和 $S. putrefaciens$ 200（SP200）都是如此。不同类型土壤之间，微生物直接还原溶解性 Fe(Ⅲ) 的能力有所波动，这更加确认了微生物异化金属的能力会明显受到土壤固相矿物的影响。土壤矿物是土壤固相颗粒的主要组分，包括各种原生矿物、层状硅酸盐黏土矿物和铁、铝、锰等的氧化物，其构成了土壤的骨架，对微生物本身及其分泌物具有很强的吸附作用，而微生物被吸附到矿物表面后其活性会发生改变[29]，从而影响了其还原能力。

参 考 文 献

[1] Malvankar N S, Lovley D R. Microbial nanowires: a new paradigm for biological electron transfer

and bioelectronics. Chemsuschem, 2012, 5 (6): 1039-1046.

[2] Nagarajan H, Embree M, Rotaru A E, et al. Characterization and modelling of interspecies electron transfer mechanisms and microbial community dynamics of a syntrophic association. Nature communications, 2013, 4: ncomms 3809.

[3] Lovley D R, Coates J D, Bluntharris E L, et al. Humic substances as electron acceptors for microbial respiration. Nature, 1996, 382 (6590): 445-448.

[4] Piepenbrock A, Kappler A. Humic Substances and Extracellular Electron Transfer// Microbial Metal Respiration. 2013.

[5] Lovley D R. Bug juice: harvesting electricity with microorganisms. Nature Reviews Microbiology, 2006, 4 (7): 497-508.

[6] Gray H B, Winkler J R. Long-range electron transfer. Proceedings of the National Academy of Sciences of the United States of America, 2005, 102 (10): 3534-3539.

[7] Roden E E, Kappler A, Bauer I, et al. Extracellular electron transfer through microbial reduction of solid-phase humic substances. Nature Geoscience, 2010, 3 (6): 417-421.

[8] Dichristina T J, Delong E F. Design and application of rRNA-targeted oligonucleotide probes for the dissimilatory iron- and manganese-reducing bacterium Shewanella putrefaciens. Applied & Environmental Microbiology, 1993, 59 (12): 4152-4160.

[9] Todorova S G, Costello A M. Design of Shewanella - specific 16S rRNA primers and application to analysis of Shewanella in a minerotrophic wetland. Environmental Microbiology, 2006, 8 (3): 426-432.

[10] Ziemke F, Brettar I, Höfle M G. Stability and diversity of the genetic structure of a Shewanella putrefaciens population in the water column of the central Baltic. Aquatic Microbial Ecology, 1997, 13 (1): 63-74..

[11] Melton E D, Swanner E D, Behrens S, et al. The interplay of microbially mediated and abiotic reactions in the biogeochemical Fe cycle. Nature Reviews Microbiology, 2014, 12 (12): 797-808.

[12] Myers J M, Myers C R. Role of the tetraheme cytochrome CymA in anaerobic electron transport in cells of Shewanella putrefaciens MR-1 with normal levels of menaquinone. Journal of Bacteriology, 2000, 182 (1): 67-75.

[13] Schnitzer M, Ripmeester J A, Kodama H. Characterization of the Organic Matter Associated With A Soil Clay. Soil Science, 1988, 145 (6): 448-454.

[14] Markus K, Markg J. Advances in understanding the molecular structure of soil organic matter: Implications for interactions in the environment. Advances in Agronomy, 2010, 106: 77-142.

[15] Peth S, Horn R, Beckmann F, et al. Three-Dimensional Quantification of Intra-Aggregate Pore-Space Features using Synchrotron-Radiation-Based Microtomography. 2008, 72 (4): 897-907.

[16] Navrotsky A, Mazeina L, Majzlan J. Size-driven structural and thermodynamic complexity in iron oxides. Science, 2008, 319 (5870): 1635-1638.

[17] Kappler A, Benz M, Schink B, et al. Electron shuttling via humic acids in microbial iron(Ⅲ) reduction in a freshwater sediment. Fems Microbiology Ecology, 2004, 47 (1): 85-92.

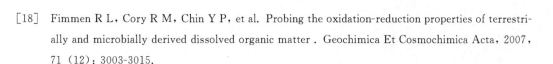

[18] Fimmen R L，Cory R M，Chin Y P，et al. Probing the oxidation-reduction properties of terrestrially and microbially derived dissolved organic matter . Geochimica Et Cosmochimica Acta，2007，71 (12)：3003-3015.

[19] Serudo R L R L，Oliveira L C D，Rocha J C，et al. Reduction capability of soil hunic substances from the Rio Negro Basin，Brasil，towards Hg（Ⅱ）studied by multimethod approach and principal component analysis . Geoderma，2007，138：229-236.

[20] Poulton S W，Canfield D E. Development of a sequential extraction procedure for iron：implications for iron partitioning in continentally derived particulates . Chemical Geology，2005，214 (3-4)：209-221.

[21] Wagai R，Mayer L M. Sorptive stabilization of organic matter in soils by hydrous iron oxides . Geochimica Et Cosmochimica Acta，2007，71 (1)：25-35.

[22] Flynn T M，O'Loughlin E J，Mishra B，et al. Sulfur-mediated electron shuttling during bacterial iron reduction . Science，2014，344 (6187)：1039-1042.

[23] Schröder U. Anodic electron transfer mechanisms in microbial fuel cells and their energy efficiency . Physical Chemistry Chemical Physics Pccp，2007，9 (21)：2619-2629.

[24] Klüpfel L，Piepenbrock A，Kappler A，et al. Humic substances as fully regenerable electron acceptors in recurrently anoxic environments . Nature Geoscience，2014，7 (3)：195-200.

[25] Kelleher B P，Simpson A J. Humic substances in soils：are they really chemically distinct . Environmental Science & Technology，2006，40 (15)：4605-4611.

[26] Haumaier L，Zech W. Black carbon-possible source of highly aromatic components of soil humic acids . Organic Geochemistry，1995，23 (3)：191-196.

[27] Trompowsky P M，Benites V D M，Madari B E，et al. Characterization of humic like substances obtained by chemical oxidation of eucalyptus charcoal . Organic Geochemistry，2005，36 (11)：1480-1489.

[28] Lehmann J，Solomon D，Kinyangi J，et al. Spatial complexity of soil organic matter forms at nanometre scales . Nature Geoscience，2008，1 (4)：238-242.

[29] Nannipieri P，Ascher J，Ceccherini M T，et al. Microbial diversity and soil functions . European Journal of Soil Science，2003，54 (4)：655-670.

第10章 土壤有机质电子转移对长期汞污染的响应

腐殖质是土壤微生物和植物残体腐解后产生的有机分子结合而成的复杂"生物超分子"结构,含有丰富的功能基团和有机组分,是土壤中有机质的重要组成部分[1]。在土壤中,腐殖质的生成受具备降解生物质的相关微生物所调控[2]。在相关微生物分泌的土壤酶作用下,土壤中腐殖质结构、性质和功能发生动态变化。一般地,腐殖质常起到维持土壤碳平衡、供给营养、调节土壤理化性质的作用[3]。同时,腐殖质是有效的电子穿梭体,能够介导土壤中铁还原、有机污染物降解和重金属形态转化。其所具备的电子转移能力受土壤性质、土壤氧化还原环境、腐殖质性质等多方面的影响。尤其地,腐殖质本身的分子结构对其电子转移能力具有较为直接的作用。已有研究表明:腐殖质中醌基、半醌基、酚羟基等功能基团的丰度和结合状态与腐殖质的电子转移能力具有显著相关性。而腐殖质含有的不同组分具有不同的亲疏水性,也进而影响了其电子转移能力[4]。

汞是一种在自然界多介质中广泛存在的重金属,具有生物富集性和极强的神经、肾毒性,已被许多机构评定为优先控制污染物。我国南方大面积地区土壤中汞的地球环境背景较高。同时,我国是世界上用汞量最大的国家,2000年汞使用量即达900多吨。工业采矿、荧光灯、电池使用等人为源向农田土壤排放了大量的汞。土壤汞污染除对农作物的生长发育具有影响外,汞毒性还直接影响了土壤中微生物的群落结构和土壤酶的活性[5]。在此过程中,一个可能的假设是:腐殖质的分子结构可能因此发生改变,进而影响其功能基团组成,并最终影响到腐殖质的电子转移能力。本研究通过采取贵州万山汞矿长期不同水平汞污染的水稻土(低汞,0.15mg/kg;中汞,3.0mg/kg;高汞,34.1mg/kg),提取土壤中的分组腐殖质,联合应用傅里叶红外光谱法、紫外-分光光度法、三维荧光光度法、交叉极化魔角旋转-核磁共振波谱法等综合分析腐殖质的分子组成,并应用电化学分析法测定其电子供给能力、电子接受能力和总电子转移能力,以确定水稻土中有机质电子转移能力对长期汞污染的响应,并探明该响应的发生机制。

10.1 长期汞污染对土壤腐殖质分子结构的影响

土壤胡敏酸与富里酸在不同汞污染水平下的傅里叶红外光谱谱图相似,汞污染也未导致官能团的波数位移（图 10-1）。整体上，胡敏酸的红外光谱图包含多个特征吸收峰：3700～3100cm^{-1} 的 OH 或 NH 伸展、2923cm^{-1} 和 2856cm^{-1} 附近的脂族 CH$_2$ 和 CH$_3$ 伸展、1722～1710cm^{-1} 的羧基 C═O 伸展、1650～1600cm^{-1} 的芳香 C═C 伸展、1460～1400cm^{-1} 的脂族 CH 变形和氨基类 NH 变形、1240～1220cm^{-1} 的羧基 C─O 伸展和 1030cm^{-1} 附近的多糖[6]。而富里酸的红外谱图除包含以上特征峰外，还含有 1166cm^{-1} 附近的叔醇 C─O 伸展、1101cm^{-1} 附近的仲醇 C─O 伸展、980cm^{-1} 附近的烯烃 C═C 振动和 910cm^{-1} 附近的羧酸 C─O 振动[7]。分析不同汞污染水平下的腐殖质傅里叶红外光谱谱图，发现：长期汞污染影响了腐殖质红外光谱谱图中的特征吸收峰。具体来说，汞污染增强了芳香类化合物的生成。而对富里酸的影响相反，即汞污染使得富里酸中的芳香类减弱。同时，汞污染抑制了富里酸中的脂肪族化合物、氨基类和仲醇类物质。总体上，汞污染对胡敏酸红外光谱的影响要小于富里酸。

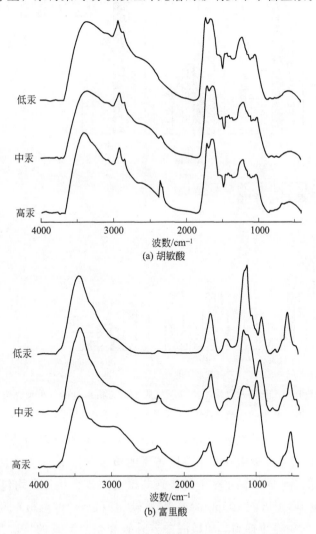

(a) 胡敏酸

(b) 富里酸

图 10-1　长期汞污染下土壤腐殖质的傅里叶红外光谱特征

应用三维荧光光度法分析土壤腐殖质中的有机组分及其相对含量,发现:汞污染显著影响了土壤腐殖质中的有机组分(图 10-2,图 10-3)[8]。结合平行因子分析的方法得出:胡敏酸中各组分的荧光强度显著高于富里酸[9]。而土壤胡敏酸包含 6 个有机组分,富里酸包含 5 个有机组分。在胡敏酸中,汞污染未显著改变 C6 组分、C1 组分的荧光强度,但增强了 C2~C5 组分的荧光强度,因而降低了 C1 组分和 C6 组分的相对含量且提高了C2~C5 组分的相对含量。同时,在富里酸中,汞污染未显著改变 C2、C3、C4 组分的荧光强度,而降低了 C1 组分、C5 组分的荧光强度,但导致 C1~C4 组分相对含量的显著增高和 C5 组分相对含量的显著降低。这个结果说明:汞污染对腐殖质中的有机组分具有选择性的影响,最终显著改变了腐殖质的有机分子结构,并可能对腐殖质的功能产生影响。

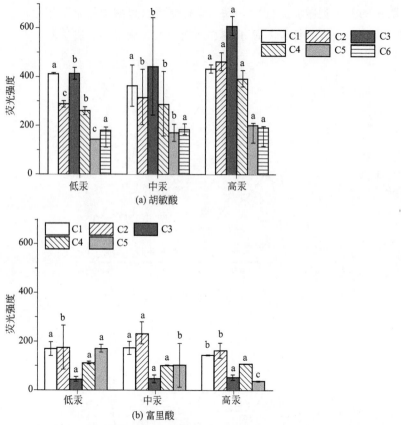

图 10-2 长期汞污染下土壤腐殖质中的有机组分的三维荧光强度

注:图中 a、b、c 是差异性标注,不同字母代表不同组样品具有显著性差异。

为进一步明确汞污染对腐殖质分子结构的影响,对土壤腐殖质进行碳核磁共振测定。结果显示:汞污染显著影响了土壤腐殖质的核磁共振谱图(图 10-4、图 10-5)。具体来讲,胡敏酸在不同汞污染水平下的核磁共振谱图较为相似,均包含:烷基碳(0~45ppm)、烷氧基碳(45~105ppm)、芳香碳(105~160ppm)和羧基碳(160~200ppm)[10]。汞污染显著抑制了胡敏酸中芳香碳和烷氧基碳的核磁共振强度,降低了其相对含量。同时,使得羧基碳和烷基碳的相对含量提高,并最终使得胡敏酸中亲水性

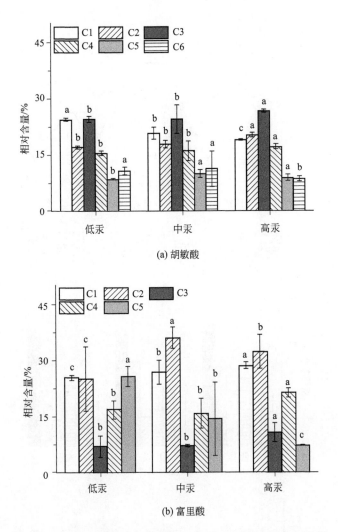

图 10-3　长期汞污染下土壤腐殖质中的各有机组分的相对含量

注：图中 a、b、c 是差异性标注，不同字母代表不同组样品具有显著性差异。

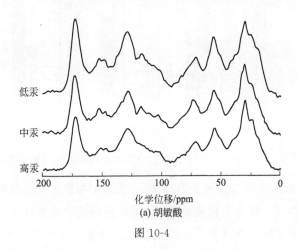

图 10-4

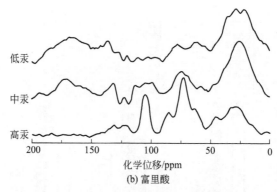

(b) 富里酸

图 10-4　长期汞污染下土壤腐殖质的核磁共振谱图

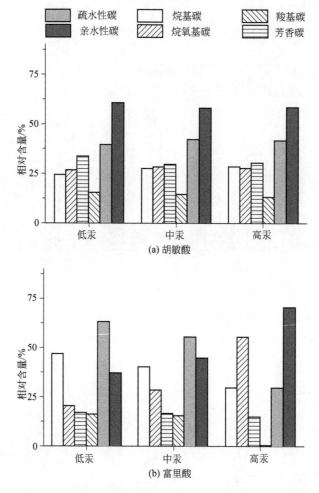

图 10-5　长期汞污染下土壤腐殖质中各功能组分的相对含量

碳含量显著降低，疏水性碳含量显著升高[11]。汞污染对富里酸中各碳功能组分影响较为复杂。汞污染显著抑制了烷基碳和羧基碳的波谱峰但增强了烷氧基碳的共振强度，使得富里酸的疏水性碳相对含量显著降低，亲水性碳相对含量显著升高[12,13]。这说明：长期汞污染不仅影响了土壤腐殖质中的各碳功能组分，还显著影响了腐殖质的亲疏水性。

10.2 长期汞污染下土壤腐殖质的电子转移能力

应用电化学分析法对土壤中不同腐殖质的电子接受能力、电子供给能力和总电子转移能力进行测定，结果表明：长期汞污染显著影响了土壤腐殖质的电子转移能力，而且不同组分所受影响也不同（图 10-6）。具体来讲，随着汞污染程度升高，胡敏酸的电子接受能力、电子供给能力和总电子转移能力均显著升高，富里酸的电子供给能力和总电

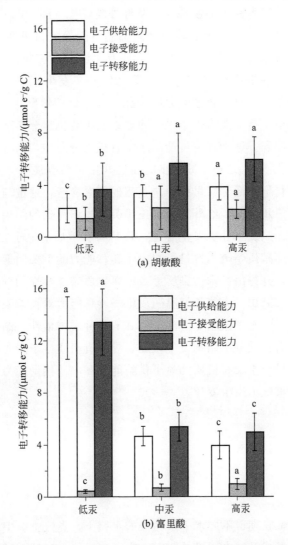

图 10-6 长期汞污染下土壤腐殖质的电子供给能力、电子接受能力和总电子转移能力

注：图中 a、b、c 是差异性标注，不同字母代表不同组样品具有显著性差异。

子转移能力显著降低，而电子接受能力略有升高。土壤胡敏酸与富里酸在长期汞污染下的电子接受能力均升高，但电子供给能力的变化相反。

10.3 土壤腐殖质的电子转移能力对长期汞污染的响应机制

　　土壤不同分组腐殖质分子结构对长期汞污染的不同响应，可能是导致其土壤腐殖质电子转移能力差异的重要原因[14]。具体来讲，胡敏酸中羧基与氨基受汞污染影响较小，但汞污染强烈抑制了富里酸中的羧基与氨基红外吸收峰（图10-1）。而羧基与氨基是腐殖质中重要的供电基团，其在富里酸中受到抑制可能导致富里酸电子供给能力的降低（图10-6）。尤其是在汞污染下，胡敏酸中主要有机组分的三维荧光信号均增强或无显著变化，而富里酸中主要有机组分的三维荧光信号多发生减弱或无显著变化（图10-2）。这与胡敏酸和富里酸电子转移能力的变化同步。即胡敏酸中有机组分增强的同时，其电子供给能力和电子接受能力也增强。而富里酸中有机组分多减弱，其电子供给能力和电子接受能力也减弱。这种现象可能暗示了有机组分的结构组成上的差异导致腐殖质电子转移能力的变化[15]。另外，进一步的核磁共振结果也表明：汞污染增强了胡敏酸中羧基碳的相对含量但降低了富里酸中羧基碳的相对含量，这也与腐殖质的电子转移能力的变化同步，进一步证实了红外光谱和三维荧光光谱得到的结果。值得注意的是，在汞污染下，腐殖质的亲疏水性也发生变化，且其与腐殖质的电子转移能力的变化同步。许多研究也表明：腐殖质亲疏水性是影响电子转移能力的重要因素。本研究的结果也似乎验证了这一结论，并得出：汞污染所导致的腐殖质亲疏水性的变化与电子转移能力的变化密切相关。总结来讲，土壤长期腐殖质电子转移能力对长期汞污染的响应机制可能是：土壤汞污染改变了土壤微生物群落结构和酶的种类与活性，结合有机质本身与汞的结合作用，使土壤有机质分子结构发生改变，导致有机质分子中含氧基团和供电基团等发生了变化，进而导致土壤有机质的电子供给能力和电子接受能力的变化，最终使土壤有机质的总电子转移能力发生变化。

10.4 结论

　　本研究通过采取长期、不同水平汞污染的水稻土，提取土壤中的分组腐殖质，综合分析腐殖质的分子组成及其电子供给能力、电子接受能力和总电子转移能力，以确定水稻土中有机质电子转移能力对长期汞污染的响应，并探明该响应的发生机制。结果表明：有机质分子结构显著受到长期汞污染的影响，不同组分有机质对汞污染的响应不同，且有机质分子组成对不同汞污染水平也产生了响应。同时，长期汞污染显著影响了土壤腐殖质的电子转移能力，而且不同组分所受影响也不同。随汞污染程度升高，胡敏酸的电子接受能力、电子供给能力和总电子转移能力均显著升高，富里酸的电子供给能力和总电子转移能力显著降低，而电子接受能力略有升高。腐殖质电子转移能力的变化与其受汞污染影响、分子中所含的含氧基团（甲氧基、羧基等）和亲疏水性的变化密切相关。

参 考 文 献

[1] Nebbioso A，Piccolo A. Basis of a humeomics science：chemical fractionation and molecular characterization of humic biosuprastructures. Biomacromolecules，2011，12（4）：1187-1199.

[2] Schmidt M W，Torn M S，Abiven S，et al. Persistence of soil organic matter as an ecosystem property . Nature，2011，478：49.

[3] Sperotto R A，Ricachenevsky F K，Williams L E，et al. From soil to seed：micronutrient movement into and within the plant . Frontiers Media SA，2014.

[4] Markus K，Markg J. Advances in understanding the molecular structure of soil organic matter：Implications for interactions in the environment . Advances in Agronomy，2010，106：77-142.

[5] Han F X，Su Y，Monts D L，et al. Binding, distribution, and plant uptake of mercury in a soil from Oak Ridge, Tennessee, USA . Science of the Total Environment，2006，368（2-3）：753-768.

[6] 窦森. 土壤有机质. 北京：科学出版社，2010.

[7] Drosos M，Nebbioso A，Mazzei P，et al. A molecular zoom into soil Humeome by a direct sequential chemical fractionation of soil . Science of the Total Environment，2017，586：807-816

[8] Li W T，Xu Z X，Li A M，et al. HPLC/HPSEC-FLD with multi-excitation/emission scan for EEM interpretation and dissolved organic matter analysis . Water Research，2013，47（3）：1246.

[9] Li W T，Chen S Y，Xu Z X，et al. Characterization of dissolved organic matter in municipal wastewater using fluorescence PARAFAC analysis and chromatography multi-excitation/emission scan：a comparative study . Environmental Science & Technology，2014，48（5）：2603.

[10] Mahieu N，Randall E W，Powlson D S. Statistical Analysis of Published Carbon-13 CPMAS NMR Spectra of Soil Organic Matter . Soil Science Society of America Journal，1999，63（2）：307-319.

[11] Xu J，Zhao B，Chu W，et al. Chemical nature of humic substances in two typical Chinese soils （upland vs paddy soil）：A comparative advanced solid-state NMR study . Science of the Total Environment，2016，576：444.

[12] Chen J S，Chiu C Y. Characterization of soil organic matter in different particle-size fractions in humid subalpine soils by CP/MAS ^{13}C NMR . Geoderma，2003，117（1）：129-141.

[13] Courtiermurias D，Simpson A J，Marzadori C，et al. Unraveling the long-term stabilization mechanisms of organic materials in soils by physical fractionation and NMR spectroscopy . Agri-

culture Ecosystems & Environment，2013，171（4）：9-18.

[14] Orsi M. Molecular dynamics simulation of humic substances . Chemical & Biological Technologies in Agriculture，2014，1（1）：10.

[15] Muscolo A，Sidari M，Nardi S. Humic substance：Relationship between structure and activity. Deeper information suggests univocal findings . Journal of Geochemical Exploration，2013，129（6）：57-63.

第11章

土壤腐殖质电子转移能力 对异源污灌的差异性响应

11.1 不同来源的污水灌溉对土壤腐殖质电子转移能力的影响

生活污水和工业污水灌溉的土壤，胡敏酸（HA）和富里酸（FA）的电子接受能力（EAC）分别显著高于和低于地下水灌溉土壤（图 11-1）。生活污水和工业污水灌溉的土壤，胡敏酸和富里酸的电子供给能力（EDC）则分别显著低于和高于地下水灌溉土壤（图 11-1）。这些结果表明，用生活污水或工业污水灌溉可以对土壤腐殖质的电子转

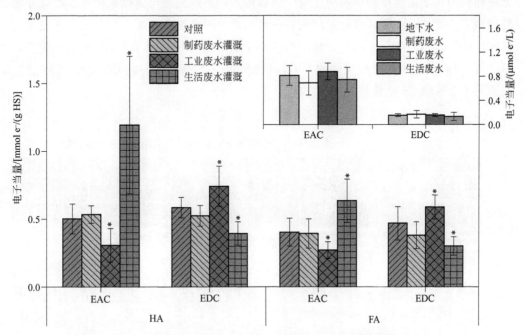

图 11-1　用不同的废水（右上）和地下水灌溉的土壤中的胡敏酸（HA）和富里酸（FA）的电子接受能力（EAC）和电子供给能力（EDC）

注：* 表示废水灌溉与地下水灌溉（对照）之间差异显著

移能力产生重大影响。用制药污水灌溉的土壤中胡敏酸和富里酸的电子接受能力和电子供给能力与用地下水灌溉的土壤之间并无显著差异（图 11-1），表明用制药污水灌溉对土壤腐殖质的电子转移能力没有产生影响。值得注意的是，在废水和地下水中仅检测到较少的电子当量（图 11-1），表明在废水和地下水中不存在氧化还原活性官能团。此外，电子接受能力和电子供给能力在废水与地下水两者之间都没有显著差异（图 11-1），表明废水的氧化还原性质并没有直接影响到污灌土壤腐殖质的电子接受能力和电子供给能力。

11.2　土壤腐殖质化学结构对其电子转移能力的影响

我们采用了一系列反映土壤腐殖质化学结构的参数，以阐明土壤腐殖质的电子转移能力与其内在的理化性质之间的关系。这些参数包括元素的组成和比例，$SUVA_{254}$、E_4/E_6、$A_{240-400}$、$S_{250-600}$、荧光指数（HIX）、荧光成分（C1、C2、C3、C4、C5 和 C6）和总木质素酚（TLP）[1]。相关分析表明，土壤腐殖质的电子接受能力与其 C/H 和 HIX 呈显著正相关，与 TLP 和 E_4/E_6 呈显著负相关。土壤腐殖质的电子供给能力与其 TLP 呈显著正相关（图 11-2）。值得注意的是，腐殖质的电子转移能力与这些化学结构指标之间的关系在胡敏酸与富里酸中都是普遍存在的（图 11-2）。这些结果表明，上述提到的化学结构指标对腐殖质电子转移能力的影响机理与腐殖质的种类没有存在必然的联系。此外，一些其他化学结构指标可以单独解释腐殖质某个组分的电子接受能力或电子供给能力的变化。例如，胡敏酸的电子供给能力与其 H 和 C1 呈显著正相关，与 $SUVA_{254}$ 和 C2 呈显著负相关。此外，富里酸的电子接受能力与其 C2 和 C4 呈显著正相关，与 H、S 和 C5 呈显著负相关（图 11-2）。

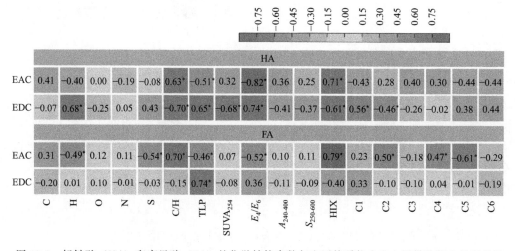

图 11-2　胡敏酸（HA）和富里酸（FA）的化学结构参数与电子接受能力和电子供给能力的相关性

注：在 0.05 水平对相关显著性（*）进行评估。

腐殖质中高的 C/H、$SUVA_{254}$ 和 HIX 通常表示芳香环具有高缩合度[2-4]。腐殖质的低 E_4/E_6 主要归因于具有芳香 C=C 的官能团的吸收[3]。荧光和傅里叶变换离子回旋共振质谱分析的直接比较表明，腐殖质样荧光通常与芳香环结构共存[5]。木质素是单酚化合物的重要来源[6]。总之，C/H、E_4/E_6、HIX、$SUVA_{254}$、C2 和 C4 可用于表示醌类结构，TLP 是反映腐殖质中酚类结构的指标。我们的研究结果表明，芳香族体系作为腐殖质中的氧化还原活性基团，这与现有的观点是一致的，即腐殖质的醌和木质素衍生的苯酚分别是主要的电子接受基团和电子供给基团[7-9]。

进一步比较了污水灌溉土壤和地下水灌溉土壤中腐殖质的化学结构指标。结果表明，与土壤腐殖质的电子转移能力呈显著相关的 C/H、E_4/E_6、TLP 和 HIX 在用污水和地下水灌溉的土壤中存在显著差异。例如，分别用生活污水和工业污水灌溉的土壤胡敏酸与富里酸的 C/H 和 HIX 分别显著高于和低于地下水灌溉的土壤[1]。生活污水和工业污水灌溉的土壤胡敏酸与富里酸的 TLP 和 E_4/E_6 分别显著低于和高于地下水灌溉土壤[1]。这些现象可能导致了在生活污水灌溉和地下水灌溉的土壤之间以及工业污水和地下水灌溉的土壤之间腐殖质电子转移能力产生显著差异。与制药污水灌溉的土壤腐殖质电子转移能力呈相关性的化学结构指标与用地下水灌溉的土壤中的相关指标没有存在显著差异[1]。因此，土壤腐殖质的电子转移与制药污水灌溉无关。总体上，与土壤腐殖质的电子转移能力呈相关的化学结构的改变是导致不同来源的废水灌溉后土壤腐殖质电子转移能力发生变化的直接原因。

11.3 土壤理化特性对其酶活性的影响

土壤酶活性一般取决于土壤环境的非生物性质[19]。因此，选择了反映土壤理化特性的 22 个指标（表 11-1），以评估土壤环境因素对酶活性的影响。相关分析表明，所有土壤物理化学特征指标（As 除外）与木质素过氧化物酶（LiP）和漆酶（Lac）活性无显著关系（图 11-3）。这些结果并不意味着 LiP 和 Lac 活性与土壤理化特性无关，而可能是因为不同的土壤理化特性决定了不同废水灌溉下的土壤酶活性。

通过比较污水和地下水灌溉的土壤的土壤理化指标，发现与地下水灌溉土壤相比，生活污水灌溉的土壤中不稳定有机碳（如 DOC 和 $KMnO_4$-C）含量较高（表 11-1），这与以往研究结果相似[20,21]。不稳定有机碳可以为微生物生长提供载体，激发土壤酶活性[20,22,23]，因为它相对容易分解，与土壤中难降解的有机碳相比可以表现出更高的更新率[24]。因此，用生活污水灌溉的土壤中 LiP 和 Lac 的活性要用地下水灌溉的土壤要高，主要是由于生活污水灌溉可以提高不稳定有机碳的含量。与地下水灌溉土壤相比，工业废水灌溉土壤中重金属含量较高（如 Cr，Cd，Pb，Ni，Cu，Zn）（表 11-1）。这个结果很可能是工业废水中重金属的含量高于地下水所造成的（表 11-1）。鉴于

表 11-1　不同废水和地下水灌溉土壤的物理化学特征

项目	对照	制药废水灌溉	工业废水灌溉	生活废水灌溉
TOC	10.2±1.0	13.0±1.1①	11.5±4.7	14.2±3.0①
DOC	0.90±0.08	1.65±0.24①	1.08±0.10	1.60±0.11①
KMnO₄-C	1.70±0.11	3.92±0.39①	2.04±0.24	3.57±0.34①
总抗生素	730±69	1341±93①	778±57	823±73
pH 值	7.2±0.8	7.8±0.8	6.8±0.7	7.0±0.8
黏土	29.8±2.4	30.4±3.4	30.0±2.5	28.5±2.8
N	1.47±0.32	1.98±0.26	1.32±0.38	2.07±0.64①
P	0.50±0.04	0.85±0.07①	0.51±0.04	0.72±0.09①
K	21.4±4.2	19.0±5.8	23.8±3.2	24.7±6.0
Cr	0.076±0.008	0.080±0.004	0.160±0.009①	0.083±0.010
Cd	0.0011±0.0001	0.0011±0.0001	0.0015±0.0001①	0.0011±0.0001
As	0.011±0.001	0.011±0.001	0.011±0.001	0.010±0.001
Pb	0.021±0.001	0.021±0.001	0.038±0.004①	0.022±0.002
Ni	0.024±0.006	0.031±0.006	0.065±0.016①	0.034±0.008
Ca	18.6±6.8	16.4±5.6	20.9±9.8	19.4±7.1
Mg	1.15±1.05	1.30±0.91	1.27±0.59	1.34±0.63
S	1.10±0.21	0.66±0.22①	1.05±0.30	1.26±0.28
Fe	48.8±24.1	43.8±20.0	64.1±18.5	45.1±14.2
Mn	0.70±0.57	0.83±0.53	0.93±0.58	1.05±0.13
Cu	0.023±0.003	0.027±0.003	0.034±0.004①	0.026±0.003
Zn	0.067±0.005	0.063±0.005	0.088±0.003①	0.069±0.006
Mo	0.014±0.010	0.011±0.007	0.015±0.009	0.021±0.007

① 表示废水灌溉与地下水灌溉（对照）之间存在显著差异。

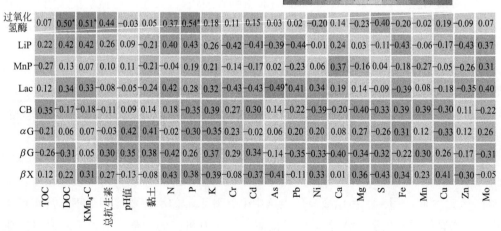

图 11-3　土壤酶活性与土壤理化特性的相关性

注：所示的颜色和数字表示相关性的强度和符号；相关性（＊）的显著性在 0.05 水平上评估。

土壤中累积的重金属可以通过抑制微生物群落结构并结合酶活性中心来降低土壤酶活性[25,26]，重金属含量的增加可能是工业废水灌溉的土壤中比地下水灌溉的土壤中 LiP 和 Lac 活性低的主要原因。虽然在制药污水灌溉后，DOC 和 $KMnO_4$-C 增加（表 11-1），但这些变化并没有激发土壤中的 LiP 和 Lac 的活性。这一结果可能由于用制药污水灌溉后总抗生素含量（total antibiotics）的增加会抑制酶活性[27]，从而通过增加土壤中的 DOC 和 $KMnO_4$-C 抵消 LiP 和 Lac 的活性增加。虽然需要进一步探索土壤理化特性对 LiP 和 Lac 活性影响的深层机制，但我们的结果清楚地表明，土壤中活性有机碳、重金属或抗生素含量的变化是不同来源的废水灌溉后的土壤腐殖质的电子转移能力产生变化的根本原因[1]。

11.4　土壤酶活性对其腐殖质化学结构的影响

土壤中腐殖质的转化和降解过程都受微生物酶活性影响，其中包括过氧化氢酶（catalase）、木质素过氧化物酶（LiP）、锰过氧化物酶（MnP）、漆酶（Lac）、纤维二糖水解酶（CB）、α-1,4-葡糖苷酶（αG）、β-1,4-葡糖苷酶（βG）和 β-1,4-木糖苷酶（βX）[10-13]。因此，我们通过分析这些酶的活性，研究其对土壤腐殖质化学结构的影响。相关分析表明，LiP 和 Lac 的活性与胡敏酸 C/H 和 HIX 均呈显著正相关，与胡敏酸和富里酸两者的 E_4/E_6 呈显著负相关（图 11-4）。这些结果表明，LiP 和 Lac 活性对与腐殖质的电子接受能力相关联的化学结构会产生正的影响。相比之下，LiP 和 Lac 的活性与胡敏酸和富里酸的 TLP 呈显著负相关（图 11-4），表明 LiP 和 Lac 活性对腐殖质电子供给能力相关的化学结构产生负的影响。

土壤中腐殖质的转化通常伴随着具有丰富酚类结构的初始分解产物氧化成具有丰富醌基的高度浓缩的分子[14,15]。土壤中腐殖质降解可能导致苯酚基团比醌基团优先损失[7]，可能是由于前者在氧化环境中比后者更容易降解[16-18]。因此，我们的研究结果表明，LiP 和 Lac 活性的增加可以促进腐殖质从供电子基团（如木质素衍生的苯酚）到土壤中的接受电子醌基的氧化转化，或促进苯酚基团比腐殖质的醌基优先降解，因此增加了腐殖质的电子接受能力并降低了腐殖质的电子供给能力。

在污水和地下水灌溉的土壤之间进一步比较过氧化氢酶、LiP、MnP、Lac、CB、αG、βG 和 βX 的活性。结果表明，生活污水和工业污水灌溉土壤的 LiP 和 Lac 活性分别高于和低于地下水灌溉土壤中的 LiP 和 Lac 活性（表 11-2）。这些现象可能是导致生活污水和地下水灌溉的土壤之间、工业废水和地下水灌溉的土壤之间的腐殖质电子转移能力相关联的化学结构存在显著差异的主要原因。用制药污水灌溉的土壤 LiP 和 Lac 活性与地下水灌溉土壤中没有显著差异。因此，与腐殖质化学结构相关的电子转移能力与制药废水灌溉无关（表 11-1）。虽然过氧化氢酶、MnP、Lac、αG、βG 和 βX 在用某种

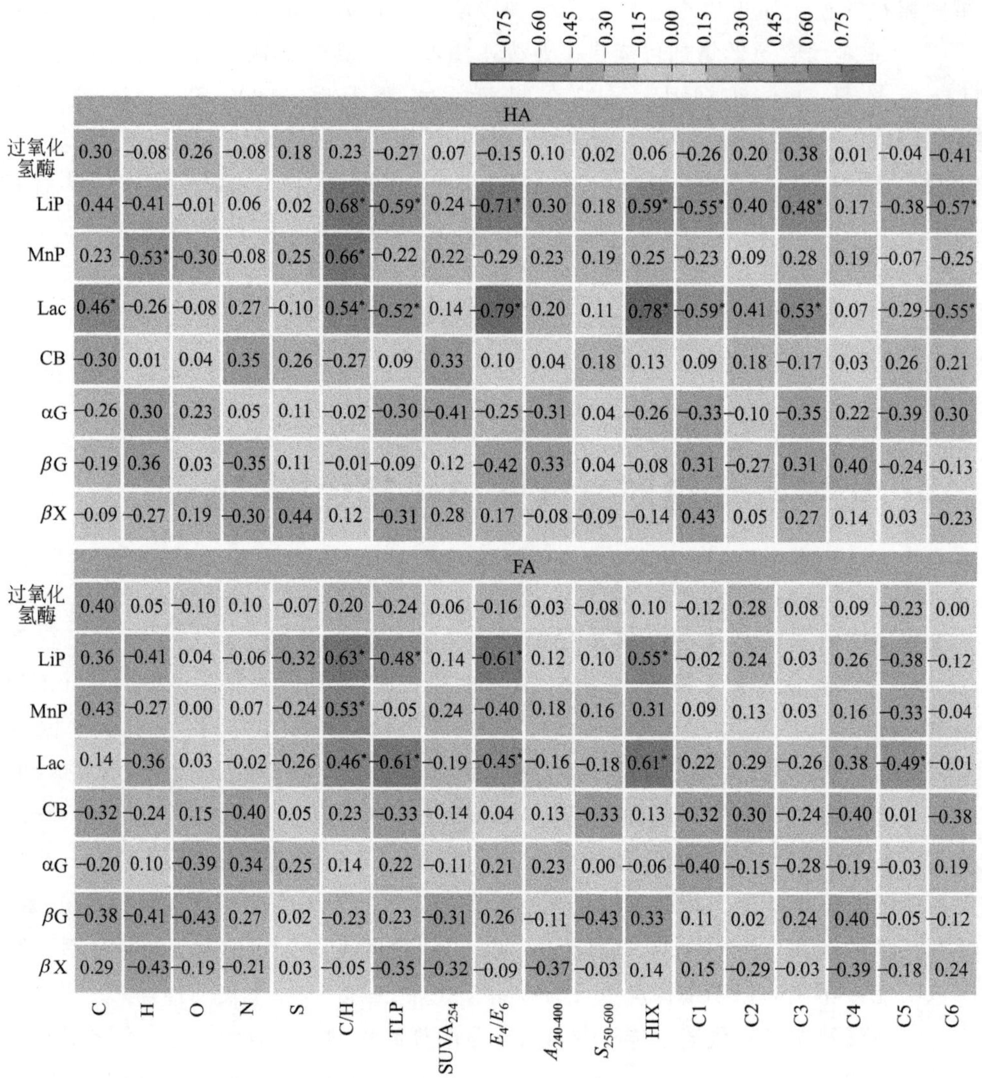

色标：−0.75　−0.60　−0.45　−0.30　−0.15　0.00　0.15　0.30　0.45　0.60　0.75

HA

	C	H	O	N	S	C/H	TLP	SUVA$_{254}$	E_4/E_6	$A_{240-400}$	$S_{250-600}$	HIX	C1	C2	C3	C4	C5	C6
过氧化氢酶	0.30	−0.08	0.26	−0.08	0.18	0.23	−0.27	0.07	−0.15	0.10	0.02	0.06	−0.26	0.20	0.38	0.01	−0.04	−0.41
LiP	0.44	−0.41	−0.01	0.06	0.02	0.68*	−0.59*	0.24	−0.71*	0.30	0.18	0.59*	−0.55*	0.40	0.48*	0.17	−0.38	−0.57*
MnP	0.23	−0.53*	−0.30	−0.08	0.25	0.66*	−0.22	0.22	−0.29	0.23	0.19	0.25	−0.23	0.09	0.28	0.19	−0.07	−0.25
Lac	0.46*	−0.26	−0.08	0.27	−0.10	0.54*	−0.52*	0.14	−0.79*	0.20	0.11	0.78*	−0.59*	0.41	0.53*	0.07	−0.29	−0.55*
CB	−0.30	0.01	0.04	0.35	0.26	−0.27	0.09	0.33	0.10	0.04	0.18	0.13	0.09	0.18	−0.17	0.03	0.26	0.21
αG	−0.26	0.30	0.23	0.05	0.11	−0.02	−0.30	−0.41	−0.25	−0.31	0.04	−0.26	−0.33	−0.10	−0.35	0.22	−0.39	0.30
βG	−0.19	0.36	0.03	−0.35	0.11	−0.01	−0.09	0.12	−0.42	0.33	0.04	−0.08	0.31	−0.27	0.31	0.40	−0.24	−0.13
βX	−0.09	−0.27	0.19	−0.30	0.44	0.12	−0.31	0.28	0.17	−0.08	−0.09	−0.14	0.43	0.05	0.27	0.14	0.03	−0.23

FA

	C	H	O	N	S	C/H	TLP	SUVA$_{254}$	E_4/E_6	$A_{240-400}$	$S_{250-600}$	HIX	C1	C2	C3	C4	C5	C6
过氧化氢酶	0.40	0.05	−0.10	0.10	−0.07	0.20	−0.24	0.06	−0.16	0.03	−0.08	0.10	−0.12	0.28	0.08	0.09	−0.23	0.00
LiP	0.36	−0.41	0.04	−0.32		0.63*	−0.48*	0.14	−0.61*	0.12	0.16	0.55*	0.10	0.24	0.03	0.26	−0.38	−0.12
MnP	0.43	−0.27	0.07	−0.24		0.53*	−0.05		−0.40	0.18	0.16	0.31	0.09		0.13	0.16	−0.33	−0.04
Lac	0.14	−0.36	0.03	−0.02	−0.26	0.46*	−0.61*	−0.19	−0.45*	−0.16	−0.18	0.61*	0.22	0.29	−0.26	0.38	−0.49*	−0.01
CB	−0.32	−0.24	0.15	−0.40	0.05	0.23	−0.33	−0.14	0.04	0.13	−0.33	0.13	−0.32	0.30	−0.24	−0.40	0.01	−0.38
αG	−0.20	0.10	−0.39	0.34	0.25	0.14	0.22	−0.11	0.21	0.23	0.00	−0.06	−0.40	−0.15	−0.28	−0.19	−0.03	0.19
βG	−0.38	−0.41	−0.43	0.27	0.02	−0.23	0.23	−0.31	0.26	−0.11	−0.43	0.33	0.11	0.02	0.24	0.40	−0.05	−0.12
βX	0.29	−0.43	−0.19	−0.21	0.03	−0.05	−0.35	−0.32	−0.09	−0.37	−0.03	0.14	0.15	−0.29	−0.03	−0.39	−0.18	0.24

图 11-4　胡敏酸（HA）和富里酸（FA）化学结构指标与土壤酶活性的相关性

注：在 0.05 水平对相关显著性（*）进行评估。

污水灌溉和地下水灌溉的土壤中呈现出显著差异（表 11-2），但这些酶活性对土壤腐殖质的化学结构没有产生影响。总体来说，土壤中 LiP 和 Lac 活性的变化是导致不同来源的污水灌溉后土壤腐殖质的电子转移能力产生变化的间接原因。

表 11-2　不同废水和地下水灌溉的土壤中的酶活性

项目	对照	制药污水灌溉	工业污水灌溉	生活污水灌溉
过氧化氢酶	3.86±1.53	10.26±3.83*	7.64±1.82*	8.96±3.45*
LiP	1.30±0.28	1.49±0.33	0.99±0.44*	1.98±0.68*
MnP	3.88±0.60	4.00±0.59	3.52±0.82	4.05±1.25
Lac	1.74±0.34	1.69±0.19	1.38±0.34*	2.50±0.40*

项目	对照	制药污水灌溉	工业污水灌溉	生活污水灌溉
CB	2.21 ± 0.46	1.97 ± 0.42	2.07 ± 0.58	2.34 ± 0.51
αG	2.47 ± 0.38	2.65 ± 0.52	$1.32\pm0.45^*$	$2.86\pm0.46^*$
βG	14.5 ± 3.12	15.7 ± 4.17	13.3 ± 3.28	$18.9\pm3.45^*$
βX	2.87 ± 0.63	3.11 ± 0.47	2.64 ± 0.52	$3.37\pm0.51^*$

注：* 表示污水灌溉与地下水灌溉（对照）之间差异显著。

11.5 环境意义

我们的研究结果表明，不同来源的污水灌溉对土壤腐殖质的电子转移能力会有不同影响，进而会对土壤生态环境过程产生不同的影响，如氧化还原动力学、碳循环和温室气体形成等。生活污水灌溉引起的土壤腐殖质的电子接受能力增加可以调控大量的有机和无机污染物的还原转化过程[28]，从而增强土壤抗污染能力，这对保障与土壤污染有关的食品安全至关重要。由于重金属工业污水灌溉引起的土壤腐殖质电子供给能力的增加可以提高其抗氧化能力[7]，可以延缓其氧化分解，增加土壤有机质的难降解性，从而在减缓土壤中 CO_2 排放到大气中发挥重要作用。总体而言，我们的研究结果可以提高对可持续的和安全的污水再利用的认识，并为如何更好地管理不同来源污水灌溉的土壤环境提供理论依据。

使用不同来源污水进行灌溉可以直接和间接地影响土壤腐殖质的电子转移能力。污水灌溉可以对土壤理化特性以及与土壤腐殖质转化和降解有关的土壤酶活性产生影响。具体来说，生活污水和工业污水灌溉分别通过增加活性有机碳和重金属的含量，对土壤中 LiP 和 Lac 的活性产生正的和负的影响。制药废水的灌溉对土壤中的 LiP 和 Lac 的活性没有显著影响，这可能是由于活性有机碳和总抗生素的含量同时增加所引起的。因此，与土壤腐殖质转化和降解相关的土壤酶活性的变化，对化学结构的影响以及最终使得土壤腐殖质的电子转移能力发生变化，是不同来源污水灌溉对土壤腐殖质电子转移能力产生影响的共有机制。

参 考 文 献

[1] Tan W，Zhang Y，Xi B，et al. Discrepant responses of the electron transfer capacity of soil humic substances to irrigations with wastewaters from different sources . Science of the Total Environment，2018，610-611：333-341.

[2] Stevenson，F. J.，Humus chemistry. Wiley，1994.

[3] Markus K，Markg J. Advances in understanding the molecular structure of soil organic matter：Implications for interactions in the environment . Advances in Agronomy，2010，106：77-142.

[4]　Ohno T. Fluorescence inner-filtering correction for determining the humification index of dissolved organic matter. Environmental Science & Technology, 2002. 36 (19): 742-746.

[5]　Herzsprung P, Von T W, Hertkorn N, et al. Variations of DOM Quality in Inflows of a Drinking Water Reservoir: Linking of van Krevelen Diagrams with EEMF Spectra by Rank Correlation. Environmental Science & Technology, 2012, 46 (10): 5511-5518.

[6]　Thevenot M, Dignac M F, Rumpel C. Fate of lignins in soils: a review. Soil Biology & Biochemistry, 2010, 42 (8): 1200-1211.

[7]　Aeschbacher M, Graf C, Schwarzenbach R P, et al. Antioxidant Properties of Humic Substances. Environmental Science & Technology, 2012, 46 (9): 4916-4925.

[8]　Lovley D R, Coates J D, Bluntharris E L, et al. Humic substances as electron acceptors for microbial respiration. Nature, 1996, 382 (6590): 445-448.

[9]　Aeschbacher M, Vergari D, Schwarzenbach R P, et al. Electrochemical analysis of proton and electron transfer equilibria of the reducible moieties in humic acids. Environmental Science & Technology, 2011, 45 (19): 8385-8394.

[10]　And T K K, Farrell R L. Enzymatic "Combustion": The Microbial Degradation of Lignin. Annual Review of Microbiology, 1987, 41 (1): 465-505.

[11]　Tien M, Kirk T K. Lignin-Degrading Enzyme from the Hymenomycete Phanerochaete chrysosporium Burds. Science, 1983, 221 (4611): 661-662.

[12]　Leonowicz A, Cho N S, Luterek J, et al. Fungal laccase: properties and activity on lignin. Journal of Basic Microbiology, 2001, 41 (3-4): 185-227.

[13]　Turner B L, Joseph W S. The response of microbial biomass and hydrolytic enzymes to a decade of nitrogen, phosphorus, and potassium addition in a lowland tropical rain forest. Biogeochemistry, 2014, 117 (1): 115-130.

[14]　Kawai S, Umezawa T, Higuchi T. Degradation mechanisms of phenolic beta-1 lignin substructure model compounds by laccase of Coriolus versicolor. Archives of Biochemistry & Biophysics, 1988, 262 (1): 99-110.

[15]　Tuor U, Wariishi H, Schoemaker H E, et al. Oxidation of phenolic arylglycerol beta-aryl ether lignin model compounds by manganese peroxidase from Phanerochaete chrysosporium: oxidative cleavage of an alpha-carbonyl model compound. Biochemistry, 1992, 31 (21): 4986-4995.

[16]　Rimmer D L, Smith A M. Antioxidants in soil organic matter and in associated plant materials. European Journal of Soil Science, 2009, 60 (2): 170-175.

[17]　Rimmer D L. Free radicals, antioxidants, and soil organic matter recalcitrance. European Journal of Soil Science, 2006, 57 (2): 91-94.

[18]　Rimmer D L, Abbott G D. Phenolic compounds in NaOH extracts of UK soils and their contribution to antioxidant capacity. European Journal of Soil Science, 2011, 62 (2): 285-294.

[19]　Cheeke T E, Cheeke T E. Microbial ecology in sustainable agroecosystems. Microbial Ecology in Sustainable Agroecosystems, 2012.

[20]　Fridel J K, Langer T, Siebe C, et al. Effects of long-term waste water irrigation on soil organic matter, soil microbial biomass and its activities in central Mexico. Biology & Fertility of Soils,

2000，31（5）：414-421.

[21] Jueschke E，Marschner B，Tarchitzky J，et al. Effects of treated wastewater irrigation on the dissolved and soil organic carbon in Israeli soils . Water Science and Technology A Journal of the International Association on Water Pollution Research，2008，57（5）：727-733.

[22] Chevremont A C，Boudenne J L，Coulomb B，et al. Impact of watering with UV-LED-treated wastewater on microbial and physico-chemical parameters of soil . Water Research，2013，47（6）：1971-1982.

[23] Saha S，Prakash V，Kundu S，et al. Soil enzymatic activity as affected by long term application of farm yard manure and mineral fertilizer under a rainfed soybean-wheat system in N-W Himalaya . European Journal of Soil Biology，2008，44（3）：309-315.

[24] Mclauchlan K K，Hobbie S E. Comparison of Labile Soil Organic Matter Fractionation Techniques . Soil Science Society of America Journal，2004，68（5）：S34-S34.

[25] Masto R E，Chhonkar P K，Singh D，et al. Changes in soil quality indicators under long-term sewage irrigation in a sub-tropical environment. Environmental Geology，2009，56（6）：1237-1243.

[26] Kayikcioglu H H. Short-term effects of irrigation with treated domestic wastewater on microbiological activity of a Vertic xerofluvent soil under Mediterranean conditions . Journal of Environmental Management，2012，102（14）：108-114.

[27] Liu F，Ying G G，Tao R，et al. Effects of six selected antibiotics on plant growth and soil microbial and enzymatic activities . Environmental Pollution，2009，157（5）：1636-1642.

[28] Borch T，Kretzschmar R，Kappler A，et al. Biogeochemical redox processes and their impact on contaminant dynamics . Environmental Science & Technology，2010，44（1）：15-23.

第12章 堆肥有机质对水稻土壤中汞形态转化影响的研究

我国水稻种植面积约为 4.55 亿亩，占全世界种植面积的 18.4%。我国稻谷产量约为 2.06 亿吨，占全国粮食总产量的 34.1%。同时，我国也是大米消费大国，全国有 60% 以上人口以大米为主食。汞是具有高危害的元素，在环境中广泛存在，具有生物富集性和极强的神经、肾毒性，已被许多机构评定为优先控制污染物[1]。通过食用有汞累积的大米是人群摄入汞的重要途径之一，而在汞环境背景值较高的汞矿区更是主要途径[2]。因此，控制水稻对汞的吸收以降低大米中的汞累积对保障食品安全与人群健康具有重要的意义[3]。而土壤中汞形态与含量直接涉及植株累积的汞形态与含量，可能对水稻汞累积具有直接的影响[4]。具体来讲，土壤中汞存在多种形态，按其化学性质主要分为元素汞、Hg(II)、有机汞（主要为甲基汞、乙基汞）等。一般地，Hg(II) 是土壤中汞的主要形态，也是水稻植株吸收并在各器官累积的主要形态[5]。土壤汞根据其移动性、生物有效性又有多种形态分组方法[6]。Bloom 等[7]提出将汞分组为：元素汞、有机结合态汞、胃酸螯合态汞、水溶态汞和硫化汞。汞在土壤中不同形态组成会因其生物有效性与移动性直接影响植株对汞的吸收，最终影响汞在稻米中的积累[8]。因而，确定土壤中汞的形态及其转化对揭示汞在土壤中的移动性和生物有效性具有重要的意义。

汞在土壤中的形态转化与土壤有机质的含量与组分密切相关。在土壤固相上，有机质易于与汞发生结合，使其固定下来，降低移动性[9]。但在土壤溶液中，可溶性有机质也极易与汞发生螯合，使汞发生移动，并易于植物吸收，增加其生物可利用性。很多研究结果也都表明：无论是在水相还是固相上，有机质的含量常是汞在各相进行分配的主导因素[10]。有机质在水相或固相中的含量越高，汞越会向该相进行迁移。同时，有机质的组分也是汞发生迁移转化的关键因素之一[11]。这可能是由于：汞与大分子的有机质组分结合后，其迁移转化须受大分子有机质本身的迁移转化过程的影响[12]。汞与活动性较强的小分子结合，也会使其活动性增加。因此，通过添加外源有机质来改变土壤有机质的含量与组分从而改变土壤中汞的形态转化，以最终实现控制汞的移动性和生物可利用性则成为可能。本研究通过向水稻土壤中添加餐厨垃圾堆肥，以淹水与排水来模拟天然水稻种植时的水分环境，进行土壤培养实验来确定外源有机质对土壤有机质的影响及其对汞形态转化的影响。

12.1 施用餐厨垃圾堆肥对水稻土中有机质的影响

向水稻土中施用堆肥，进行 60d 的淹水土培实验后，排水进行 30d 的干旱土培实验，测定土壤中的总有机碳和溶解性有机碳。结果表明：未添加堆肥和汞的对照组中土壤总有机碳和溶解性有机碳在淹水和排水后未发生显著变化（图 12-1）。添加汞也未显著改变土壤中的总有机碳含量，但使得土壤溶解性有机碳略有增加，可能是由于汞毒性改变了土壤微生物群落结构和土壤酶活性，进而改变了土壤有机质的矿化过程[13]。淹水时，在向人工添加汞的水稻土中施用堆肥后，土壤中总有机碳和溶解性有机碳含量显著增高，这说明：堆肥提高了土壤有机质，其腐解进一步提高了溶解性有机质。溶解性有机质的改变可能会影响土壤中的汞与有机质的结合，并对汞迁移转化产生影响。但在排水后，总有机碳和溶解性有机碳均略有降低，可能是氧化还原环境改变和水分运移过程受到影响所致。

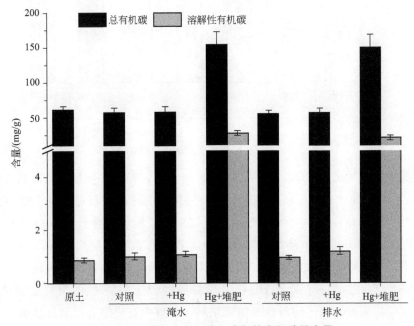

图 12-1 土壤中总有机碳和溶解性有机碳的含量

12.2 施用餐厨垃圾堆肥对水稻土中总汞与汞形态的影响

用于土壤培养试验的原土中总汞含量约为 0.32mg/kg±0.03mg/kg。在淹水 60d 和排水 30d 实验后，对照组中总汞含量未发生显著改变（图 12-2）。但向水稻土中加入 30.0mg/kg 汞后，土壤中总汞含量显著增加。无论是在淹水还是排水条件下，人工添加汞的土壤中总汞含量均低于汞添加量，可能是由于汞向水环境或大气发生迁移。而添加了堆肥的汞污染土中总汞含量显著低于未施用堆肥的汞污染土，说明：堆肥施加加剧了汞的迁移。相比来讲，淹水下堆肥施用对汞的迁移影响相对较小。而排水后的干旱环境下，堆肥施用显著降低了土壤中总汞含量，可能是促进了汞向大气迁移所导致的。

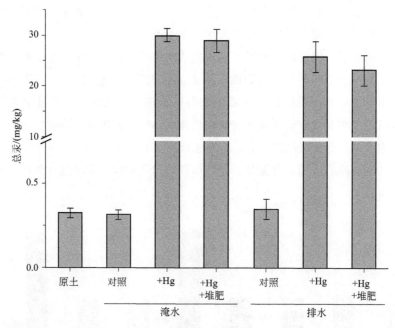

图 12-2　淹水与排水下水稻土壤中的总汞

分步提取培养后土壤中的：水溶态、胃酸螯合态、有机结合态、元素态汞和硫化汞 5 种汞形态，应用原子荧光光度法进行分析。结果表明：原土与对照组土壤的各形态汞含量均较低，淹水和排水后对照组土壤中硫化汞含量和相对含量略升高（图 12-3、图 12-4）。向土壤中添加汞后，淹水和排水条件下各形态汞的含量均显著升高。其中，在淹水条件下，添加堆肥的汞污染土中硫化汞大量生成，这可能是由厌氧环境下土壤中硫酸盐和有机硫还原生成 S^{2-} 而与 Hg 结合所导致的[14]。这一机制限制了汞的移动性，对土壤中汞固定是有利的。同时，添加堆肥后，土壤中有机结合态汞也显著升高，这主要是由于堆肥施用增加了土壤水溶性有机质和总有机质，升高的有机质大量与汞发生络合[15]。值得注意的是：添加堆肥后，元素汞和水溶态汞含量在土壤中显著降低。这说明：堆肥添加可能抑制了元素汞和水溶态汞的形成。但在排水后，氧化还原环境的改变迅速使得硫化汞的含量降低，而使得元素汞大量生成，可能会增加汞向大气迁移的风险。排水后，相比未添加堆肥的土壤，堆肥添加增加了有机结合态汞的相对含量，这说明：在非淹水条件下，有机质仍能保持其与汞的结合能力，一定程度上控制汞的迁移。

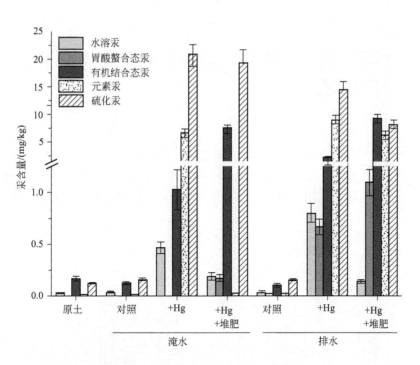

图 12-3 淹水与排水下土壤中汞形态分布

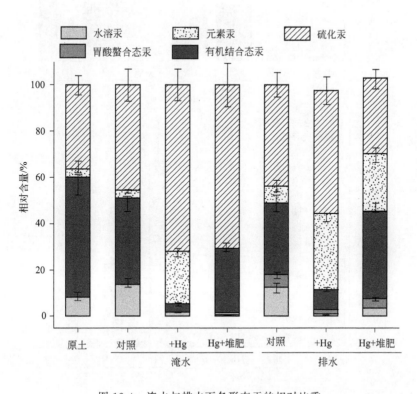

图 12-4 淹水与排水下各形态汞的相对比重

12.3　餐厨垃圾堆肥对水稻土中汞迁移性与生物可利用性的影响

　　应用分步化学提取法提取培养后土壤中的生物可利用汞和易移动汞，以原子荧光光度法测定。结果表明：原土和对照组的生物可利用汞和易移动汞的含量均较低，排水后的对照组中土壤生物可利用汞略升高（图12-5）。人工添加汞后，土壤中生物可利用汞

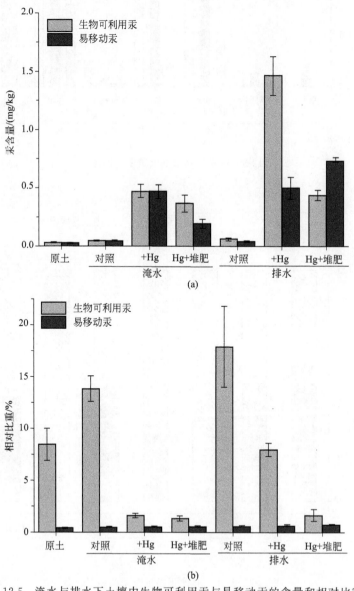

图 12-5　淹水与排水下土壤中生物可利用汞与易移动汞的含量和相对比重

和易移动汞的含量显著升高，这可能预示着：较高的汞环境背景下，汞的生物可利用性和移动性均较高。在淹水条件下，向汞污染土壤中添加堆肥导致了土壤中生物可利用汞和易移动汞的含量显著降低，这可能说明：堆肥添加降低了汞的生物可利用性和移动性，降低了汞的危害。但在排水后，未添加堆肥的汞污染土壤中，生物可利用汞和易移动汞显著升高，这与排水后氧化还原条件改变导致水溶态汞和胃酸螯合汞含量的增加相关。而添加了堆肥的汞污染土壤在未淹水条件下，生物可利用汞相对淹水条件未显著升高，相对未添加堆肥条件显著降低，这说明：堆肥施用可能一定程度上控制了水稻田排水后的汞二次释放，对长期稳定汞移动性具有重要意义。

12.4 结论

本研究通过向水稻土壤中添加餐厨垃圾堆肥，以淹水与排水来模拟天然水稻种植时的水分环境，进行土壤培养实验来确定外源有机质对土壤有机质含量与分组的影响及其对汞形态转化的影响。结果表明：施加餐厨垃圾堆肥改变了淹水下的水稻土有机质，使汞发生了固定，其移动性和生物可给性降低。排水后的水稻土中有机质再次改变，仍未显著提高汞的生物可给性。这为控制稻米汞累积、保障食品安全提供了新的技术方案，并一定程度上控制了排水后土壤汞的再次释放，受到国内外同行的广泛关注。

参 考 文 献

[1] Jiang G B，Shi J B，Feng X B. Mercury pollution in China. An overview of the past and current sources of the toxic metal. Environmental Science & Technology，2006，40（12）：3673-3678.

[2] Feng X，Qiu G. Mercury pollution in Guizhou，Southwestern China—An overview. Science of the Total Environment，2008，400（1）：227-237.

[3] 李玉锋，赵甲亭，李云云，等. 同步辐射技术研究汞的环境健康效应与生态毒理. 中国科学：化学，2015，（6）：597-613.

[4] Rothenberg S E，Anders M，Ajami N J，et al. Water management impacts rice methylmercury and the soil microbiome. Science of the Total Environment，2016，572：608-617.

[5] Meng M，Li B，Shao J J，et al. Accumulation of total mercury and methylmercury in rice plants collected from different mining areas in China. Environmental Pollution，2014，184（1）：179.

[6] Reis A T，Davidson C M，Vale C，et al. Overview and challenges of mercury fractionation and speciation in soils. Trace Trends in Analytical Chemistry，2016，82：109-117.

[7] Bloom N S，Preus E，Katon J，et al. Selective extractions to assess the biogeochemically relevant fractionation of inorganic mercury in sediments and soils. Analytica Chimica Acta，2003，479（2）：233-248.

[8] Syversen T，Kaur P. The toxicology of mercury and its compounds. Journal of Trace Elements in

Medicine & Biology，2012，26（4）：215-226.

[9] Senesi N，Loffredo E. Spectroscopic Techniques for Studying Metal—Humic Complexes in Soil// Biophysico-Chemical Processes of Heavy Metals and Metalloids in Soil Environments. 2008：125-168.

[10] Wang W X. Reducing total mercury and methylmercury accumulation in rice grains through water management and deliberate selection of rice cultivars. Environmental Pollution，2012，162（162）：202.

[11] Yu G，Wu H，Jiang X，et al. Relationships between humic substance-bound mercury contents and soil properties in subtropical zone Journal of Environmental Sciences，2006，18（5）：951-957.

[12] Moreno F N，Anderson C W N，Stewart R B，et al. Induced plant uptake and transport of mercury in the presence of sulphur - containing ligands and humic acid. New Phytologist，2005，166（2）：445-454.

[13] Zheng W，Liang L，Gu B. Mercury reduction and oxidation by reduced natural organic matter in anoxic environments. Environmental Science & Technology，2012，46（1）：292-299.

[14] 王平安. 干湿交替环境土壤汞赋存形态及其动态变化. 重庆：西南大学，2007.

[15] 李士杏，李波. 腐植酸对土壤汞向植株迁移的影响. 西南大学学报（自然科学版），2002，24（4）：378-380.

第13章 土壤污染物修复影响因素

与纯溶液体系不同，土壤中重金属和有机污染物转化和降解，不仅仅受到有机质电子转移引起的氧化还原过程影响，有机质的吸附-络合过程对土壤重金属和有机污染物形态分布和转化也具有重要影响。此外，一些非有机质参与的过程，如溶解-沉淀、矿物吸附等对土壤污染物的降解转化也具有重要影响。下面以重金属铬、典型氯代和硝基化合物为例，阐述土壤污染物降解转化影响因素。

13.1 土壤中铬的迁移、转化及影响因素

13.1.1 土壤中铬的迁移和转化

铬的不同价态化合物决定其在生态系统有着不同的生物可利用性。土壤中的铬主要以 Cr(Ⅵ) 和 Cr(Ⅲ) 的形式存在，两种价态铬的相互转换对铬的生物有效性和迁移具有重要影响。土壤中铬的迁移和转化主要分为氧化还原过程、吸附解析过程和沉淀溶解过程 3 种途径（图 13-1）[1]。

氧化还原反应是土壤铬价态转变的主要途径。在土壤常见的 pH 值和 E_h 值范围内，土壤中的有机质、Fe^{2+} 和 S^{2-} 等能够将 Cr(Ⅵ) 还原成 Cr(Ⅲ)[2,3]。土壤中 Cr(Ⅵ) 的存在需要很高的 pH 值和 E_h 值[4]，而有机质含量高的土壤呈酸性，同时有机质是一种具有芳香性的物质，其在土壤环境中能够促进 Cr(Ⅵ) 的还原和抑制 Cr(Ⅲ) 的氧化，故一般有机质含量高的土壤 Cr(Ⅵ) 的含量较低。与此同时，当存在 MnO_2 时，Cr(Ⅲ) 能够被氧化成 Cr(Ⅵ)[5]。但是受限于土壤中 Cr(Ⅲ) 的存在形式，可移动的 Cr(Ⅲ) 较少，即使同时存在 MnO_2 和合适 pH 值，土壤中的 Cr(Ⅲ) 也不容易氧化成 Cr(Ⅵ)。吸附解析过程是影响土壤环境中铬迁移的主要途径，以 CrO_4^{2-}、$HCrO_4^-$ 和 $Cr_2O_7^{2-}$ 存在的 Cr(Ⅵ) 进入土壤后，仅有 $8.5\%\sim36.2\%$ 被土壤胶体吸附，大部分游离在土壤溶液中[6]。在 $pH=2\sim7$ 时，土壤中带正电的铁和铝的氧化物能够吸附 Cr(Ⅵ)，但是当有其他阴离子存在时（SO_4^{2-} 或 PO_4^{3-} 等），可能与 Cr(Ⅵ) 产生竞争吸附，因此会减少土

壤对于 Cr(Ⅵ) 的吸附。而 Cr(Ⅲ) 进入土壤后，90％以上被土壤胶体固定，与铁氧化物交互形成铬和铁的氢氧化物混合物，在土壤中难以迁移[7]。

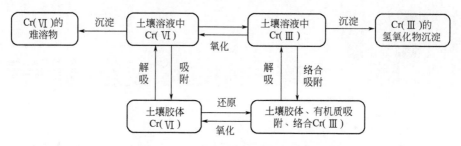

图 13-1　土壤中铬的迁移转化规律

土壤的化学组成和矿物组成复杂，包括各种阳离子和阴离子。Cr(Ⅵ) 进入土壤后能够与金属阳离子结合形成盐类，这些铬酸盐的阳离子不同其溶解度不同，例如铬酸钙和铬酸锶能溶于水，易迁移，而铬酸铅和铬酸锌难溶于水[8]。Cr(Ⅲ) 进入土壤后，容易与土壤中的氢氧根结合形成 Cr(OH)$_3$ 沉淀，然后与土壤中的铁氧化物相互作用，形成 Cr(Ⅲ)-Fe(Ⅲ) 混合氧化物或包裹于铁矿物内部[9]。

13.1.2　影响铬迁移转化的因素

13.1.2.1　土壤有机质

土壤有机质是陆地生态系统中碳循环的重要源与汇，因此是土壤十分重要的组成部分。人们很早就注意到有机质含量丰富的土壤能够将土壤中的 Cr(Ⅵ) 还原成 Cr(Ⅲ)，改变铬的赋存形态和生物可利用性[10]。在土壤生态系统中，有机质是铬最常见同时也是最好的还原剂。当向土壤中添加铬时发现，极少部分以络合形态存在于土壤中，其余均在有机质协同作用下被还原成 Cr(Ⅲ)[11]，然后与土壤中的氢氧根结合生成难溶的 Cr(OH)$_3$ 沉淀，进而被土壤胶体和颗粒吸附和固定。张定一[12]等研究土壤有机质与 Cr(Ⅵ) 相互作用时发现土壤中 Cr(Ⅵ) 的还原能力和还原速率与有机质的含量成正比，土壤中有机质对 Cr(Ⅵ) 的还原取决于土壤有机质的含量。

腐殖质作为土壤有机质的主要成分，是 Cr(Ⅵ) 还原过程的重要电子库之一。腐殖质是一类含有酚、羟基、羧基、醇羟基、烯醇基、磺酸基、取代氨基、醌基、羰基、甲氧基等多种基团的分子化合物，具有氧化还原能力，能够还原重金属和多种有机污染物[13,14]；同时腐殖质是土壤肥力的重要组成部分，在土壤物质交换过程中极为活跃[13-15]。因土壤腐殖质具有多种活跃的官能团，在自然环境中具有良好的生理活性和吸收、结合、交换等功能，对土壤物理、化学及生物学性质均有重要影响。在铬污染土壤中添加腐殖质能够加速污染土壤的土著微生物对 Cr(Ⅵ) 的还原，使高毒性的 Cr(Ⅵ) 转化为低毒 Cr(Ⅲ)，随后被土壤胶体固定，降低铬在生态系统中的迁移、转化和生物可利用性[16]，减轻铬污染土壤的环境风险。黄启飞[17]等用垃圾堆肥产品修复铬污染的土壤，进行了模拟旱地和淹水土盆试验时发现铬污染土壤中游离态铬含量显著降低，减小了污染土壤的环境风险，因为垃圾堆肥主要是促进水溶态铬向结晶型沉淀态铬转化。现有研究结果表明，不同来源腐殖质介导 Cr(Ⅵ) 氧化还原的能力存在差别，而且不同来源腐殖质其还原 Cr(Ⅵ) 的最适反应 pH 值条件也存在不同，酚基团含量丰富的泥炭有机质（NOM-PP）在低 pH 值条件下对 Cr(Ⅵ) 的非生物还原最为有效，而土壤腐殖质在微生物介导的厌氧中性条件下对 Cr(Ⅵ) 还原更为有效[18]。这主要归因于高 pH 值可以增加土壤腐殖质的溶解性以及土壤腐殖质中存在的更多的多聚体和共轭芳香有机组分。土壤中以 CrO_4^{2-} 的形式存在的 Cr(Ⅵ) 容易被腐殖质所吸附和接触，可以更为有效地将微生物代谢过程产生的电子传递给 Cr(Ⅵ) 污染物促其还原。

13.1.2.2　铁氧化物、硫化物和锰氧化物

铁作为土壤组成中的主要成分（含量仅次于 C、H、O 和 Si），同时也是活跃的具有氧化还原能力的金属，在自然界中以 Fe(Ⅱ) 和 Fe(Ⅲ) 两种形式存在。在中性或接近中性条件下，Fe(Ⅱ) 迅速氧化成 Fe(Ⅲ)，然后形成固相铁矿物（如针铁矿、赤铁矿和磁铁矿等）[19]。pH 值与 Fe(Ⅲ) 的溶解性成反比。pH 值越低 Fe(Ⅱ) 的稳定性越强，并且当 pH<4 时 Fe(Ⅱ) 能够以水溶态的形式稳定存在且不容易被氧气氧化[20]。含 Fe(Ⅱ) 的矿物如磁铁矿（Fe_3O_4）、黄铁矿（FeS_2）等能够作为 Cr(Ⅵ) 还原的电子供体将 Cr(Ⅵ) 还原，同时发现由于 Fe(Ⅱ)/Fe(Ⅲ) 和 Cr(Ⅵ)/Cr(Ⅲ) 的氧化还原电位不同，因此环境中 Cr(Ⅵ) 和 Fe(Ⅱ) 不能共存[21]。在厌氧土壤中，Fe(Ⅱ) 和 S^{2-} 控制铬的价态转化，Cr(Ⅵ) 能够接受在 Fe(Ⅱ) 和 S^{2-} 氧化成 Fe(Ⅲ) 和单质 S 或 SO_4^{2-} 的过程中失去的电子变为 Cr(Ⅲ)[22]。

土壤中锰的含量尽管少于铁，但是其在碱性土壤中具有较高的氧化还原电位，同时以较高价态的形式存在。在土壤中以二价形式存在的游离态的 Mn 含量极少，多为 +4 价态 Mn。土壤中的氧化锰能够将 Cr(Ⅲ) 氧化成 Cr(Ⅵ)，不同形态的氧化锰还原 Cr(Ⅲ) 的能力不同，其中 MnO_2 最强，γ-MnOOH 最弱。当土壤中有游离态的 Cr(Ⅲ) 时，MnO_2 能够将其吸附到矿物表面，与表面活性部位 Mn 反应使 Cr(Ⅲ) 被氧化为 Cr(Ⅵ)，随后 Cr(Ⅵ) 从矿物表面解析释放到土壤中。

13.1.2.3　pH 值

土壤 pH 值对铬的迁移的影响为呈现低 pH 值促进 Cr(Ⅵ) 的还原，主要源于低 pH 值能够促进土壤矿物释放 Fe(Ⅲ) 和减弱土壤对于 Cr(Ⅵ) 的吸附。土壤对 Cr(Ⅵ) 吸附随 pH 值的增加而降低，当 pH>8.5 时，土壤几乎不能吸附 Cr(Ⅵ)，这主要源于随着 pH 值的增加，铁矿物的表面正电荷降低，不易与表面带负电的 Cr(Ⅵ) 离子结合，因此吸附量降低[20]。在中性或接近中性 pH 的土壤，Cr(Ⅵ) 和总铬浓度一致，当 pH<4，接近 50% 的 Cr(Ⅵ) 被还原，然后以 $Cr(OH)_3$ 的形式被固定在土壤中。在有机质含量低、酸性的心土中，大部分 Cr(Ⅵ) 能够被还原，酸性条件下促进了土壤矿物对于铁的释放，微生物的作用下促使 Fe(Ⅱ) 的生成，进而与 Cr(Ⅵ) 发生氧化还原反应[23]。

13.1.2.4 微生物

假单胞菌 *Pseudomonas dechromaticen* 和 *Pseudomonas chromatophila* 最早被发现具有独自进行酶催化还原 Cr(Ⅵ) 的能力，随着不断地研究，发现了更多的有此特性的细菌，大多为兼性厌氧菌[24,25]。早期的研究普遍认为，细菌还原 Cr(Ⅵ) 的过程没有能量的存储，但随后就有研究指出，细菌在还原 Cr(Ⅵ) 的过程中也在不断地生长。此外，一些从土壤和水体中分离出的真菌也具有还原 Cr(Ⅵ) 的能力。Cr(Ⅵ) 的微生物还原机制因酶在胞内位置的不同而异。细胞膜上的 Cr(Ⅵ) 还原与呼吸链及相关的细胞色素有关，然而细胞质中的 Cr(Ⅵ) 还原与黄素还原酶有关。在厌氧环境中，假单胞菌 *Pseudomonas ambigua* G-1 和 *Pseudomonas putida* 以 NAD(P)H 为电子供体，通过溶解 Cr(Ⅵ) 还原酶将 Cr(Ⅵ) 还原[26]。正是基于这些实验研究，人们发现了越来越多溶解 Cr(Ⅵ) 还原酶也能够还原 Cr(Ⅵ)。不同的酶其还原机制不同，NfsA 在还原 Cr(Ⅵ) 时有 2 个电子转移，产生的中间产物 Cr(Ⅴ) 会加快反应进行，而且反应生成的 ROS 与 Cr(Ⅵ) 的毒性有关。大肠杆菌的可溶性还原酶 ChrR 在氧化还原反应过程中有 4 个电子转换，其中，3 个电子用于将 Cr(Ⅵ) 还原为 Cr(Ⅲ)，还有 1 个电子传递到了分子氧，由此限制了 ROS 的产生[27]。一些专性厌氧菌还原 Cr(Ⅵ) 时，会把 Cr(Ⅵ) 当作电子受体。硫酸盐还原细菌是受到较多关注的微生物，因为它既能氧化乳酸又能还原 Cr(Ⅵ)，这与其还原硫酸盐和铬酸盐机理相似。在电子转移过程中，希瓦氏菌 *S. oneidensis* 可以利用 MtrC 和 OmcA 两种细胞色素作为终端还原酶将胞外 Cr(Ⅵ) 还原，而当去除相应的 mtrC 和 omcA 两组基因后，细菌则不再还原 Cr(Ⅵ)，同时胞内 Cr(Ⅲ) 积累增加，胞外 Cr(Ⅲ) 减少[28]。

13.2 土壤中有机污染物的转化及影响因素

有机质对土壤中的农药等有机污染物有强烈的亲和力，对有机污染物在土壤中的挥发、吸附解析、降解、残留等迁移转化过程都有十分重要的影响[29]。腐殖质作为有机质主体，其可以通过疏水作用、氢键作用、螯合作用和配位交换吸附和富集有机污染物，影响有机污染物在土壤中的迁移转化以及改变生物可利用率和影响有机污染物毒性等[30]。

有机污染物中的五氯苯酚（PCP）是一种污染持久的内分泌干扰物，最早是用作木材防腐剂，之后逐渐被广泛使用，其可以与其他的氯代酚一起用作除草剂、除海藻剂和杀虫剂等，在环境中残留造成危害；同时也可以通过工业排放直接进入环境中造成世界范围的危害。五氯苯酚具有慢性毒性、"三致"特性、累积性以及难降解性，对人类健康和生态环境构成了严重的威胁，因此已被美国环保局（US EPA）和国家环保总局（现生态环保部）列入了优先污染物名单[31]。近年来国内外许多学者针对 PCP 的去除进行了广泛的研究。臭氧氧化作为高级氧化最常用的一种,被应用于 PCP 的氧化降解,但是其去除效率十分有限,且降解不彻底,因此催化臭氧氧化就成为当前热点之一。任健[32]等研究表明腐植酸可以协同 Mn^{2+} 催化臭氧氧化降解五氯苯酚,向 $Mn(Ⅱ)/O_3$ 催化臭氧氧化体系中添加少量的腐植酸可明显地促进 PCP 的降解速率。Zhang[33]等研究 Fe-HA 复合物可以作为固相电子穿梭体介导微生物还原五氯苯酚脱氯。

　　卤代烃是一种持久性有机污染物(POPs),具有持久性以及"三致"(致畸、致癌、致突变)的特点,因而受到普遍关注,近几十年来卤代烃的降解也一直是学术界的研究热点。卤代烃在厌氧环境经过脱卤作用后毒性及持久性将大大降低,同时可以更易被微生物完全降解。腐植酸可以还原转化六氯乙烷、四氯化碳和三溴甲烷等卤代芳烃,还原速率由快到慢依次为六氯乙烷(HCE)、四氯化碳和三溴甲烷。腐植酸通过图 13-2 的途径还原六氯乙烷和四氯乙烷[34],并且土壤腐植酸中形成的腐植酸-金属配合物等还原组分比水体腐植酸具有更高的反应活性。

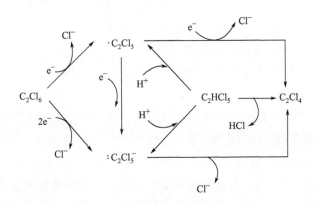

图 13-2　腐植酸还原六氯乙烷的途径

　　腐植酸还可以还原硝基苯芳香化合物,在还原电位低于 -200mV 的厌氧环境中,腐植酸的还原是硝基苯芳香化合物非生物降解的重要途径。Dunnivant[35]等研究了在含有硫化氢的溶液中天然有机质(主要成分为腐植酸)对硝基苯类物质的还原,硝基苯类物质被还原为相应的苯胺类物质,还原途径如图 13-3 所示。

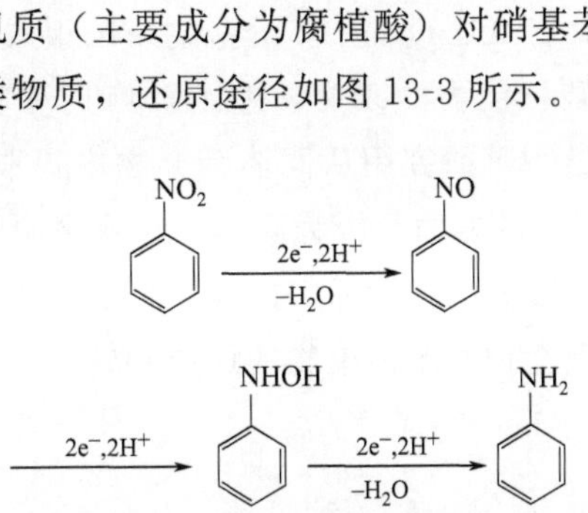

图 13-3　在含硫化氢的溶液中腐植酸还原硝基苯的途径

13.3　堆肥应用污染场地修复展望

　　土壤污染一般是指土壤中某物质超过土壤承受的阈值，进而影响原有土壤的使用。土壤污染物一般分为有机污染物和无机污染物，由于这些污染物呈现出对人体的高毒性，且能够通过食物链不断积累，因此备受人们关注。土壤污染修复技术的目的是降低土壤污染物浓度或固定土壤污染物或将高毒的污染物转化成低毒和稳定的降解产物，进而阻断污染物进入生态系统，达到减轻污染物的环境风险的目的。

　　现在土壤污染修复技术主要分为传统的修复技术和环境友好型技术。

　　（1）传统的土壤污染修复技术

　　传统的修复技术包括固定化技术、化学还原技术、化学淋洗技术、电动修复技术、气相抽提等。由于传统的修复技术修复费用较高，且修复不彻底等缺点限制了其大范围的使用，现在安全、低廉的环境友好型技术备受关注。

　　（2）环境友好型土壤污染修复技术

　　环境友好型土壤污染修复技术包括植物修复、微生物修复和采用固体废弃物来作为污染土壤的调理剂。

　　① 植物修复技术是利用植物本身转化污染物，是一种非常理想的土壤污染修复技术。但是当前发现能够累积污染物的植物不多，且植物生长需要适宜的条件限制了其应用。

　　② 自从首次发现微生物能够还原部分污染物以后，微生物在部分污染物还原或转化上得到大量的研究和应用。与传统的修复技术相比，微生物修复技术具有快速、安全和经济等优点，是一种很有前景的土壤污染修复技术，同样微生物的生长的适宜条件也限制该技术的应用。

　　③ 堆肥是有机废弃物资源化的一个重要手段，有机废弃物经堆肥处理后，可资源化利用改善土壤理化特性，加速土壤环境中污染物的降解与转化。有机废弃物中含有大量的腐殖质合成前驱物质，在堆肥过程中，这些物质的组成和结构会发生转化，生成大量的腐殖质，导致其电子转移能力的改变，进而影响其对重金属的还原和有机物的转化。例如，Barbara Scaglia[36]等研究用从固体废弃物中提取的胡敏酸还原 $Cr(Ⅵ)$，发现其具有很强的还原 $Cr(Ⅵ)$ 的能力，因为固体废弃物来源的胡敏酸较土壤胡敏酸具有更高硫醇和酚基团。以城市废弃物作为原料的堆肥产品含有丰富的有机质，且其具有电子转移能力能够介导土著微生物对于污染物的还原和转化，这就为其在污染场地修复领域的应用提供可能。

参 考 文 献

[1]　Zayed A M，Terry N. Chromium in the environment：factors affecting biological remediation.

Plant and Soil，2003，249（1）：139-156.

[2] Nriagu J O，Nieboer E. Chromium in the natural and human environments. Wiley，1988.

[3] Jardine P M，Fendorf S E，Mayes M A，et al. Fate and transport of hexavalent chromium in undisturbed heterogeneous soil. Environmental Science and Technology，1999，33（17）：2939-2944.

[4] Kraemer S M，Duckworth O W，Harrington J M，et al. Metallophores and Trace Metal Biogeochemistry. Aquatic Geochemistry，2015，21（2）：159-195.

[5] Rock M L，James B R，Helz G R. Hydrogen peroxide effects on chromium oxidation state and solubility in four diverse，chromium-enriched soils. Environmental Science and Technology，2001，35（20）：4054-5059.

[6] 白利平，王业耀. 铬在土壤及地下水中迁移转化研究综述. 地质与资源，2009，18（2）：144-148.

[7] 吴耀国，惠林. 溶解性有机物对土壤中重金属迁移性影响的化学机制. 中国化学会水处理化学大会暨学术研讨会. 2006.

[8] Wilbur S，Abadin H，Fay M，et al. Toxicological Profile for Chromium. 2012.

[9] 易秀. 黄土性土壤对 Cr（Ⅲ）的吸附特性及转化率研究. 农业环境科学学报，2004，23（4）：700-704.

[10] Tian X F，Gao X C，Feng Y，et al. Catalytic role of soils in the trans for mation of Cr(Ⅵ) to Cr(Ⅲ) in the presence of organic acids containing α-OH groups. Geoderma，2010，159（3）：270-275.

[11] Bartlett R J，Kimble J M. Behavior of Chromium in Soils：Ⅱ. Hexavalent Formsl. Journal of Environmental Quality，1976，54（4）：383-386.

[12] 张定一，林成谷，阎翠萍. 土壤有机质对六价铬的还原解毒作用. 农业环境科学学报，1990（4）：29-31.

[13] 马世五，高雪松，邓良基，等. 不同母质发育的紫色水稻土腐殖质分布特征. 山地学报，2008，26（1）：45-52.

[14] 林心雄. 中国土壤有机质状况及其管理. 中国土壤肥力. 北京：中国农业出版社，1998.

[15] 陈恩凤. 土壤肥力物质基础及其调控. 北京：科学出版社，1990.

[16] Agrawal S G，Fimmen R L，Chin Y P. Reduction of Cr(Ⅵ) to Cr(Ⅲ) by Fe(Ⅱ) in the presence of fulvic acids and in lacustrine pore water. Chemical Geology，2009，262（3-4）：328-335.

[17] 黄启飞，高定，丁德蓉，等. 垃圾堆肥对铬污染土壤的修复机理研究. 生态环境学报，2001，10（3）：176-180.

[18] Aeschbacher M，Vergari D，Schwarzenbach R P，et al. Electrochemical analysis of proton and electron transfer equilibria of the reducible moieties in humic acids. Environmental Science and Technology，2011，45（19）：8385-8394.

[19] Weber K A，Achenbach L A，Coates J D. Microorganisms pumping iron：anaerobic microbial iron oxidation and reduction. Nature Reviews Microbiology，2006，4（10）：752-764.

[20] Stumm W，Morgan J J. Aquatic chemistry：chemical equilibria and rates in naturalwaters. Cram101 Textbook Outlines to Accompany，1996，179（11）：A277.

[21] Peterson M L，White A F，Brown G E，et al. Surface Passivation of Magnetite by Reaction with

Aqueous Cr(Ⅵ): XAFS and TEM Results. Environmental Science and Technology, 1997, 31 (5): 1573-1576.

[22] Fendorf S E. Surface reactions of chromium in soils and waters. Geoderma, 1995, 67 (1-2): 55-71.

[23] Eary L E, Rai D. Kinetics of chromium(Ⅲ) oxidation to chromium(Ⅵ) by reaction with manganese dioxide. Environmental Science and Technology, 2002, 21 (12): 1187-1193.

[24] Romanenko V I, Koren'Kov V N. Pure culture of bacteria using chromates and bichromates as hydrogen acceptors during development under anaerobic conditions. Mikrobiologiia, 1977, 46 (3): 414-417.

[25] Lebedeva E V, Lialikova N N. Crocoite reduction by a culture of Pseudomonas chromatophila sp. Nov. Mikrobiologiia, 1979, 48 (3): 517-22.

[26] Shaddox L, Wiedey J, Bimstein E, et al. Hyper-responsive phenotype in localized aggressive periodontitis. Journal of Dental Research, 2010, 89 (2): 143-148.

[27] Ackerley S, Grierson A J, Banner S, et al. p38α stress-activated protein kinase phosphorylates neurofilaments and is associated with neurofilament pathology in amyotrophic lateral sclerosis. Molecular and Cellular Neuroscience, 2004, 26 (2): 354-364.

[28] Belchik S M, Kennedy D W, Dohnalkova A C, et al. Extracellular Reduction of Hexavalent Chromium by Cytochromes MtrC and OmcA of Shewanella oneidensis MR-1. Applied and Environmental Microbiology, 2011, 77 (12): 4035-41.

[29] 郜红建, 降薪. 土壤中结合残留态农药的生态环境效应, 生态环境, 2004, 13 (3): 399-402.

[30] Gevao B. Semple K T. Jones K C. Bound pesticide residues in soils: a review. Environmental Pollution, 2000, 108 (1): 3-14.

[31] 唐爱丽. 王黎明. 五氯苯酚还原降解的理论研究. 持久性有机污染物论坛, 2009: 223-224.

[32] 任健. 何松波. 孙承林. 腐植酸协同 Mn^{2+} 催化臭氧氧化降解五氯苯酚. 现代化工, 2013, 33 (7): 68-73.

[33] Zhang C. Zhang D, Li Z, et al. Insoluble Fe-humic acid complex as a solid-phase electron mediator for microbial reductive dechlorination. Environmental Science and Technology, 2014, 48 (11): 6318-25.

[34] Kappler A. Haderlein S B. Natural organic matter as reductant for chlorinated aliphatic pollutants. Environment Science and Technology, 2003, 37 (12): 2714-2719.

[35] Dunnivant F M. Schwarrenbach R P. Reduction of substituted nitrobenzenes in aqueous solutions containing natural organic matter. Environment Science Technology, 1992, 26 (11): 2133-2141.

[36] Barbara S, Fulvia T, Fabrizio A. Cr(Ⅵ) reduction capability of humic acid extracted from the organic component of municipal solid waste. Journal of environmental science, 2013, 25 (3): 487-494.

缩 略 语

^{13}C-NMR ^{13}C-核磁共振

^{1}H-NMR ^{1}H-核磁共振

AN   苯胺

AQDS   蒽醌-2,6-二磺酸盐

CB   纤维二糖水解酶

CCA   典型关联分析

CM   鸡粪

DCA   除趋势分析

DCM   牛粪

DOC   可溶性有机碳

DON   可溶性有机氮

EAC   接受电子能力

EDC   提供电子能力

EEC   电子转移量

EELS   电子能量损失光谱

EFTEM   能量滤波转换电子显微镜

ETC   电子转移能力

FA   富里酸

FAPP   帕霍基泥煤土富里酸

FASR   萨瓦里河富里酸

FVW   果蔬

GW   枯枝

HA   胡敏酸

HAES   艾略特土壤胡敏酸

HALD   风化褐煤胡敏酸

HAPP   帕霍基泥煤土胡敏酸

HCE   六氯乙烷

HIX   荧光指数

HPSEC   排阻色谱

HS   腐殖质

HyI   亲水性组分

Lac   漆酶

LiP   木质素过氧化物酶

MnP   锰过氧化物酶

MR-1   胞外呼吸菌

NB   硝基苯

NOE   奥弗豪塞尔核效应

NOM   天然有机物

NMR   核磁共振

PCB   五氯苯酚

PCoA   主坐标分析

POPs   持久性有机污染物

ppm   百万分之一，10^{-6}

RDA   冗余分析

RP-HPLC   反相高效液相色谱

Shanon   香农指数

Simpson   辛普森指数

SS   污泥

SW   秸秆

TLP   总木质素酚

TOC   总有机碳

WW   杂草

αG α-1,4-葡糖苷酶

βG β-1,4-葡糖苷酶

βX β-1,4-木糖苷酶

索　引